CARLOS VITOR B. BARREIRA

ÁLGEBRATOP

PARA ESCOLAS MILITARES, COLÉGIOS MILITARES E ESCOLAS TÉCNICAS

EDITORA CIÊNCIA MODERNA

Álgebra Top para Escolas Militares, Colégios Militares e Escolas Técnicas (Ensino Fundamental - Volume 2)

Editor: Paulo André P. Marques
Produção Editorial: Dilene Sandes Pessanha
Capa: Daniel Jara
Diagramação: Daniel Jara
Copidesque: Equipe Ciência Moderna

FICHA CATALOGRÁFICA

BARREIRA, Carlos Vitor Barros.

Álgebra Top para Escolas Militares, Colégios Militares e Escolas Técnicas (Ensino Fundamental - Volume 2)

Rio de Janeiro: Editora Ciência Moderna Ltda., 2024.

1. Álgebra 2. Matemática
I — Título

ISBN: 978-65-5842-401-7 CDD 512

Editora Ciência Moderna Ltda.
R. Alice Figueiredo, 46 – Riachuelo
Rio de Janeiro, RJ – Brasil CEP: 20.950-150
Tel: (21) 2201-6662/ Fax: (21) 2201-6896
E-MAIL: LCM@LCM.COM.BR
WWW.LCM.COM.BR **09/24**

Agradecimento Especial

A DEUS por estar sempre presente na minha vida abençoando, direcionando, capacitando e impulsionando para a conclusão desta obra.

Somente a ti, SENHOR, toda a honra, toda a glória, todo o louvor e toda adoração.

Agradecimentos

Aos meus amados pais, João Carlos *(in memoriam)* e Maria de Fátima, por todo carinho, dedicação, amor e ensinamentos ao longo da minha vida. Grande bênção e enorme privilégio ter recebido de DEUS pais maravilhosos como vocês. Amo vocês!

À Érica, minha linda e amada esposa, por estar ao longo dos anos me apoiando, ajudando, encorajando e dando o suporte necessário em todos os momentos. Você é o amor da minha vida!

As minhas amadas filhas, Júlia e Laura, presentes de DEUS. Fontes de inspiração e superação na minha vida.

A todos os professores e alunos que tive o privilégio de conviver ao longo de 29 anos de magistério.

À Editora Ciência Moderna pela parceria e oportunidade de concluir esta obra.

Muito obrigado a todos vocês!

O Autor

Carlos Vitor é Graduado em Matemática e Pós-graduado em Docência no Ensino Superior.

Experiência profissional de 29 anos como Professor de Matemática nas Redes Pública e Particular, com atuação nas seguintes áreas: Militar, Técnico, Vestibular e Concursos Públicos.

Professor de Matemática com atuação nos seguintes Colégios e Cursos Preparatórios (presenciais e online): Estratégia Concursos, LS Concursos, Curso Soeiro, Curso Progressão, Curso Hexágono, Curso Gilmar Rosa, Curso Atividade, Colégio Christus, Colégio Soeiro, Colégio Imperial, Colégio Braga Carneiro, entre outros.

Aprovado nos seguintes certames:

- Professor de Matemática da Prefeitura de Caucaia (CE).
- Professor de Matemática da Secretaria Estadual de Educação do Rio de Janeiro (2001 e 2004).
- Professor de Matemática da Fundação de Apoio à Escola Técnica (FAETEC - RJ).
- Professor de Matemática da Prefeitura de Niterói (RJ).
- Professor de Matemática da Prefeitura de Seropédica (RJ).
- Técnico Judiciário do Tribunal Regional do Trabalho da 1ª Região.
- UFF/RJ e UFRRJ para o curso de Licenciatura em Matemática.

Prefácio

Tendo em vista que sempre gostei dos números e que meus pais são Professores, acabei escolhendo a nobre e desafiadora missão de ser Professor de Matemática. Comecei a lecionar, aos 19 anos, antes mesmo de acabar o curso de Licenciatura em Matemática.

Após 29 anos trabalhando em Colégios (redes pública e particular) e Cursos Preparatórios, foi possível, com a ajuda e direção de DEUS, escrever este livro. Ele é a materialização de muito trabalho, pesquisa e dedicação.

Esta obra foi pensada e concebida para ser um referencial no aprendizado da Álgebra para Escolas Militares, Colégios Militares e Escolas Técnicas.

As páginas do ÁLGEBRA TOP (VOLUME 2) abordam, com uma linguagem simples, a exposição da teoria em 10 (dez) capítulos. A obra conta, ainda, com um capítulo adicional contendo uma bateria extra de questões, totalizando o quantitativo de 1.209 questões com respectivos gabaritos. Para facilitar ainda mais o aprendizado, das 1.209 questões propostas no livro, 139 questões apresentam as respectivas soluções.

A obra atende tanto o(a) aluno(a) iniciante, que necessita formar uma base sólida de conhecimento, quanto o(a) aluno(a) avançado(a), que precisa resolver muitas questões para aparar as arestas.

É como sempre digo: "A teoria ensina e o exercício lapida".

Não há como aprender Matemática sem resolver muitas questões. Por falar em questões, cabe informar que elas foram dispostas seguindo a sequência do conteúdo abordado e, também, em grau crescente de dificuldade.

Esta obra é uma excelente ferramenta para quem deseja lograr êxito em provas que exigem o conhecimento da Álgebra.

Fiquem com DEUS e bons estudos!!!
Carlos Vitor B. Barreira

SUMÁRIO

Capítulo 1 - Frações Algébricas 1

I) Introdução 1

II) Simplificação de frações algébricas 1

III) Adição e subtração de frações algébricas 4

IV) Multiplicação de frações algébricas 7

V) Divisão de frações algébricas 8

Capítulo 2 - Equações Literais 25

I) Equações numéricas 25

II) Equações literais 25

III) Resolução da equação literal 25

Capítulo 3 - Equações Fracionárias 37

I) Equações fracionárias 37

II) Resolução da equação fracionária 37

Capítulo 4 - Discussão da Equação do 1º Grau 49

I) Introdução 49

II) Discussão da equação do 1º grau 49

Capítulo 5 - Discussão do Sistema de Equações do 1º Grau 61

I) Introdução 61

II) Discussão do sistema de equações do 1º grau 62

Capítulo 6 - Discussão da Equação do 2º grau 81

I) Introdução 81

II) Equação do 2º grau completa e incompleta 82

III) Discussão da equação do 2º grau incompleta 82

IV) Discussão da equação do 2º grau completa 87

V) Discussão da natureza e dos sinais das raízes da equação completa do 2º grau 91

Capítulo 7 - Radicais 123

I) Introdução 123

II) Propriedades: 127

III) Introdução de um fator em um radical 128

IV) Simplificação de radicais 129

V) Radicais semelhantes 130

VI) Operações com radicais 131

VII) Racionalização de denominadores 135

VIII) Radical duplo 137

Capítulo 8 - Equação Biquadrada 165
I) Introdução 165
II) Resolução da equação biquadrada 165
III) Soma das raízes da equação biquadrada 171
IV) Soma dos quadrados das raízes positivas ou negativas da equação biquadrada (S) 171
V) Produto dos quadrados das raízes positivas ou negativas da equação biquadrada (P) 171
VI) Composição da equação biquadrada 172
VII) Discussão das raízes da equação biquadrada incompleta 172
VIII) Discussão das raízes da equação biquadrada completa 174

Capítulo 9 - Equações Irracionais 185
I) Introdução 185
II) Resolução da equação irracional 185

Capítulo 10 - Sistemas de Equações do 2º Grau 215
I) Introdução 215
II) Resolução de um sistema de equações do 2º grau 215

Capítulo 11 - Bateria Extra de Questões 235

Capítulo 01

Frações Algébricas

I) Introdução

- Na fração algébrica o numerador e o denominador são polinômios.

Exemplos:

a) $\frac{2x}{3y}$ b) $\frac{7ab}{12a^3b^2}$ c) $\frac{x+9}{2x}$ d) $\frac{y^2-4}{y+2}$ e) $\frac{x^2-1}{x^2-2x+1}$

II) Simplificação de frações algébricas

- Simplificar uma fração algébrica é transformá-la em uma fração mais simples, que seja equivalente à fração dada.

- A simplificação de uma fração algébrica deve ser feita da seguinte forma:

1°) Fatorar o numerador e o denominador da fração algébrica, quando necessário;

2°) Dividir o numerador e o denominador da fração algébrica por um fator comum.

Exemplos: Simplifique as frações algébricas abaixo:

a) $\frac{15x^3y}{12xy^2} = \frac{3\,.\,5\,.\,x\,.\,x\,.\,x\,.\,y}{2\,.\,2\,.\,3\,.\,x\,.\,y\,.\,y} = \frac{5x^2}{4y}$

b) $\frac{14m^2n^3}{21mn} = \frac{2\,.\,7\,.\,m\,.\,m\,.\,n\,.\,n\,.\,n}{3\,.\,7\,.\,m\,.\,n} = \frac{2mn^2}{3}$

c) $\frac{5a+10}{15b} = \frac{5.(a+2)}{3\,.\,5\,.\,b} = \frac{a+2}{3b}$

d) $\frac{10xy}{20x^2+30xy} = \frac{10\,.\,x\,.\,y}{10\,.\,x\,.\,(2x+3y)} = \frac{y}{2x+3y}$

e) $\frac{x^2-1}{x^2-2x+1} = \frac{(x-1).(x+1)}{(x-1).(x-1)} = \frac{x+1}{x-1}$

f) $\frac{y^2+9y+20}{y^2+11y+30} = \frac{(y+4).(y+5)}{(y+6).(y+5)} = \frac{y+4}{y+6}$

EXERCÍCIOS

1) **(EAM)** Sendo a = 2b, então o valor de $\frac{a+10b}{-2a+6b}$ é:

a) 0 b) 1 c) 2 d) 6 e) 8

Resolução:

Substituindo a = 2b em $\frac{a+10b}{-2a+6b}$ temos:

$$\frac{a+10b}{-2a+6b} = \frac{2b+10b}{-2.2b+6b} = \frac{12b}{-4b+6b} = \frac{12b}{2b} = \frac{12b}{2b} = 6$$

GABARITO: D

2) **(CEFET)** Simplifique a fração $\frac{2x^2-2y^2}{x^2+2xy+y^2}$.

Resolução:

$$\frac{2x^2-2y^2}{x^2+2xy+y^2} = \frac{2(x^2-y^2)}{(x+y)^2} = \frac{2(x+y)(x-y)}{(x+y)(x+y)} = \frac{2(x+y)(x-y)}{(x+y)(x+y)} = \frac{2(x-y)}{x+y}$$

GABARITO: $\frac{2(x-y)}{x+y}$

3) **(EsSA)** Simplificando a fração $\frac{x^2-6x+9}{x^2-9}$, encontramos:

a) $\frac{x-3}{x+3}$ b) $\frac{x-2}{x+3}$ c) $\frac{x-3}{x}$ d) 1 e) – 1

Resolução:

$$\frac{x^2-6x+9}{x^2-9} = \frac{(x-3)^2}{(x+3)(x-3)} = \frac{(x-3)(x-3)}{(x+3)(x-3)} = \frac{(x-3)(x-3)}{(x+3)(x-3)} = \frac{(x-3)}{(x+3)}$$

GABARITO: A

4) **(EEAR)** Resolvendo a expressão $\frac{x^2-1}{1-x^4}$, obtém-se

a) $(x^2+1)^{-1}$ b) $\frac{1}{1-x^2}$ c) $-(x^2+1)$ d) $-(x^2+1)^{-1}$

Resolução:

$$\frac{x^2-1}{1-x^4} = \frac{x^2-1}{-(x^4-1)} = \frac{(x^2-1)}{-(x^2+1)(x^2-1)} = \frac{(x^2-1)}{-(x^2+1)(x^2-1)} = -\frac{1}{(x^2+1)} = -(x^2+1)^{-1}$$

GABARITO: D

5) **(UFF)** A expressão $\frac{8^{88}-4^{44}}{8^{44}-4^{22}}$ é equivalente a:

a) $1 - 2^{88}$

b) $2^{44}(2^{88}+1)$

c) $9 . 2^{44}$

d) $3(1-2^{88})$

e) $2^{88}(2^{88}+1)$

Resolução:

$$\frac{8^{88}-4^{44}}{8^{44}-4^{22}} = \frac{(8^{44})^2-(4^{22})^2}{8^{44}-4^{22}} = \frac{(8^{44}+4^{22})(8^{44}-4^{22})}{(8^{44}-4^{22})} = \frac{(8^{44}+4^{22})(8^{44}-4^{22})}{(8^{44}-4^{22})} = 8^{44}+4^{22} = (2^3)^{44}+(2^2)^{22} = 2^{132}+2^{44}$$

$$= \quad 2^{44}(2^{88}+1)$$

GABARITO: B

6) **(EsSA)** Simplificando $\frac{x^2-x-6}{x^2+4x+4}$, encontramos:

a) $\frac{x-3}{x+2}$ b) $\frac{x+3}{x-2}$ c) $\frac{x-6}{x+4}$ d) $\frac{3}{2}$

Resolução:

$$\frac{x^2-x-6}{x^2+4x+4} = \frac{(x-3)(x+2)}{(x+2)^2} = \frac{(x-3)(x+2)}{(x+2)(x+2)} = \frac{(x-3)(x+2)}{(x+2)(x+2)} = \frac{(x-3)}{(x+2)}$$

GABARITO: A

7) **(EsSA)** Simplificando a expressão $\frac{(x-a)^2\,(x+a)^2}{(x^2-a^2)^2}$, e sendo $x \neq \pm a$, tem-se:

Resolução:

$$\frac{(x-a)^2\,(x+a)^2}{(x^2-a^2)^2} = \frac{(x-a)^2\,(x+a)^2}{(x^2-a^2)(x^2-a^2)} = \frac{(x-a)(x-a)(x+a)(x+a)}{(x^2-a^2)(x^2-a^2)} = \frac{(x-a)(x-a)(x+a)(x+a)}{(x+a)(x-a)(x+a)(x-a)} = \frac{(x+a)(x-a)(x+a)(x-a)}{(x+a)(x-a)(x+a)(x-a)} =$$

$$\frac{(x+a)(x-a)(x+a)(x-a)}{(x+a)(x-a)(x+a)(x-a)} = 1$$

GABARITO: 1

8) **(EsSA)** Simplificando-se a fração $\frac{x^2-x-6}{x^2-7x+12}$, obtemos:

a) $\frac{5}{14}$ b) $\frac{x+2}{x-4}$ c) $\frac{x}{x+2}$ d) $\frac{2}{3}$

Resolução:

$$\frac{x^2-x-6}{x^2-7x+12} = \frac{(x-3)(x+2)}{(x-3)(x-4)} = \frac{(x-3)(x+2)}{(x-3)(x-4)} = \frac{x+2}{x-4}$$

GABARITO: B

9) **(EsSA)** Simplificando a fração $\frac{3x^2-10x-8}{2x^2-7x-4}$, obtemos:

a) $\frac{x+2}{x+1}$ b) $\frac{x+3}{x+2}$ c) $\frac{3x+3}{2x+2}$ d) $\frac{3x+2}{2x+1}$ e) $\frac{x+8}{x+4}$

Resolução:

$$\frac{3x^2-10x-8}{2x^2-7x-4} = \frac{(x-4)(3x+2)}{(x-4)(2x+1)} = \frac{(x-4)(3x+2)}{(x-4)(2x+1)} = \frac{3x+2}{2x+1}$$

GABARITO: D

10) **(CEFET)** Simplifique $\frac{x^3-8}{x^2-4}$.

Resolução:

$$\frac{x^3-8}{x^2-4} = \frac{(x-2)(x^2+2x+4)}{(x-2)(x+2)} = \frac{(x-2)(x^2+2x+4)}{(x-2)(x+2)} = \frac{x^2+2x+4}{x+2}$$

GABARITO: $\frac{x^2+2x+4}{x+2}$

11) **(EsSA)** Simplificando a fração algébrica $\frac{x^3-x^2-x+1}{x^3-x}$, para $x \neq 0$, $x \neq 1$ e $x \neq -1$, obtemos:

a) $\frac{x}{x+1}$ b) $\frac{1}{x-1}$ c) $\frac{x-1}{x}$ d) $\frac{x-1}{x+1}$ e) $\frac{1}{x+1}$

Resolução:

$$\frac{x^3-x^2-x+1}{x^3-x} = \frac{(x^3-x^2)+(-x+1)}{x(x^2-1)} = \frac{x^2(x-1)-1(x-1)}{x(x^2-1)} = \frac{(x-1)(x^2-1)}{x(x^2-1)} = \frac{(x-1)(x^2-1)}{x(x^2-1)} = \frac{x-1}{x}$$

GABARITO: C

III) Adição e subtração de frações algébricas

1° Caso: Frações algébricas com o mesmo denominador

- Somar e/ou subtrair os numeradores e conservar (repetir) o denominador.

Exemplos:

a) $\frac{5a}{3b} + \frac{8a}{3b} = \frac{5a+8a}{3b} = \frac{13a}{3b}$

b) $\frac{7x}{5y} - \frac{4x}{5y} = \frac{7x-4x}{5y} = \frac{3x}{5y}$

c) $\frac{2x+3y}{a+1} + \frac{x+8y}{a+1} = \frac{2x+3y+x+8y}{a+1} = \frac{3x+11y}{a+1}$

d) $\frac{5m+2p}{b-7} - \frac{m+4p}{b-7} = \frac{5m+2p-(m+4p)}{b-7} = \frac{5m+2p-m-4p}{b-7} = \frac{4m-2p}{b-7}$

e) $\frac{12c+5d}{p} + \frac{8c+3d}{p} - \frac{c-2d}{p} = \frac{12c+5d+8c+3d-(c-2d)}{p} = \frac{12c+5d+8c+3d-c+2d}{p} = \frac{19c+10d}{p}$

2° Caso: Frações algébricas com denominadores diferentes

- Calcular o MMC entre os denominadores. Após, Somar e/ou subtrair os numeradores e conservar o denominador.

Exemplos:

a) $\frac{2a}{3b}-\frac{5a}{6b}+\frac{7a}{9b}=\frac{2a}{{}^{3b}/_{6}}-\frac{5a}{{}^{6b}/_{3}}+\frac{7a}{{}^{9b}/_{2}}=\frac{12a-15a+14a}{18b}=\frac{11a}{18b}$

MMC (3b, 6b, 9b) = 18b

b) $\frac{x+2y}{5x}-\frac{5x-7y}{10x}-\frac{2y-10x}{25x}=\frac{x+2y}{{}^{5x}/_{10}}-\frac{5x-7y}{{}^{10x}/_{5}}-\frac{2y-10x}{{}^{25x}/_{2}}=\frac{10x+20y-25x+35y-4y+20x}{50x}=\frac{5x+51y}{50x}$

MMC (5x, 10x, 25x) = 50x

c) $\frac{2}{a^2}-\frac{3}{4a}=\frac{2}{{}^{a^2}/_{4}}-\frac{3}{{}^{4a}/_{a}}=\frac{8-3a}{4a^2}$

MMC (a^2, 4a) = $4a^2$

d) $\frac{2}{x+y}+\frac{3}{x-y}=\frac{2}{{}^{x+y}/_{x-y}}+\frac{3}{{}^{x-y}/_{x+y}}=\frac{2.(x-y)+3.(x+y)}{(x+y).(x-y)}=\frac{2x-2y+3x+3y}{x^2-y^2}=\frac{5x+y}{x^2-y^2}$

MMC (x + y, x – y) = (x + y).(x – y)

e) $\frac{2}{x-3}+\frac{3}{x+2}-\frac{4x-7}{x^2-x-6}=\frac{2}{{}^{x-3}/_{x+2}}+\frac{3}{{}^{x+2}/_{x-3}}-\frac{4x-7}{{}^{(x-3).(x+2)}/_{1}}=\frac{2.(x+2)+3.(x-3)-1.(4x-7)}{(x-3).(x+2)}=\frac{2x+4+3x-9-4x+7}{(x-3).(x+2)}=$

$\frac{x+2}{(x-3).(x+2)}=\frac{1}{x-3}$

MMC (x – 3, x + 2, x^2 – x – 6) = (x – 3).(x + 2)

f) $\frac{30x}{9x^2-1}-\frac{4}{3x-1}+\frac{5}{3x+1}=\frac{30x}{{}^{(3x+1).(3x-1)}/_{1}}-\frac{4}{{}^{3x-1}/_{3x+1}}+\frac{5}{{}^{3x+1}/_{3x-1}}=\frac{30x-4.(3x+1)+5.(3x-1)}{(3x+1).(3x-1)}=\frac{30x-12x-4+15x-5}{(3x+1).(3x-1)}=$

$\frac{33x-9}{9x^2-1}$

MMC ($9x^2$ – 1, 3x – 1, 3x + 1) = (3x – 1).(3x + 1)

EXERCÍCIOS

12) **(EAM)** Simplificando a expressão $\frac{x^2-4}{x+2}+\frac{x^2-2x+1}{x-1}+3$, obtemos:

a) 2x b) 3x c) 6x d) 5x e) 10x

Resolução:

$\frac{x^2-4}{x+2}+\frac{x^2-2x+1}{x-1}+3$ **MMC (x + 2, x – 1) = (x + 2).(x – 1)**

$=\frac{x^2-4}{{}^{x+2}/_{x-1}}+\frac{x^2-2x+1}{{}^{x-1}/_{x+2}}+\frac{3}{{}^{1}/_{(x+2)(x-1)}}$

$$= \frac{(x^2-4)(x-1) + (x^2-2x+1)(x+2) + 3(x+2)(x-1)}{(x+2)(x-1)}$$

$$= \frac{x^3 - x^2 - 4x + 4 + x^3 + 2x^2 - 2x^2 - 4x + x + 2 + 3x^2 + 3x - 6}{(x+2)(x-1)}$$

$$= \frac{x^3 + x^3 - x^2 + 2x^2 - 2x^2 + 3x^2 - 4x - 4x + x + 3x + 4 + 2 - 6}{(x+2)(x-1)}$$

$$= \frac{2x^3 + 2x^2 - 4x}{(x+2)(x-1)}$$

$$= \frac{2x(x^2+x-2)}{(x+2)(x-1)}$$

$$= \frac{2x(x+2)(x-1)}{(x+2)(x-1)}$$

$$= \frac{2x(x+2)(x-1)}{(x+2)(x-1)}$$

$= 2x$

GABARITO: A

13) **(CN)** Efetuar: $\frac{1}{x^2 - 1} - \frac{x}{x^2 - 2x + 1}$

Resolução:

$$\frac{1}{x^2 - 1} - \frac{x}{x^2 - 2x + 1}$$

$$= \frac{1}{(x+1)(x-1)} - \frac{x}{(x-1)^2}$$ **MMC** $((x+1)(x-1);\ (x-1)^2) = (x+1).(x-1)^2$

$$= \frac{1}{(x+1)(x-1)/(x-1)} - \frac{x}{(x-1)^2/(x+1)}$$

$$= \frac{1.(x-1) - x.(x+1)}{(x+1).(x-1)^2}$$

$$= \frac{x-1-x^2-x}{(x+1).(x-1)^2}$$

$$= \frac{-x^2-1}{(x+1).(x-1)^2}$$

$$= \frac{-(x^2+1)}{(x+1).(x^2-2x+1)}$$

$$= \frac{-(x^2+1)}{x^3 - 2x^2 + x + x^2 - 2x + 1}$$

$$= \frac{-(x^2+1)}{x^3 - 2x^2 + x^2 + x - 2x + 1}$$

$$= \frac{-(x^2+1)}{x^3 - x^2 - x + 1}$$

$$= \frac{x^2+1}{-x^3 + x^2 + x - 1}$$

GABARITO: $\frac{x^2+1}{-x^3 + x^2 + x - 1}$

IV) Multiplicação de frações algébricas

- A multiplicação de frações algébricas deve ser feita da seguinte forma:

1º) Simplificar as frações algébricas, caso seja possível;

2º) Efetuar a multiplicação entre os numeradores e, também, entre os denominadores.

Exemplos:

a) $\frac{4x}{5a} \cdot \frac{7b}{3y} = \frac{28bx}{15ay}$

b) $\frac{11c}{9a} \cdot \frac{bc}{2a} = \frac{11bc^2}{18a^2}$

c) $\frac{a^2}{4x} \cdot \frac{6x^3}{9a} = \frac{2\,.\,3\,.\,a\,.\,a\,.\,x\,.\,x\,.\,x}{2\,.\,2\,.\,3\,.\,3\,.\,a\,.\,x} = \frac{ax^2}{6}$

d) $\frac{x-y}{2(p+q)} \cdot \frac{p+q}{x-y} = \frac{(p+q).(x-y)}{2.(p+q).(x-y)} = \frac{1}{2}$

e) $\frac{3a}{x-y} \cdot \frac{x^2-y^2}{6a^2} = \frac{3\,.\,a\,.\,(x+y).(x-y)}{2\,.\,3\,.\,a\,.\,a\,.\,(x-y)} = \frac{x+y}{2a}$

f) $\frac{ax-ay}{a^2-b^2} \cdot \frac{15a+15b}{5a} = \frac{a\,.\,(x-y)\,.\,3\,.\,5\,.\,(a+b)}{(a+b)\,.\,(a-b)\,.\,5\,.\,a} = \frac{3\,.\,5\,.\,a\,.\,(x-y)\,.\,(a+b)}{5\,.\,a\,.\,(a-b)\,.\,(a+b)} = \frac{3x-3y}{a-b}$

g) $\frac{7x-7y}{x^2-y^2} \cdot \frac{x^2-xy}{7x} \cdot \frac{x+y}{3x-3y} = \frac{7\,.\,(x-y)\,.\,x\,.\,(x-y)\,.\,(x+y)}{(x+y)\,.\,(x-y)\,.\,7\,.\,x\,.\,3\,.\,(x-y)} = \frac{7\,.\,x\,.\,(x-y)\,.\,(x-y)\,.\,(x+y)}{3\,.\,7\,.\,x\,.\,(x-y)\,.\,(x-y)\,.\,(x+y)} = \frac{1}{3}$

h) $\frac{x^2-7x+12}{x^2-6x+9} \cdot \frac{x^2-9}{x^3-64} \cdot \frac{x^3+4x^2+16x}{x^3+3x^2} = \frac{(x-3)\,.\,(x-4)\,.\,(x+3)\,.\,(x-3)\,.\,x\,.\,(x^2+4x+16)}{(x-3)\,.\,(x-3)\,.\,(x-4)\,.\,(x^2+4x+16)\,.\,x^2\,.\,(x+3)} =$

$\frac{x\,.\,(x-3)\,.\,(x-3)\,.\,(x+3)\,.\,(x-4)\,.\,(x^2+4x+16)}{x\,.\,x\,.\,(x-3)\,.\,(x-3)\,.\,(x+3)\,.\,(x-4)\,.\,(x^2+4x+16)} = \frac{1}{x}$

EXERCÍCIOS

14) **(EsSA)** Simplificando a expressão $\frac{a-2b}{a^2-ab} \cdot \frac{a^2-b^2}{2ab-a^2}$, encontramos:

a) $\frac{-a-b}{a^2}$ b) $\frac{a-b}{a^2}$ c) $\frac{b}{a}$ d) $\frac{-a+b}{a^2}$ e) $\frac{1-b}{a}$

Resolução:

$\frac{a-2b}{a^2-ab} \cdot \frac{a^2-b^2}{2ab-a^2} = \frac{a-2b}{a(a-b)} \cdot \frac{(a+b)(a-b)}{-a(a-2b)} = \frac{(a+b)\,.\,(a-b)\,.\,(a-2b)}{-a\,.\,a\,.\,(a-b)\,.\,(a-2b)} = \frac{(a+b)\,.\,(a-b)\,.\,(a-2b)}{-a\,.\,a\,.\,(a-b)\,.\,(a-2b)} = \frac{a+b}{-a^2} = \frac{-(a+b)}{a^2} = \frac{-a-b}{a^2}$

GABARITO: A

15) **(FAETEC)** A fração que você vai obter quando multiplicar $\frac{x^2-4}{2x^2}$ por $\frac{4x^2}{x^2-4x+4}$ é:

a) $\frac{2(x+2)}{x-2}$ b) 2 c) $\frac{1}{x}$ d) $\frac{2x+4}{x}$ e) 2x

Resolução:

$\frac{x^2-4}{2x^2} \cdot \frac{4x^2}{x^2-4x+4} = \frac{4x^2(x^2-4)}{2x^2(x^2-4x+4)} = \frac{4x^2(x+2)(x-2)}{2x^2(x-2)^2} = \frac{4x^2(x+2)(x-2)}{2x^2(x-2)(x-2)} = \frac{4x^2(x+2)(x-2)}{2x^2(x-2)(x-2)} = \frac{2(x+2)}{x-2}$

GABARITO: A

V) Divisão de frações algébricas

- Para efetuar a divisão entre frações algébricas, basta multiplicar a primeira fração algébrica pelo inverso da segunda fração algébrica.

Exemplos:

a) $\frac{4a}{3b} : \frac{5x}{7y} = \frac{4a}{3b} . \frac{7y}{5x} = \frac{28ay}{15bx}$

b) $\frac{5m}{2n} : \frac{10}{n} = \frac{5m}{2n} . \frac{n}{10} = \frac{5 . m . n}{2 . 2 . 5 . n} = \frac{m}{4}$

c) $\frac{18a^5b^4}{25x^2y^3} : \frac{9a^6b^4}{5x^3y^4} = \frac{18a^5b^4}{25x^2y^3} . \frac{5x^3y^4}{9a^6b^4} = \frac{2 . 3 . 3 . 5 . a^5 . b^4 . x . x^2 . y . y^3}{3 . 3 . 5 . 5 . a . a^5 . b^4 . x^2 . y^3} = \frac{2xy}{5a}$

d) $\frac{m-n}{p} : \frac{m-n}{q} = \frac{m-n}{p} . \frac{q}{m-n} = \frac{q . (m-n)}{p . (m-n)} = \frac{q}{p}$

e) $\frac{x^2-4}{9x^2-16} : \frac{2x+4}{3x+4} = \frac{x^2-4}{9x^2-16} . \frac{3x+4}{2x+4} = \frac{(x+2).(x-2).(3x+4)}{(3x+4).(3x-4).2.(x+2)} = \frac{(x+2).(x-2).(3x+4)}{2.(x+2).(3x-4).(3x+4)} = \frac{x-2}{6x-8}$

f) $\frac{\frac{y+6}{2y}}{\frac{y^2+7y+6}{y^2}} = \frac{y+6}{2y} : \frac{y^2+7y+6}{y^2} = \frac{y+6}{2y} . \frac{y^2}{y^2+7y+6} = \frac{y . y . (y+6)}{2 . y .(y+1).(y+6)} = \frac{y}{2y+2}$

g) $\frac{x^2+7x+10}{x^2+10x+25} : \frac{x^2+4x+4}{x^2-25} : \frac{x^2-6x+5}{x^2+x-2} = \frac{x^2+7x+10}{x^2+10x+25} . \frac{x^2-25}{x^2+4x+4} . \frac{x^2+x-2}{x^2-6x+5} = \frac{(x+2).(x+5).(x+5).(x-5).(x+2).(x-1)}{(x+5).(x+5).(x+2).(x+2).(x-1).(x-5)} =$

$\frac{(x-1).(x+2).(x+2).(x+5).(x+5).(x-5)}{(x-1).(x+2).(x+2).(x+5).(x+5).(x-5)} = 1$

EXERCÍCIOS

16) **(EsSA)** Se A = $\frac{2a}{3b^2}$ e B = $\frac{2a^3}{9b}$, então $\frac{A}{B}$ é igual a:

a) $\frac{3}{ab}$ b) $\frac{4a^4}{27b^3}$ c) $\frac{a^2b}{3}$ d) $\frac{3}{a^2b}$

Resolução:

$\frac{A}{B} = \frac{\frac{2a}{3b^2}}{\frac{2a^3}{9b}} = \frac{2a}{3b^2} . \frac{9b}{2a^3} = \frac{18ab}{6a^3b^2} = \frac{3}{a^2b}$

GABARITO: D

17) **(EAM)** A expressão $\frac{\frac{a+b}{6x}}{\frac{2a+2b}{x}}$ é igual a:

a) 1/10 b) 1/12 c) 2/6 d) 1/5 e) 2/12

Resolução:

$\frac{\frac{a+b}{6x}}{\frac{2a+2b}{x}} = \frac{a+b}{6x} . \frac{x}{2a+2b} = \frac{(a+b) . x}{6 . x . (2a+2b)} = \frac{x . (a+b)}{6 . x . 2 . (a+b)} = \frac{x . (a+b)}{12 . x . (a+b)} = \frac{x . (a+b)}{12 . x . (a+b)} = \frac{1}{12}$

GABARITO: B

18) **(ETFQ)** Sendo M = $\left(1+\frac{x+y}{x-y}\right):\left(1-\frac{x+y}{x-y}\right)$, onde x ≠ 0 e y ≠ 0. Determine o valor de M, sabendo que x = 3y.

Resolução:

$$M=\left(1+\frac{x+y}{x-y}\right):\left(1-\frac{x+y}{x-y}\right)$$

$$M=\frac{\left(1+\frac{x+y}{x-y}\right)}{\left(1-\frac{x+y}{x-y}\right)}$$

$$M=\frac{1+\frac{x+y}{x-y}}{1-\frac{x+y}{x-y}}$$

$$M=\frac{\frac{1}{1/x-y}+\frac{x+y}{x-y/1}}{\frac{1}{1/x-y}-\frac{x+y}{x-y/1}}$$

$$M=\frac{\frac{x-y+x+y}{x-y}}{\frac{x-y-x-y}{x-y}}$$

$$M=\frac{\frac{2x}{x-y}}{\frac{-2y}{x-y}}$$

$$M=\frac{2x}{x-y}\cdot\frac{x-y}{(-2y)}$$

$$M=\frac{2x\ .\ (x-y)}{-2y\ .\ (x-y)}$$

$$M=\frac{2x\ .\ (x-y)}{-2y\ .\ (x-y)}$$

$$M=-\frac{x}{y}$$

Como x = 3y, temos o seguinte:

$$M=-\frac{x}{y}=-\frac{3y}{y}=-\frac{3y}{y}=-3$$

GABARITO: M = – 3

A seguir, faremos uma bateria de exercícios de todo conteúdo estudado neste capítulo.

EXERCÍCIOS

19) **(EAM)** Se $\frac{a}{b}=\frac{1}{2}$, o valor de $\left(\frac{a+b}{a-b}\right)^2$ é

a) 4 b) 9 c) 16 d) 25 e) 36

20) **(EsSA)** Dividindo $x^2 + 2xy + y^2$ por x + y, obtemos:

a) x – y b) x + y c) y – x d) – y – x

21) **(EsSA)** Se A = 5555 e B = 3333, então o valor da fração $\frac{(A-B)^2 + 4AB}{(A+B)^2 - 4AB}$ é:

a) 2 b) 8 c) 32 d) 4 e) 16

22) **(EsSA)** A fração $\frac{a^2 - 1}{7a^2 - 7a}$ é equivalente a:

a) a + 1 b) $\frac{a+1}{7a}$ c) 7^a d) $\frac{1}{7}$

23) **(EPCAR)** Simplificando e calculando o valor numérico de $\frac{a^2 - b^2}{a - b}$, para a = b = 4, você obterá:

a) zero
b) 16
c) 8
d) 64
e) impossível

24) **(ETF)** A expressão mais simples de $\frac{a^2 + 2ab + b^2}{a^2 - b^2}$ é:

a) 1 b) 2ab c) $\frac{a+b}{a-b}$ d) – 2ab e) $\frac{1}{5}$

25) **(EPCAR)** Simplifique a expressão $\frac{x^2y^2 - x^3y}{y^2 - x^2}$ e calcule o valor numérico da nova expressão obtida para x = y = ½.

a) zero b) impossível c) 1/8 d) 1 e) 7/8

26) **(CESGRANRIO)** Simplificando $\frac{2^{10} - 3^6}{2^5 + 3^3}$, encontramos:

a) 59 b) 50 c) 25 d) 15 e) 5

27) **(CEFET)** $\frac{a^{2x+2} - 1}{a^{x+1} - 1}$ na forma mais simples é:

a) a^{x+1} b) ½ c) $a^{x+1} - 1$ d) $a^{x+1} + 1$ e) a – 1

28) **(EsSA)** Sendo a ≠ 3 e a ≠ 0, a forma mais simples da expressão $\frac{a^2 - 6a + 9}{a^2 - 3a}$ é:

a) 2a + 9 b) 9 – 2a c) 2a + 3 d) $\frac{a-3}{a}$ e) $\frac{a-3}{a+3}$

29) **(CM – SALVADOR)** Simplificando a expressão $\frac{a^6 + 2a^3 + 1}{a^2 + 2a + 1}$, para todo a ∈ ℝ – {– 1}, obtemos:

a) $a^4 + a^2 + 1$
b) $a^2 + a + 1$
c) $a^3 + a^2 + 1$
d) $(a^2 - a + 1)^2$
e) $(a + 1).(a^2 - a + 1)$

30) **(CEFET)** Simplificando-se a fração algébrica $\frac{6x^2 + 12x + 6}{2x^2 - 2}$ encontramos:

a) 1 b) $\frac{3x+1}{x-3}$ c) $\frac{3x-3}{x+1}$ d) $\frac{3x-3}{2x-1}$ e) $\frac{3x+3}{x-1}$

31) Simplificando $\frac{x^{1/2} - 2x^{1/4} + 1}{x^{1/4} - 2x^{1/8} + 1}$ temos:

a) $(x^{1/4} + 1)^2$

b) $(x^{1/8} + 1)^2$

c) $(x^{1/8} - 1)^2$

d) $(x^{1/16} + 1)^2$

e) $(x^{1/16} - 1)^2$

32) **(EsSA)** Simplificando a fração $\frac{a^2 + 7a + 12}{a^2 + 6a + 9}$, encontramos:

a) $\frac{a+4}{a+3}$ b) $\frac{12}{9}$ c) $\frac{19}{15}$ d) $\frac{a+7}{a+6}$ e) $\frac{4}{3}$

33) **(EsSA)** Simplificando a fração $\frac{3x^2 - 15x + 18}{3x^2 - 12}$, encontramos:

a) $\frac{5x+6}{4}$ b) $\frac{x-3}{x+2}$ c) $\frac{x+3}{x-2}$ d) $\frac{15x+3}{2}$

34) **(EEAR)** A expressão $\frac{9x^2 + 6x - 8}{6x^2 - 16x + 8}$ é igual a

a) $\frac{x-6}{x-4}$ b) $\frac{3x-4}{2x+4}$ c) $\frac{x+\frac{4}{3}}{x-2}$ d) $\frac{3x+4}{2x-4}$

35) **(EEAR)** Simplificando-se a expressão $\frac{x^3 - 3x^2 - 4x + 12}{x^2 - 5x + 6}$, obtém-se

a) x – 2 b) x + 2 c) x – 3 d) x + 3

36) **(EEAR)** A expressão $\frac{a^3 + 2a^2 + a}{a^3 + a^2 - a - 1}$ é igual a

a) $\frac{a}{a-1}$ b) $\frac{a}{a+1}$ c) $\frac{1}{a-1}$ d) $\frac{1}{a+1}$

37) **(EEAR)** Simplificando a fração $\frac{a^3 + a^2 - 4a - 4}{a^4 - 16}$, encontramos:

a) $\frac{a+1}{a-1}$ b) $\frac{a+1}{a^2+4}$ c) $\frac{a+1}{a^2-4}$ d) $\frac{a^2+1}{a^2+4}$

38) **(EEAR)** Sejam as igualdades:

I - $\frac{m^2-12m+36}{am-6a} = \frac{m-6}{a}$

II - $\frac{x^2+4x+4}{x^2-4} = \frac{x+2}{x-2}$

III - $\frac{ay^2+3a-y^2-3}{7a^2-1} = \frac{y^2+3}{7(a+1)}$

Quantas destas igualdades são falsas?

a) 0 b) 1 c) 2 d) 3

39) **(EEAR)** Simplificando a expressão $\frac{(a+b)^2-(a-b)^2+ab}{ab+a}$, temos:

a) $\frac{5b}{b+1}$ b) 6b c) $\frac{b}{b+1}$ d) $\frac{6}{a}$

40) **(CEFET)** Simplificando a expressão a seguir $\frac{(x^5+1)-(x^3+1)}{x^2-1}$, obtemos:

a) x^2 b) x^3+1 c) x^3-1 d) x^2+1 e) x^3

41) **(EsSA)** Simplificando $\frac{(2x+6)(x^2-7x+10)}{2(x+3)(x^2-8x+15)}$, encontramos:

a) $\frac{x-3}{x-2}$ b) $\frac{x-2}{x-3}$ c) $\frac{x+3}{x+2}$ d) $\frac{x-2}{x+3}$

42) **(EsSA)** Simplificando $\frac{(x^2+4x+4)(x^2-x-6)}{(x+2)(x-3)(x+2)^2}$, encontraremos:

a) 0 b) $x-3$ c) $x+2$ d) $(x+2)^2$ e) 1

43) **(EAM)** O valor da expressão $\frac{x^3+x^2-4x-4}{(x+1)(x-2)}$ quando x = 987 é:

a) 987 b) 988 c) 989 d) 990 e) 991

44) **(CN)** O valor numérico de $\frac{(2x-4)(3x+6)}{5x^2-20}$:

a) Depende do valor de x

b) É maior que 5, para x maior que 3

c) É menor que 2, para x menor que 1

d) É nulo, para x = 0

e) É sempre o mesmo para $x \neq \pm 2$

45) **(ESPCEX)** Pode-se afirmar que a função real $y = \frac{(2x^2 - x - 1)(x + 3)}{x^2 + 2x - 3}$, após convenientemente simplificada, é equivalente a:

a) $y = 2x + 1$ para $\mathbb{R} - \{-3, 1\}$
b) $y = x^2 + 1$ para $\mathbb{R} - \{-3, 1\}$
c) $y = x - 2$ para $\mathbb{R} - \{-3, 1\}$
d) $y = x + ½$ para $\mathbb{R} - \{-3, 1\}$
e) $y = 3x + 1$ $\mathbb{R} - \{-3, 1\}$

46) **(CM – BELO HORIZONTE)** A fração algébrica $\frac{x^3 - y^3 - 3x^2y + 3xy^2}{(x-y)(x^2 - y^2)}$, onde $x \neq \pm y$, equivale a:

a) $\frac{x - y}{x + y}$
b) $\frac{x + y}{x - y}$
c) $\frac{1}{x + y}$
d) $x^3 - y^3$
e) $\frac{x}{x - y}$

47) **(EPCAR)** Fatorar e simplificar a expressão: $M = \frac{x^3 - ax^2 + a^2x - a^3}{(x - a)(x+a)(x^2 + a^2)}$

a) x + a
b) x – 1
c) 2(x – a)
d) $\frac{1}{x+a}$
e) x

48) **(CM – MANAUS)** Determine o valor da expressão $\frac{x^3 + 3x^2y + 3xy^2 + y^3}{(zx^2 + y^2z + 2xyz).(x^2 - y^2)}$ para x = 2009, y = 2010 e z = 2011.

a) 2010
b) – 2011
c) $\frac{1}{2011}$
d) 2009
e) $-\frac{1}{2011}$

49) **(CEFET)** Se $x \neq 1$ e $x \neq -1$, simplificando a expressão $\frac{x^3 + 2x^2 + x}{1 - x^2}$ você obtém:

a) $\frac{x + x^2}{1 - x}$
b) $\frac{1}{1 - x}$
c) $\frac{1}{1 + x}$
d) $x^3 + x + 2$
e) $\frac{1 + x}{x}$

50) **(EEAR)** A expressão $\frac{a^2x^2 + 2axy + y^2}{a^2x^2 - y^2}$ é igual a:

a) 1
b) $\frac{ax+y}{ax-y}$
c) $\frac{ax-y}{ax+y}$
d) $\frac{(ax+y)^2}{ax-y}$

51) **(CN)** $\frac{(zx^2 + y^2z + 2xyz)(x^2 - y^2)}{x^3 + 3x^2y + 3xy^2 + y^3}$ é igual a:

a) z(x + y)
b) z(x – y)
c) zx + y
d) zx – y
e) z + y

52) **(EPCAR)** Dadas as expressões $E = \frac{x^2 - mx - nx + mn}{x^2 - m^2}$ e $\frac{E}{n - x} = D^{-1}$, tem-se que D é igual a

a) – x – m
b) x – m
c) x + m
d) – x + m

53) **(EPCAR)** Se Y = $\frac{x^{\frac{3}{2}} + x - x^{\frac{1}{2}} - 1}{x + 2\sqrt{x} + 1}$, com x ≥ 0 e x ≠ 1, então Y é igual a

a) $x^{\frac{3}{2}} - x^{\frac{1}{2}}$ b) x – 1 c) $x^{\frac{3}{2}} - 1$ d) $x^{\frac{1}{2}} - 1$

54) **(CN)** Simplificando $\frac{(2x^2 - 4x + 8).(x^2 - 4)}{\sqrt{2}.x^3 + \sqrt{128}}$ vamos encontrar:

a) $\sqrt{2}(x + 2)$ b) $\sqrt{2}(x - 2)$ c) $\sqrt{2}(x^2 - 4)$ d) $\sqrt{2}$ e) $\frac{\sqrt{2}}{2}$

55) **(EPCAR)** Se **a** e **b** forem números inteiros primos entre si e se $\frac{a^2 - b^2}{a^3 - b^3} = \frac{10}{79}$ e a > b, então:

a) ab = 42 b) $b^2 = 121$ c) $a^2 = 81$ d) a = 7 e) b = 5

56) **(EEAR)** Que expressão podemos acrescentar a cada termo da fração $\frac{x}{y}$ a fim de obtermos $\frac{5x}{4y}$?

a) $\frac{xy}{4y - 5x}$ b) $\frac{xy}{5x - 4y}$ c) $\frac{9xy}{4y - 5x}$ d) $\frac{1}{4y - 5x}$

57) **(EEAR)** Qual é a fração que, quando adicionada a $\frac{2}{x+2}$ obtém-se $\frac{4}{x^2 - 4}$?

a) $\frac{-2x}{x^2 - 4}$ b) $\frac{2x}{x^2 - 4}$ c) $\frac{2x - 8}{x^2 - 4}$ d) $\frac{8 - 2x}{x^2 - 4}$

58) **(EPCAR)** A expressão $\frac{2x^2 + 4xy}{x^2 - y^2} + \frac{x - y}{x + y} - \frac{x + y}{x - y}$ é equivalente a:

a) $\frac{-2x^2}{x^2 - y^2}$ b) $\frac{2x^2}{x^2 - y^2}$ c) $\frac{-x^2}{x^2 - y^2}$ d) $\frac{x^2}{x^2 - y^2}$ e) $\frac{2x(x + 2y)}{x^2 - y^2}$

59) **(CN)** Para se decompor a fração $\frac{3x - 4}{x^2 - 5x + 6}$ na soma de duas outras frações com denominadores do 1º grau, a soma das constantes que aparecerão nos numeradores dará:

a) 3 b) – 5 c) 6 d) – 4 e) 5

60) **(EEAR)** Efetuando-se o produto $\frac{x + 3}{x} \cdot \frac{x - 3}{x} \cdot \frac{x^3}{x^2 - 9}$, obtemos:

a) 1 b) x c) x^2 d) x^3

61) **(EEAR)** Efetuando o produto $\frac{2x^2 + 6}{5y^3} \cdot \frac{10y^4}{3x^2 + 9}$, obtém-se:

a) 2/3 b) 4/3 c) 2y/3 d) 4y/3

62) **(EEAR)** Efetuando-se $\frac{x^3}{a^2 - a} \cdot \frac{2a^2 - 2a}{x^5 + x^3}$, resulta:

a) $\frac{x^3}{a}$ b) $\frac{2}{ax^8}$ c) $\frac{x+1}{a}$ d) $\frac{2}{x^2+1}$

63) **(CM – RECIFE)** O valor da expressão $\frac{k + 3}{k} \cdot \frac{k^3 - 6k^2+9k}{k^2 - 9}$, para k igual a 103, é:

a) 103 b) 97 c) 98 d) 99 e) 100

64) **(EAM)** Considere a expressão: $\frac{ax + bx - an - bn}{a^2 - b^2} \cdot \frac{a^2 - 2ab + b^2}{x^2 - n^2}$. Efetuando os cálculos e simplificando-os, obtém-se:

a) $\frac{a + b}{x + n}$ b) $\frac{a - b}{x + n}$ c) $\frac{a + b}{x - n}$ d) $\frac{a - b}{x - n}$ e) $\frac{b - a}{x + n}$

65) **(CM – BRASÍLIA)** Simplifique:

$$\frac{4y - 5x + 2xy - 10}{x^2 + 3x + 2} \cdot \frac{x^2 - 1}{4y^2 - 20y + 25}$$

a) $(x - 1).(2y - 5)^{-1}$
b) $(x + 2).(x - 1)$
c) $(y - 4).(x + 2)^{-1}$
d) $(2y - 5)(x + 2)$
e) $(y - 5).(x + 3)^{-1}$

66) **(EPCAR)** Considerando a e b como reais positivos com $a \neq \frac{1}{b}$ e $a \neq -\frac{1}{b}$, ao simplificar $\left(\frac{1}{b^2} + \frac{1}{a^2b^4 - b^2}\right) \cdot \left(b - \frac{1}{a}\right) \cdot \left(\frac{ab+1}{a}\right)$, obtemos

a) 1 b) $\frac{a^2}{b^2}$ c) a^2b^2 d) $a^3b^4 - ab^2$ e) $\frac{a^2b^2}{2}$

67) **(EPCAR)** O valor da expressão $\left(\frac{x^{-2} - y^{-2}}{x^{-1} + y^{-1}}\right) \cdot \left(\frac{x^2y + xy^2}{x^2 - y^2}\right)$, em que x e y $\in \mathbb{R}^*$ e $x \neq y$ e $x \neq -y$, é

a) – 1 b) – 2 c) 1 d) 2

68) **(CM – RJ)** O resultado simplificado da expressão $\frac{x}{x - y} \cdot \frac{y}{x + y} - \frac{1}{\frac{x}{y} - 1}$ é:

a) $\frac{y^2}{y^2 - x^2}$ b) $\frac{1 - y}{x - y}$ c) $\frac{xy - x - y}{x^2 - y^2}$ d) $-\frac{1}{x^2 - 1}$ e) $\frac{xy-1}{x+y}$

69) **(EPCAR)** Considere o conjunto de todos os valores de **m** e **n** para os quais a expressão algébrica A, abaixo, está definida.

$$A = \frac{\frac{m^2}{n^2} - \frac{n^2}{m^2}}{\frac{1}{m^2} + \frac{2}{m \cdot n} + \frac{1}{n^2}} \cdot \frac{(m-n)^{-2}}{(m^2-n^2)^{-1}}$$

Nesse conjunto, uma expressão algébrica equivalente a A é

a) $m^2 + n^2$ b) $m^2 - n^2$ c) $\frac{m^2+n^2}{m^2-n^2}$ d) $\frac{m^2+n^2}{m-n}$

70) **(EsSA)** A fração que devemos dividir por $\frac{2a}{3b}$, para termos um quociente igual a $\frac{3b^2}{2a^2}$ é:

a) $\frac{a}{b}$ b) $\frac{9b^2}{4a^3}$ c) $\frac{4a^3}{9b^3}$ d) $\frac{b}{a}$

71) Simplifique $\frac{x^{-1}+y^{-1}}{(xy)^{-1}}$ $(xy \neq 0)$

a) $x - y$ b) x c) $y + x$ d) y e) nra

72) **(EEAR)** Simplificando a expressão $\frac{x^{-2}-y^{-2}}{(xy)^{-2}}$, obtém-se:

a) $x - y$ b) $y - x$ c) $x^2 - y^2$ d) $y^2 - x^2$

73) **(CM – MANAUS)** A expressão $\frac{a^{-2}+b^{-2}}{a^{-1}+b^{-1}}$, com $ab \neq 0$ e $a + b \neq 0$, reduzida a sua forma simplificada, é igual a

a) $\frac{b^2+a^2}{b+a}$ b) $\frac{b^2+a^2}{ab(b+a)}$ c) $\frac{b+a}{ab}$ d) $\frac{1}{a} - \frac{1}{b}$ e) $\frac{ab}{b+a}$

74) **(EPCAR)** A expressão $\frac{x^{-3}+y^{-3}}{x^{-1}+y^{-1}}$ é equivalente a:

a) $\frac{y^2+2xy+x^2}{x^2y^2}$ b) $\frac{y^2-xy-x^2}{x^2y^2}$ c) $\frac{y^2-xy+x^2}{x^2y^2}$ d) $\frac{y^2+xy+x^2}{x^2y^2}$ e) $\frac{y^2-2xy+x^2}{x^2y^2}$

75) A expressão $\frac{x^{-1}-y^{-1}}{x^{-3}-y^{-3}}$ é igual a:

a) $x^{-2}y^{-2}$ b) $\frac{x^2y^2}{x^2+xy+y^2}$ c) $x^2 + xy + y^2$ d) x^2y^2 e) $x^2 - y^2$

76) **(CM – MANAUS)** A simplificação da expressão $\frac{a^{-4}-b^{-4}}{a^{-2}-b^{-2}}$ com $a \neq 0$, $b \neq 0$ e $a \neq \pm b$ é:

a) $a^2 - b^2$ b) $a^2 + b^2$ c) $a^{-6} - b^{-6}$ d) $\frac{a^2+b^2}{a^2}$ e) $\frac{a^2+b^2}{a^2b^2}$

77) **(EEAR)** Simplificando-se a expressão $\frac{\frac{a}{a-2}}{\frac{2a}{a^2-4}}$, obtém-se:

a) a + 2 b) a – 2 c) $\frac{a-2}{2}$ d) $\frac{a+2}{2}$

78) **(EEAR)** Simplificando-se a expressão $\frac{\frac{x}{7-x}}{\frac{10x}{x^2-49}}$, obtém-se

a) $-\frac{x+7}{10}$ b) $\frac{x+7}{10}$ c) $-\frac{7-x}{10}$ d) $\frac{7-x}{10}$

79) **(EEAR)** Simplificando a expressão $\frac{ac+a^2}{a^2-c^2} : \frac{2a^2}{a^2-2ac+c^2}$, obtém-se:

a) $\frac{a-c}{a}$ b) $\frac{a-c}{2}$ c) $\frac{a-c}{2a}$ d) $\frac{1-c}{2a}$

80) **(ETEVM)** Efetuando $\frac{x^2-2x-15}{x^2-9} : \frac{x^2-5x}{x^2-3x}$ obtemos:

a) x + 3 b) x – 3 c) x d) 1 e) nra

81) **(EEAR)** Efetuando-se $\frac{2xy-x^2-y^2}{3b-a} : \frac{y-x}{9b-3a}$, obtém-se

a) $\frac{3}{y-x}$ b) $\frac{3}{x-y}$ c) 3(y – x) d) 3(x – y)

82) **(ETEVM)** Efetuando e simplificando $\frac{x^4 - J^4}{x^2 - 2xJ + J^2} : \frac{x^2 + xJ}{x - J}$, obtém-se:

a) $\frac{1}{x-J}$ b) $\frac{1}{x+J}$ c) $\frac{x}{x-J}$ d) $\frac{x^2+J^2}{x}$ e) nra

83) **(EEAR)** Simplificando a expressão $\sqrt{y^3 - xy^2 - yx^2 + x^3} : \sqrt{x^2 - y^2}$, obtém-se

a) x – y b) y – x c) $\sqrt{y-x}$ d) $\sqrt{x-y}$

84) **(CTUR)** Simplificando a expressão $\frac{a+\frac{1}{b}}{b+\frac{1}{a}}$, obtém-se:

a) $\frac{b}{a}$ b) $\frac{a}{b}$ c) $\frac{a+1}{b}$ d) $\frac{b+1}{a}$ e) $\frac{a+1}{b+1}$

85) **(EsSA)** Efetuando $\frac{\frac{x}{2}-3}{\frac{x+3}{5}+\frac{2x-9}{15}}$, obtemos:

a) $\frac{x-6}{2}$ b) $\frac{x-6}{15}$ c) x – 6 d) $\frac{3}{2}(x-6)$ e) $\frac{3(x-6)}{2x}$

86) **(EAM)** A expressão $\frac{\frac{x}{2x-1}-1}{1+\frac{x}{1-2x}}$ para x ≠ 1, x ≠ ½ e x ≠ – ½ é igual a:

a) – 2 b) – 1 c) 0 d) 2 e) 3

87) **(EEAR)** Efetuando-se $\left(\frac{2}{x+1}+\frac{3}{x-1}\right):\frac{5x+1}{x+1}$, obtém-se

a) x – 1 b) x + 1 c) $\frac{1}{x+1}$ d) $\frac{1}{x-1}$

88) **(EEAR)** Simplificando-se a expressão $\frac{a-2a^2}{a^2-1}:\left(\frac{1}{3a-3}+\frac{1}{a+1}\right)$ obtém-se

a) $-\frac{a}{2}$ b) $-\frac{3a}{2}$ c) $-\frac{2a}{3}$ d) $\frac{5a}{3}$

89) **(EEAR)** Se $M = a + \frac{b-a}{1+ab}$ e $N = 1 - \frac{ab-a^2}{1+ab}$ com ab ≠ – 1, então $\frac{N}{M}$ é

a) a^{-1} b) b c) 1 + ab d) b^{-1}

90) **(EEAR)** O quociente da divisão de $\left(1+\frac{m-n}{m+n}\right)$ por $\left(1-\frac{m-n}{m+n}\right)$ é igual a

a) 1 b) $\frac{n}{m}$ c) $\frac{m}{n}$ d) $\frac{m+n}{m-n}$

91) **(EFOMM)** O quociente da divisão de $1+\frac{a-b}{a+b}$ por $\frac{a+b}{a-b}-1$, em sua forma mais simples, é:

a) $\frac{a-b}{a+b}$ b) $\frac{b(a+b)}{a(a-b)}$ c) $\frac{a^2-ab}{ab+b^2}$ d) $\frac{a}{b}$ e) – 1

92) **(CN)** Efetuar e simplificar:

$$\left[\frac{2x}{x+y}-\frac{y}{y-x}+\frac{y^2}{y^2-x^2}\right]:\left[\frac{1}{x+y}+\frac{x}{x^2-y^2}\right]$$

93) **(CN)** Efetuando-se $\frac{x}{2+y}+\frac{4-4x+x^2}{y^2+4y+4}:\frac{2-x}{2+y}$, encontra-se

a) $\frac{x}{y+2}$ b) $\frac{x+2}{y+2}$ c) $\frac{2}{y+2}$ d) $\frac{2x}{y+2}$ e) $\frac{2-x}{y+2}$

94) **(CEFET)** Sendo x um número real positivo, $a = \frac{2}{(x+1)^2}$ e $b = \sqrt{1-\left(\frac{x-1}{x+1}\right)^2}$, então $\frac{a}{b}$ vale:

a) $\frac{\sqrt{x}}{x(x+1)}$ b) $\frac{\sqrt{x}}{x}$ c) $\frac{\sqrt{x}}{(x+1)}$ d) $\frac{2\sqrt{x}}{x(x+1)}$

95) **(CM)** Se M = $\frac{x^3 - 3x^2 + 3x - 1}{5x^2 - 10x + 5}$ e N = $\frac{x^3 - 1}{5x + 10}$, o valor de $\frac{M}{N}$, para x = $\sqrt{2}$ é:

a) $\frac{4+\sqrt{2}}{7}$ b) $\frac{1+\sqrt{2}}{7}$ c) $4 + \sqrt{2}$ d) $\frac{4-\sqrt{2}}{5}$ e) $\frac{4+\sqrt{7}}{5}$

96) **(CM – PORTO ALEGRE)** Simplificando a expressão $\left(\sqrt{1-x} + \frac{1}{\sqrt{1+x}}\right) : \left(1 + \frac{1}{\sqrt{1-x^2}}\right)$, encontramos

a) 1 b) x c) 1 – x d) 1 + x e) $\sqrt{1-x}$

97) **(EPCAR)** O valor da expressão $10^{n/2}\,(10^{m-1} + 10^{m+1}) : \left[10^m\left(10^{n/2} + 10^{n/2+2}\right)\right]$ é

a) 10 b) 1 c) 10^{-1} d) $10^{m - \frac{n}{2} - 2}$

98) **(EsSA)** Na expressão $\dfrac{\left[\left(a + \frac{ab}{a-b}\right)\left(a - \frac{ab}{a+b}\right)\right]}{\frac{a^2 + b^2}{a^2 - b^2}}$, o resultado das operações é igual a:

a) $a^2 + b^2$ b) $\frac{a^2}{a^2+b^2}$ c) $\frac{ab}{a-b}$ d) $\frac{a^4}{a^2-b^2}$ e) $\frac{a^4}{a^2+b^2}$

99) **(CM – RECIFE)** Efetuando e simplificando a expressão $\left[\frac{y^2}{y^2-x^2} + \frac{3x}{x+y} - \frac{y}{y-x}\right] : \left[\frac{x}{x^2-y^2} + \frac{2}{x+y}\right]$, obtém-se

a) y b) 1 c) x – y d) $y^2 - x^2$ e) x

100) **(CM – MANAUS)** Calculando o valor numérico da expressão $\sqrt[4]{\frac{16a^4b^8\,(a^2+2ab+b^2)^2}{81(a+b)^8}}$ para a = $\frac{1}{2}$ e b = 3, obtemos:

a) $\frac{1}{2}$ b) $\frac{6}{7}$ c) $\frac{7}{6}$ d) $\frac{1}{3}$ e) 1

101) Supondo que a ∈ $\mathbb{R}_+^*$, b ∈ $\mathbb{R}_+^*$ e a > b, simplificando $\frac{2(a-b)\sqrt{18\,(a^2 - b^2)(a+b)}}{3(a+b)\sqrt{8(a-b)}}$, encontra-se:

a) $\frac{a}{b}$ b) $\frac{b}{a}$ c) ab d) a + b e) a – b

102) **(CM – JUIZ DE FORA)** Na expressão abaixo, temos x > y > 0. Efetuando as operações e simplificando ao máximo, obtém-se:

$$\frac{\left[1 - \left(\frac{x}{y}\right)^{-2}\right] \cdot x^2}{\left(\sqrt{x} - \sqrt{y}\right)^2 + 2\sqrt{xy}}$$

a) x + y b) x – y c) y – x d) xy

103) **(EPCAR)** Simplificando as expressões

$A = \dfrac{\left[1 - \left(\frac{y}{x}\right)^2\right] . x^2}{\left(\sqrt{x} - \sqrt{y}\right)^2 + 2\sqrt{xy}}$ e $B = \dfrac{x^2 - xy}{2x}$, nas quais y > x > 0, é correto afirmar que

a) $\frac{A}{B} = 2^{-1}$ b) $\frac{B}{A} \in \mathbb{N}$ c) A . B > 0 d) A + B > 0

104) **(EPCAR)** Se **a** e **b** são reais positivos, a expressão $\dfrac{\left(a + 2a^{1/2} . b^{1/2} + b\right) . \left(a - 2a^{1/2} . b^{1/2} + b\right)}{a^2 - b^2}$ é equivalente a

a) $\frac{a+b}{a-b}$ b) $\frac{a-b}{a+b}$ c) $\frac{b-a}{a+b}$ d) 1

105) **(EPCAR)** A expressão $\dfrac{1 - x + \frac{1 - x}{1 + x}}{\frac{1}{1 - x} + \frac{1}{1 - x^2}}$ é equivalente a

a) $x^2 - 1$ b) $(x - 1)^2$ c) $(x + 1)^2$ d) $x^2 + 1$

106) **(CM – BRASÍLIA)** Simplifique a expressão $\dfrac{1 + \frac{a-b}{a+b}}{1 - \frac{a-b}{a+b}} : \dfrac{1 + \frac{a^2 - b^2}{a^2 + b^2}}{1 - \frac{a^2 - b^2}{a^2 + b^2}}$

a) $\frac{a}{b}$ b) $\frac{a^2}{b}$ c) $\frac{a}{b^2}$ d) $\frac{b}{a}$ e) $\frac{a^2}{b^2}$

107) **(CM – RJ)** A forma simplificada da expressão $\dfrac{a^2c - (b^2c + b^2d) + a^2d}{c(a^2 + b^2) + 2(abc + abd) + d(a^2 + b^2)}$ é:

a) $\frac{a + b}{ab}$ b) $\frac{c - d}{c + d}$ c) $\frac{a - b}{ab}$ d) $\frac{a - b}{a + b}$ e) $\frac{d+c}{dc}$

108) **(CM – RJ)** Simplificando a expressão $\dfrac{\frac{x}{x-a} + \frac{a}{x+a}}{\frac{x}{x-a} - \frac{a}{x+a}} + \dfrac{2a}{a - \frac{x(x+a)}{x-a}}$ definida no conjunto dos números reais, encontramos o valor:

a) 1 b) 2 c) 3 d) 4 e) 5

109) **(EFOMM)** A expressão mais simples que representa a soma $\dfrac{a}{(a - b)(a - c)} + \dfrac{b}{(b - c)(b - a)} + \dfrac{c}{(c - a)(c - b)}$ é:

a) a + b + c b) 1/a c) 0 d) $\frac{4a^2}{a^2 - b^2}$ e) 1

110) O valor da expressão $\frac{a^2}{(a-b)(a-c)} + \frac{b^2}{(b-a)(b-c)} + \frac{c^2}{(c-a)(c-b)}$ é:

a) 0 b) 1 c) 2 d) 3 e) 4

111) Efetuando $\frac{a^3}{(a-b)(a-c)} + \frac{b^3}{(b-a)(b-c)} + \frac{c^3}{(c-a)(c-b)}$, temos:

a) abc b) a + b + c c) $a^2 + b^2 + c^2$ d) $a^3 + b^3 + c^3$ e) $a^3b^3c^3$

112) Sendo **a**, **b** e **c** números distintos, o valor da expressão $\frac{2}{b-c} + \frac{b-c}{(c-a)(a-b)} + \frac{2}{c-a} + \frac{c-a}{(a-b)(b-c)} + \frac{2}{a-b} + \frac{a-b}{(b-c)(c-a)}$ vale:

a) a + b + c

b) a – b

c) (a – b)(b – c)(c – a)

d) 2abc

e) 0

113) Reduzir a expressão mais simples $\frac{1}{\left(\frac{a}{b}-1\right)\left(\frac{a}{c}-1\right)} + \frac{1}{\left(\frac{b}{a}-1\right)\left(\frac{b}{c}-1\right)} + \frac{1}{\left(\frac{c}{a}-1\right)\left(\frac{c}{b}-1\right)}$

a) a b) b c) c d) 1 e) $\frac{1}{abc}$

114) Simplificar $\frac{\frac{x^3-y^3}{x^2+y^2} \cdot \frac{x^2-y^2}{x^3+y^3} \cdot \left(\frac{1}{x^2}+\frac{1}{y^2}\right)}{\left(\frac{x^2+y^2+xy}{x^2+y^2-xy}\right) \cdot \left(\frac{1}{y}-\frac{1}{x}\right)}$

a) $\frac{x-y}{xy}$ b) y c) x d) $\frac{x}{y}$ e) 1

115) **(EPCAR)** Se **a** e **b** são números reais não nulos, então simplificando a expressão $(a^2b + ab^2) \cdot \frac{\frac{1}{a^3}-\frac{1}{b^3}}{\frac{1}{a^2}-\frac{1}{b^2}}$, obtém-se:

a) a + b b) $a^2 + ab + b^2$ c) $a^2 + b^2$ d) b – a

116) **(EPCAR)** Simplifique a expressão $A = a^3\left(\frac{3}{a^3-2a^2+a} + \frac{a-1}{a^3} - \frac{a+1}{a^3-a^2}\right)$

a) a

b) a – 1

c) $a^2 - 2a + 1$

d) $\frac{4a-1}{a^2-2a+1}$

e) $\frac{2a-1}{a-1}$

117) **(EPCAR)** Supondo **x** e **y** números reais tais que $x^2 \neq y^2$ e $y \neq 2x$, a expressão

$$\sqrt{\frac{\frac{2x}{x+y} - \frac{y}{y-x} + \frac{y^2}{y^2-x^2}}{(x+y)^{-1} + x(x^2-y^2)^{-1}}}$$

sempre poderá ser calculada em $\mathbb{R}$ se, e somente se,

a) $x \geq 0$ e $y \geq 0$

b) $x > 0$ e y é qualquer

c) x é qualquer e $y \geq 0$

d) $x \geq 0$ e y é qualquer

118) **(EPCAR)** Considere os valores reais de **a** e **b**, $a \neq b$, na expressão $p = \frac{(a+b)(2a)^{-1} + a(b-a)^{-1}}{(a^2+b^2)(ab^2-ba^2)^{-1}}$

Após simplificar a expressão **p** e torná-la irredutível, pode-se dizer que $\sqrt{p^{-1}}$ está definido para todo

a) $a \in \mathbb{R}$ e $b \in \mathbb{R}^*$

b) $a \in \mathbb{R}$ e $b \in \mathbb{R}_+^*$

c) $a \in \mathbb{R}^*$ e $b \in \mathbb{R}^*$

d) $a \in \mathbb{R}^*$ e $b \in \mathbb{R}_+^*$

119) **(EPCAR)** Considere os números reais **a**, **b** e **x** tais que

$a + b = x$

$a - b = x^{-1}$

$a \neq b \neq 0$

O valor da expressão $Y = \frac{\frac{(a^2+2ab+b^2)(a^3-b^3)}{(a^2-b^2)(a^2+ab+b^2)}}{\left(\frac{a^2-ab}{2a}\right)}$ é

a) 2

b) $2x^2$

c) x^2

d) $\frac{x^2}{2}$

120) **(EPCAR)** Ao fatorar e efetuar as simplificações na fração $\frac{-ab^2+b^2c+bc^2+ac^2-a^2c-a^2b}{a^2c+2abc+b^2c-a^3-2a^2b-ab^2}$, considerando sua devida existência, obtém-se

a) $\frac{b+c}{c-a}$

b) $\frac{b+c}{a+b}$

c) $\frac{2a+c}{c-a}$

d) $\frac{b+c-a}{a+b}$

121) **(EPCAR)** Considere as expressões P e Q, com os números **a**, **b** e **c** reais positivos e distintos entre si.

$P = \frac{(a^6 + b^6 + c^6)^2 - (a^6 - b^6 - c^6)^2}{b^6 + c^6}$

$Q = \frac{(b^{-1} - a^{-1})^{-1} - (b^{-1} + a^{-1})^{-1}}{(a^{-1} + b^{-1})^{-1} - (a^{-1} - b^{-1})^{-1}}$

A expressão $\sqrt{Q\sqrt{P}}$ é representada por

a) $b\sqrt{2a}$ b) $a\sqrt{2b}$ c) $a\sqrt{\frac{b}{2}}$ d) $\frac{1}{a}\sqrt{\frac{b}{2}}$

122) **(CN)** Simplificando $\frac{a^4 - b^4}{(a^2 + b^2 + 2ab)(a^2 + b^2 - 2ab)} - \frac{2ab}{a^2 - b^2}$ para $b \neq \pm a$, obtém-se:

a) 11 b) $\frac{a+b}{a-b}$ c) $\frac{b}{a}$ d) $\frac{a-b}{a+b}$ e) $\frac{a}{b}$

123) **(CN)** Fatorando e simplificando a expressão $\frac{x(x^4 - 5x^2 + 4) - 2(x^4 - 5x^2 + 4)}{(x^3 - 6x^2 + 12x - 8)(x^2 - 1)}$ obtemos:

a) $\frac{x+2}{x-2}$ b) $\frac{x-2}{x-1}$ c) $\frac{x+1}{x-2}$ d) $\frac{x-2}{x+2}$ e) 1

124) **(CN)** $x^2 - \frac{4x}{x-3}$ dividido por $x + \frac{4x^2 + 4x}{x^2 - 2x - 3}$ para $x \neq 3$ e $x \neq -1$ dá:

a) $x + 1$ b) $x - 4$ c) $x + 4$ d) $x^2 - 3$ e) $x - 1$

125) **(CN)** Simplificando a expressão $\sqrt{1 + \left(\frac{x^4 - 1}{2x^2}\right)^2} - \frac{x^2}{2}$, para $x \in \mathbb{R}^*$, obtém-se:

a) $\frac{1}{2x^2}$ b) $\frac{x^4 + x^2 - 1}{2x^2}$ c) $\frac{x^4 - x^2 - 1}{2x^2}$ d) $\frac{\sqrt{x^2+1}}{2}$ e) $\frac{x^2}{\sqrt{2}}$

126) **(CN)** Simplificando a expressão abaixo, para os valores de **a**, **b** e **c** que não anulam o denominador, obtém-se:

$$\frac{(a^2 - b^2 - c^2 - 2bc)(a + b - c)}{(a + b + c)(a^2 + c^2 - 2ac - b^2)}$$

a) 1 b) 2 c) 3 d) $a + b + c$ e) $a - b + c$

127) **(CN)** Simplificando-se a fração $\frac{a^4 + b^4 - 6a^2b^2}{a^2 - b^2 + 2ab}$, onde $a > b$, obtém-se

a) $a^2 - b^2 - 2ab$ b) $a^2 - b^2 + 2ab$ c) $a^2 + b^2 - 2ab$ d) $a^2 + b^2 + 2ab$ e) $a^2 + b^2$

128) **(CN)** Simplificando-se a fração $\frac{x(x^2+x-y)+y^2(y+1)}{x^2+y^2-xy}$, $x^2 + y^2 - xy \neq 0$, obtém-se:

a) $x - y + 1$ b) $x - y - 1$ c) $x + y - 1$ d) $1 + x + y$ e) $1 - x + y$

GABARITOS

1) D	2) $\frac{2(x-y)}{x+y}$	3) A	4) D	5) B	6) A
7) 1	8) B	9) D	10) $\frac{x^2+2x+4}{x+2}$	11) C	12) A
13) $\frac{x^2+1}{-x^3+x^2+x-1}$	14) A	15) A	16) D	17) B	18) – 3
19) B	20) B	21) E	22) B	23) C	24) C
25) C	26) E	27) D	28) D	29) D	30) E
31) B	32) A	33) B	34) D	35) B	36) A
37) B	38) B	39) A	40) E	41) B	42) E
43) C	44) E	45) A	46) A	47) D	48) E
49) A	50) B	51) B	52) A	53) D	54) B
55) D	56) A	57) D	58) B	59) A	60) B
61) D	62) D	63) E	64) B	65) A	66) A
67) A	68) A	69) A	70) D	71) C	72) D
73) B	74) C	75) B	76) E	77) D	78) A
79) C	80) D	81) D	82) D	83) D	84) B
85) E	86) B	87) D	88) B	89) D	90) C
91) C	92) x	93) C	94) A	95) A	96) E
97) C	98) E	99) E	100) B	101) E	102) B
103) C	104) B	105) B	106) D	107) D	108) A
109) C	110) B	111) B	112) E	113) D	114) A
115) B	116) D	117) D	118) D	119) B	120) B
121) B	122) D	123) A	124) B	125) A	126) A
127) A	128) D				

Capítulo 02

Equações Literais

I) Equações numéricas

- Uma equação é numérica quando não possui outras letras além da incógnita.

Exemplos:

a) $3x + 2 = x + 7$ → na equação temos que x é a incógnita

b) $y + 9 = 11$ → na equação temos que y é a incógnita

II) Equações literais

- Uma equação é literal quando possui outras letras além da incógnita. As letras que são diferentes da incógnita são chamadas de parâmetros.

Exemplos:

a) $6x + a = 3x + 10$ (Na equação temos que x é a incógnita e a é o parâmetro).

b) $11x - m = nx + 9$ (Na equação temos que x é a incógnita e os parâmetros são m e n).

c) $px - q = qx - p - 7$ (Na equação temos que x é a incógnita e os parâmetros são p e q).

d) $3x^2 + x - b = 0$ (Na equação temos que x é a incógnita e b é o parâmetro).

III) Resolução da equação literal

- Para resolver uma equação literal devemos proceder da seguinte forma:

a) Identificar se a equação literal é do 1º grau ou do 2º grau;

b) Aplicar as técnicas estudadas anteriormente na resolução das equações numéricas.

EXERCÍCIOS

1) **(EsSA)** O valor de x na equação literal $x(3m - 1) = m(2x + 3) + mx$ é:

a) $-3m$ b) $3m$ c) m d) $-2m$

Resolução:

$x(3m - 1) = m(2x + 3) + mx$

$3mx - x = 2mx + 3m + mx$

$3mx - 2mx - mx - x = 3m$

$-x = 3m$ **x (– 1)**

$x = -3m$

GABARITO: A

2) **(EEAR)** É conjunto solução da equação a(2x – 1) = b + ax.

a) $S = \left\{1 + \frac{b}{a}\right\}$ b) $S = \left\{\frac{b-a}{a}\right\}$ c) $S = \left\{\frac{a+b}{3a}\right\}$ d) S = {a + b}

Resolução:

$a(2x - 1) = b + ax$

$2ax - a = b + ax$

$2ax - ax = b + a$

$ax = b + a$

$x = \frac{b+a}{a}$

$x = \frac{b}{a} + \frac{a}{a}$

$x = \frac{b}{a} + 1$

GABARITO: A

3) **(ETF)** O valor de x na equação $a^2x - a^2 - b^2x - b^2 = 2ab$, é:

a) a + b b) a – b c) $\frac{a-b}{a+b}$ d) $\frac{a+b}{a-b}$ e) nra

Resolução:

$a^2x - a^2 - b^2x - b^2 = 2ab$

$a^2x - b^2x = a^2 + b^2 + 2ab$

$(a^2 - b^2)x = (a+b)^2$

$x = \frac{(a+b)^2}{a^2-b^2}$

$x = \frac{(a+b).(a+b)}{(a+b).(a-b)}$

$x = \frac{a+b}{a-b}$

GABARITO: D

4) As raízes da equação literal $x^2 - 7bx + 10b^2 = 0$ são:

a) b e 2b b) 2b e 4b c) 2b e 5b d) 3b e 7b e) 0 e 1

Resolução:

$x^2 - 7bx + 10b^2 = 0$ (a = 1, b = – 7b e c = $10b^2$)

$\Delta = b^2 - 4 . a . c$

$\Delta = (-7b)^2 - 4 . 1 . 10b^2$

$\Delta = 49b^2 - 40b^2$

$\Delta = 9b^2$

$$\boxed{x = \frac{-b \pm \sqrt{\Delta}}{2 \cdot a}}$$

$$x = \frac{-(-7b) \pm \sqrt{9b^2}}{2 \cdot 1}$$

$$x = \frac{7b \pm 3b}{2} \therefore \begin{cases} x_1 = \frac{7b + 3b}{2} = \frac{10b}{2} = 5b \\ x_2 = \frac{7b - 3b}{2} = \frac{4b}{2} = 2b \end{cases}$$

V = {2b, 5b}

<u>GABARITO</u>: C

5) **(ESPCEX)** Calcule o valor de x na equação $k^2x^2 - 2pkx + p^2 - q^2 = 0$.

<u>Resolução</u>:

$k^2x^2 - 2pkx + p^2 - q^2 = 0$ ($a = k^2$, $b = -2pk$ e $c = p^2 - q^2$)

$$\boxed{\Delta = b^2 - 4 \cdot a \cdot c}$$

$\Delta = (-2pk)^2 - 4 \cdot k^2 \cdot (p^2 - q^2)$

$\Delta = 4p^2k^2 - 4k^2p^2 + 4k^2q^2$

$\Delta = 4k^2q^2$

$$\boxed{x = \frac{-b \pm \sqrt{\Delta}}{2 \cdot a}}$$

$$x = \frac{-(-2pk) \pm \sqrt{4k^2q^2}}{2 \cdot k^2}$$

$$x = \frac{2pk \pm 2kq}{2 \cdot k^2}$$

$$x = \frac{2\,k\,(p \pm q)}{2 \cdot k \cdot k}$$

$$x = \frac{2\,k\,(p \pm q)}{2 \cdot k \cdot k}$$

$$x = \frac{p \pm q}{k} \therefore \begin{cases} x_1 = \frac{p + q}{k} \\ x_2 = \frac{p - q}{k} \end{cases}$$

<u>GABARITO</u>: $\mathbf{\frac{p \pm q}{k}}$

6) **(COLÉGIO PEDRO II)** Calcule o valor de y na equação $y + \frac{y}{m} = n$.

<u>**Resolução**</u>:

$y + \frac{y}{m} = n$

$\frac{y}{1/m} + \frac{y}{m/1} = \frac{n}{1/m}$

$ym + y = mn$

$y(m + 1) = mn$

$y = \frac{mn}{m+1}$

<u>**GABARITO**</u>: $\mathbf{\frac{mn}{m+1}}$

7) **(EAM)** Na equação $\frac{1}{R} = \frac{1}{a} + \frac{1}{b}$, expressando "a" em função de "R" e "b", tem-se:

a) a+b b) $\frac{a+b}{a-b}$ c) $\frac{Rb}{b-R}$ d) $\frac{b-R}{R}$ e) $\frac{Ra}{b}$

<u>**Resolução**</u>:

$\frac{1}{R} = \frac{1}{a} + \frac{1}{b}$

$\frac{1}{R/ab} = \frac{1}{a/Rb} + \frac{1}{b/Ra}$

$ab = Rb + Ra$

$ab - Ra = Rb$

$(b - R)a = Rb$

$a = \frac{Rb}{b-R}$

<u>**GABARITO**</u>: **C**

8) Calcule o valor de x na equação $\frac{bx - a}{6} - \frac{b - ax}{4} = \frac{2ax - b}{3}$

<u>**Resolução**</u>:

$\frac{bx - a}{6/2} - \frac{b - ax}{4/3} = \frac{2ax - b}{3/4}$ **MMC (6, 4, 3) = 12**

$2(bx - a) - 3(b - ax) = 4(2ax - b)$

$2bx - 2a - 3b + 3ax = 8ax - 4b$

$2bx + 3ax - 8ax = -4b + 2a + 3b$

$2bx - 5ax = 2a - b$

$x(2b - 5a) = 2a - b$

$x = \frac{2a - b}{2b - 5a}$

<u>**GABARITO**</u>: $\mathbf{\frac{2a - b}{2b - 5a}}$

9) **(CM – RECIFE)** Na equação abaixo, calcule o valor de x em função de a e b, sendo $a \neq 0$ e $a \neq -b$:

$$\frac{ax - ab}{a^2} = \frac{a^2 - b^2}{(a+b)^2}$$

Resolução:

$(ax - ab)(a + b)^2 = a^2(a^2 - b^2)$

$a(x - b)(a + b)^2 = a^2(a^2 - b^2)$

$x - b = \frac{a^2(a + b)(a - b)}{a(a+b)^2}$

$x - b = \frac{a \,.\, a \,.\, (a + b)(a - b)}{a \,.\, (a+b)(a+b)}$

$x - b = \frac{a\,(a - b)}{a+b}$

$x = \frac{a\,(a - b)}{a+b} + b$

$x = \frac{a\,(a - b)}{a+b/_1} + \frac{b}{1/_{a+b}}$

$x = \frac{a(a-b)+b(a+b)}{a+b}$

$x = \frac{a^2 - ab + ab + b^2}{a+b}$

$x = \frac{a^2 + b^2}{a+b}$

GABARITO: $\frac{\mathbf{a^2 + b^2}}{\mathbf{a + b}}$

10) **(ESPCEX)** Calcular o valor de x na equação $\frac{a}{x - b} + \frac{b}{x - a} = 2$

Resolução:

$\frac{a}{x - b} + \frac{b}{x - a} = 2$

$\frac{a}{x - b/_{x-a}} + \frac{b}{x - a/_{x-b}} = \frac{2}{1/_{(x-a)(x-b)}}$

$a(x - a) + b(x - b) = 2(x - a)(x - b)$

$ax - a^2 + bx - b^2 = 2(x^2 - bx - ax + ab)$

$ax - a^2 + bx - b^2 = 2x^2 - 2bx - 2ax + 2ab$

$2x^2 - 2bx - bx - 2ax - ax + a^2 + 2ab + b^2 = 0$

$2x^2 - 3bx - 3ax + a^2 + 2ab + b^2 = 0$

$2x^2 + (-3b - 3a)x + a^2 + 2ab + b^2 = 0 \begin{cases} a = 2 \\ b = -3b - 3a \\ c = a^2 + 2ab + b^2 \end{cases}$

$\boxed{\Delta = b^2 - 4 \cdot a \cdot c}$

$\Delta = (-3b - 3a)^2 - 4 \cdot 2 \cdot (a^2 + 2ab + b^2)$

$\Delta = 9b^2 + 18ab + 9a^2 - 8a^2 - 16ab - 8b^2$

$\Delta = b^2 + 2ab + a^2$

$\Delta = (b + a)^2$

$$\boxed{x = \frac{-b \pm \sqrt{\Delta}}{2 \cdot a}}$$

$$x = \frac{-(-3b - 3a) \pm \sqrt{(b+a)^2}}{2 \cdot 2}$$

$$x = \frac{3b+3a \pm (b+a)}{4} \therefore \begin{cases} x_1 = \frac{3b+3a+b+a}{4} = \frac{4b+4a}{4} = b + a \\ x_2 = \frac{3b+3a-b-a}{4} = \frac{2b+2a}{4} = \frac{b+a}{2} \end{cases}$$

<u>GABARITO</u>: $\left\{\mathbf{b + a}, \frac{\mathbf{b+a}}{\mathbf{2}}\right\}$

A seguir, faremos uma bateria de exercícios de todo conteúdo estudado neste capítulo.

EXERCÍCIOS

11) Calcule o valor de x na equação 4x + b = 3x + a é:

a) b   b) a   c) a + b   d) a – b   e) 1

12) **(EAM)** Qual é o conjunto-solução da equação 7x + p = 3x + 7p, sendo x a incógnita?

a) {2p}   b) {3p/5}   c) {6p}   d) {2p/3}   e) {3p/2}

13) O valor de x na equação mx + nx + p = 3m + 3n + p, para m ≠ – n é:

a) 0   b) 1   c) 2   d) 3   e) 4

14) **(EAM)** Se 2x + 13 = 4y + 9, então o valor de 6x – 6 é

a) 12y – 18   b) 10y – 10   c) 8y – 12   d) 6y – 10   e) 4y – 8

15) **(EsSA)** Na equação (m – 3)x + 4(m – 5) + 3x = 0, temos x = 2. Então, o valor de <u>m</u> é:

a) 10/3   b) 3/10   c) – 10/3   d) – 3/10

16) **(EEAR)** Resolvendo a equação m.(1 – x) + n.(m + p) = mx + np, sendo U = $\mathbb{R}$, o valor de <u>x</u> é:

a) n + m   b) $\frac{np}{2}$ c) $\frac{n+1}{2}$ d) $\frac{n+m}{2}$

17) Determine o valor de "x" na equação literal $2a(x - 1) - 3(x - 2) = a(x + 1) - 3$

a) a b) 0 c) – a d) 1 e) 3

18) O conjunto verdade da equação $5(ax + b) - 2(ax - b) = ax + 9b$ é:

a) a b) b c) a/b d) b/a e) ab

19) O conjunto verdade da equação $x(a - 2) = a - 2$, para $a \neq 2$, é:

a) {0} b) {1} c) {a – 2} d) { }

20) O conjunto verdade da equação $x(a - b) = a^2 - b^2$, para $a \neq b$, é:

a) {a – b} b) { } c) $\left\{\frac{a+b}{a-b}\right\}$ d) {a + b}

21) **(EsSA)** Resolvendo a equação $x(x - a) + x(x + b) = bx$, sendo x a variável:

a) $\left\{0, \frac{a-2b}{2}\right\}$ b) $\left\{0, \frac{a}{2}\right\}$ c) {0, 2a} d) {0, a}

22) **(EEAR)** Seja a equação $(x - a)(x - b) = x(x + c)$ na variável x. Sabendo-se que "a", "b" e "c" são os números que expressam as medidas dos lados de um triângulo, cujo perímetro é 8m. Pode-se afirmar que a raiz dessa equação é:

a) $\frac{ab}{4}$ b) $\frac{ab}{8}$ c) $\frac{ac}{4}$ d) $\frac{ac}{8}$

23) Calcule as raízes da equação $2x^2 - 3ax + a^2 = 0$.

a) {0, a} b) {1, a} c) $\left\{a, \frac{a}{2}\right\}$ d) {a, –1} e) $\left\{a, -\frac{a}{2}\right\}$

24) As raízes da equação $x^2 - (a + b)x + ab = 0$, com $a > b$, são:

a) a e – b b) – a e b c) – a e – b d) a e b e) 2a e 3b

25) Resolvendo a equação $3x(ax - 2) = abx - 2b$, obtemos:

a) {a, – b} b) $\left\{\frac{a}{2}, \frac{1}{b}\right\}$ c) {1, ab} d) $\left\{-a, \frac{b}{2}\right\}$ e) $\left\{\frac{2}{a}, \frac{b}{3}\right\}$

26) **(ETF)** Resolva a equação: $abcx^2 - (a^2b^2 + c^2)x + abc = 0$.

a) $\frac{ab}{c}$ e $\frac{c}{ab}$ c) $\frac{b}{ca}$ e $\frac{a}{cb}$ e) $\frac{c}{ab}$ e $\frac{a}{bc}$

b) a(b + c) e b(c + a) d) abc e – abc

27) **(CEFET)** A equação cujas raízes são $\frac{2a}{3}$ e $-\frac{a}{3}$, é:

a) $9x^2 + 3ax - 2a^2 = 0$

b) $9x^2 - 3ax - 2a^2 = 0$

c) $9x^2 - 3ax + 2a^2 = 0$

d) $-9x^2 - 3ax - 2a^2 = 0$

28) A equação cujas raízes são $\frac{1}{a+b}$ e $\frac{1}{a-b}$ é:

a) $x^2 + 2ax + a^2 - b^2 = 0$

b) $abx^2 - (a + b)x + 1 = 0$

c) $(a^2 - b^2)x^2 - 2ax + 1 = 0$

d) $abx^2 - (a^2 + b^2)x + ab = 0$

29) **(ETQ)** A equação do 2º grau que tem para raízes p + q e $\frac{p-q}{2}$ é:

a) $2x^2 - (3p + q)x + q^2 - p^2 = 0$

b) $2x^2 + (3p + q)x + q^2 + p^2 = 0$

c) $2x^2 - (3p + q)x + p^2 - q^2 = 0$

d) $2x^2 + (3p - q)x + q^2 - p^2 = 0$

e) nra

30) **(CN)** As raízes da equação $ax^2 + bx + c = 0$ são iguais a **m** e **n**. Assinale a equação cujas raízes são $\mathbf{m^3}$ e $\mathbf{n^3}$.

a) $a^3x^2 - b(3ac + b^2)x + c^3 = 0$

b) $ax^2 - b(3ac - b^2)x + c = 0$

c) $ax^2 + b(b^2 - 3ac)x + c = 0$

d) $a^3x^2 + b(b^2 - 3ac)x - c^3 = 0$

e) $a^3x^2 + b(b^2 - 3ac)x + c^3 = 0$

31) **(ESPCEX)** A raiz da equação $\frac{x}{a} + \frac{x}{b} = \frac{a+b}{ab}$ é:

a) a+b b) b c) 1 d) a e) a.b

32) **(CN)** Determine a raiz da equação $1 + \frac{x}{a} = 1 - \frac{x}{b}$.

33) **(ETF)** Considere R a incógnita e resolva a equação $I = \frac{E}{R+r}$

a) $R = \frac{E-Ir}{I}$ b) $R = \frac{E}{I+r}$ c) $R = \frac{E+Ir}{I}$ d) $R = \frac{E}{I-r}$ e) $R = \frac{E-r}{I}$

34) Se $\frac{1}{3} > \frac{1}{5} > \frac{1}{c}$ e a diferença entre as duas primeiras frações é igual a diferença entre as duas últimas, o valor de "c" é:

a) 15 b) 12 c) 10 d) 9 e) 6

35) **(EEAR)** Determine a raiz da equação $\frac{a\,(b-x)}{3n} = \frac{b-x}{2m}$ sendo (m, n≠0).

a) – b   b) – 2b   c) b   d) 2b

36) **(EPCAR)** Considere os números positivos **q**, **m** e **n**, tais que $\frac{m}{n+q} = 2$ e $\frac{m}{n-q} = 3$. Ordenando-os, tem-se a sequência correta em

a) m > n > q   b) m > q > n   c) n > m > q   d) q > n > m

37) **(CEFET – RJ)** Sejam **a** e **b** números reais para os quais a igualdade $\frac{a}{1+a} + \frac{b}{1+b} = 1$ tenha solução. Determine o valor do produto **a . b**.

38) Calcule o valor de x na equação $\frac{x-b}{a} + \frac{x}{a+b} = 2$

a) a   b) – a   c) b   d) a + b   e) ab

39) O valor de "x" na equação $\frac{(am+bc)x}{(x+boc)b} = \frac{am}{b} - \frac{cte}{(x+boc)}$ é:

a) amo-te   b) boc   c) am-te   d) amb-te   e) cte

40) Supondo ab ≠ 0, resolva a equação $\frac{ax+a}{b} - \frac{x-b}{a} = \frac{3ax+(a-b)^2}{ab}$.

a) 0   b) 1   c) 2   d) $\frac{2ab}{3a-b-a^2}$ e) $\frac{2ab}{3a+b-a^2}$

41) **(CM – FORTALEZA)** Sejam x e y ∈ $\mathbb{R}^*$, tais que x ≠ y e $x - \frac{1}{x} = y - \frac{1}{y}$. Assim, o produto xy é:

a) 2   b) – 1   c) – 2   d) 0   e) 1

42) **(CM – FORTALEZA)** Sejam x e y ∈ $\mathbb{R}^*$, números que satisfaçam à seguinte equação: $\frac{x+6}{y} + \frac{13}{xy} = \frac{4-y}{x}$. Logo, x + y é igual a:

a) – 2

b) 2

c) – 1

d) 0

e) Impossível de determinar

43) **(CM – BELO HORIZONTE)** Sabendo que na equação $2{,}0\overline{3} - \frac{p}{q} = \frac{q}{p}$, p e q são números naturais, sendo p > q e p + q = 11, é correto afirmar que **p** vale:

a) 10   b) 9   c) 8   d) 7   e) 6

44) **(EsSA)** O conjunto solução da equação $\frac{2ax}{3} - \frac{x-a}{6} = \frac{1}{3}$, na variável x, será vazio se:

a) a = 0 b) a = 2 c) a = – 2 d) a = – ¼ e) a = ¼

45) **(EEAR)** A equação $\frac{t-a}{\sqrt{t}+\sqrt{a}} = \frac{\sqrt{t}-\sqrt{a}}{3} + 2\sqrt{a}$, onde $\begin{cases} a \neq 0 \\ t \neq 0 \end{cases}$, tem conjunto solução

a) vazio
b) unitário
c) com 2 elementos
d) com 3 elementos

46) **(ESPCEX)** Calcular a raiz da equação $\frac{a}{b}\left(1 - \frac{a}{x}\right) + \frac{b}{a}\left(1 - \frac{b}{x}\right) = 1$, no conjunto universo $\mathbb{R}^*$ (a, b $\in \mathbb{R}^*$)

a) a + b b) a – b c) $\frac{a}{b} + \frac{b}{a}$ d) $\frac{1}{a} + \frac{1}{b}$ e) $\frac{1}{a} + b$

47) **(EPCAR)** Resolvendo a equação $\frac{m}{n}\left(1 - \frac{m}{x}\right) + \frac{n}{m}\left(1 - \frac{n}{x}\right) = 1$ encontramos 7 como solução. Se m – n = 3, então m^n vale:

a) 32 b) 25 c) 49 d) 36 e) 64

48) **(CEFET – RJ)** Sobre o conjunto verdade da equação $\left[\frac{x+y}{x \cdot y}\right]^2 = \frac{x^2+y^2}{x^2 \cdot y^2}$, no universo dos números reais, podemos afirmar que:

a) é infinito
b) é vazio
c) contém números negativos
d) contém dízimas periódicas

49) **(ESCOLA NAVAL)** Calcule o valor de x na equação $\frac{(a^2-b^2)(x^2+1)}{a^2+b^2} = 2x$

50) **(COLÉGIO MILITAR)** Supondo $a^2 - b^2 \neq 0$, o valor de **z** na equação $\frac{5a}{a-b} - \frac{5a}{a+b} = \frac{2bz}{a^2-b^2}$ é

a) 5a b) 3(a + b) c) $10a^2$ d) $\frac{a}{a+b}$ e) nra

51) **(ETF)** Resolva a equação: $\frac{x+a}{a-b} + \frac{x-a}{a+b} = \frac{x+b}{a+b} + \frac{2x-2b}{a-b}$

a) a b) 3b c) b d) 1 e) a + b

52) Resolva a equação literal em x.

$$\frac{x-1}{a+1} - \frac{x+1}{a-1} = \frac{2a+4}{a^2-1}$$

a) a + 4 b) 2a – 3 c) 2a + 8 d) – 2a – 2 e) 2a + 5

53) **(ESPCEX)** Calcule o valor de x na equação $\frac{x+a}{x-a} + \frac{x+b}{x-b} = -2$

54) **(CM – RJ)** Seja a ∈ $\mathbb{R}^*$ e y ∈ $\mathbb{R}$, onde $\mathbb{R}$ é o conjunto dos números reais. Então, podemos afirmar que $\left(\frac{a}{a+y} + \frac{y}{a-y}\right) : \left(\frac{y}{a+y} - \frac{a}{a-y}\right) = -1$:

a) só para dois valores reais de y

b) para todos os valores reais de y

c) para todos os valores reais de y, exceto dois deles

d) só para um valor real de y

e) para nenhum valor real de y

GABARITOS

1) A	2) A	3) D	4) C	5) $\frac{p \pm q}{k}$	6) $\frac{mn}{m+1}$
7) C	8) $\frac{2a-b}{2b-5a}$	9) $\frac{a^2+b^2}{a+b}$	10) $\left\{b+a, \frac{b+a}{2}\right\}$	11) D	12) E
13) D	14) A	15) A	16) C	17) E	18) D
19) B	20) D	21) B	22) B	23) C	24) D
25) E	26) A	27) B	28) B	29) C	30) E
31) C	32) zero	33) A	34) A	35) C	36) A
37) 1	38) D	39) A	40) E	41) B	42) C
43) E	44) E	45) C	46) A	47) B	48) B
49) $\left\{\frac{a+b}{a-b}, \frac{a-b}{a+b}\right\}$	50) A	51) B	52) D	53) $\left\{0, \frac{a+b}{2}\right\}$	54) C

Capítulo 03

Equações Fracionárias

I) Equações fracionárias

- Uma equação é fracionária quando a incógnita aparece no denominador.

Exemplos:

a) $\frac{8}{x+7} = \frac{13}{x-1}$

b) $\frac{3x}{x+2} + \frac{4}{x-2} = 1$

II) Resolução da equação fracionária

- Para resolver uma equação fracionária devemos seguir os seguintes passos:

1º) Fatorar o denominador;

2º) Verificar as restrições (domínio de validade);

3º) Calcular o MMC dos denominadores e resolver a equação;

4º) Determinar o conjunto verdade (conjunto solução) da equação.

EXERCÍCIOS

1) **(EsSA)** Calculando a raiz da equação $\frac{1}{x+1} - \frac{2}{x-1} = \frac{1}{x^2-1}$, encontra-se:

a) x = 4 b) x = – 1 c) x = 0 d) x = – 4

Resolução:

Para resolver a equação fracionária $\frac{1}{x+1} - \frac{2}{x-1} = \frac{1}{x^2-1}$, vamos seguir os passos abaixo:

1º) Fatorar o denominador.

$\frac{1}{x+1} - \frac{2}{x-1} = \frac{1}{(x+1)(x-1)}$

2º) Verificar as restrições (domínio de validade).

- Para resolver uma equação fracionária, é preciso lembrar que o denominador de qualquer fração deve ser diferente de zero. Logo, temos o seguinte:

• $x + 1 \neq 0 \rightarrow x \neq -1$

• $x - 1 \neq 0 \rightarrow x \neq 1$

3º) Calcular o MMC dos denominadores e resolver a equação.

$\frac{1}{x+1/_{x-1}} - \frac{2}{x-1/_{x+1}} = \frac{1}{(x+1)(x-1)/_{1}}$ **MMC = (x + 1)(x – 1)**

$1(x - 1) - 2(x + 1) = 1$

$x - 1 - 2x - 2 = 1$

$-x - 3 = 1$

$-x = 4$ **x (– 1)**

$x = -4$

4º) Determinar o conjunto verdade da equação.

- Os únicos valores que x não pode assumir são 1 e – 1. Logo, – 4 é raiz da equação.

V = {– 4}

<u>GABARITO</u>: D

2) **(CM – JUIZ DE FORA)** O conjunto verdade da equação abaixo, no conjunto dos números reais, é:

$\frac{3}{x} + \frac{1}{x-1} = \frac{4-3x}{x^2-x}$

a) {– 1} b) {0} c) {1} d) { }

<u>Resolução</u>:

Para resolver a equação fracionária $\frac{3}{x} + \frac{1}{x-1} = \frac{4-3x}{x^2-x}$, vamos seguir os passos abaixo:

1º) Fatorar o denominador.

$\frac{3}{x} + \frac{1}{x-1} = \frac{4-3x}{x(x-1)}$

2º) Verificar as restrições (domínio de validade).

- Para resolver uma equação fracionária, é preciso lembrar que o denominador de qualquer fração deve ser diferente de zero. Logo, temos o seguinte:

• $x \neq 0$

• $x - 1 \neq 0 \rightarrow x \neq 1$

3º) Calcular o MMC dos denominadores e resolver a equação.

$\frac{3}{x/_{x-1}} + \frac{1}{x-1/_{x}} = \frac{4-3x}{x(x-1)/_{1}}$ **MMC = x(x – 1)**

$3(x - 1) + x = 4 - 3x$

$3x - 3 + x = 4 - 3x$

$4x - 3 = 4 - 3x$

$4x + 3x = 4 + 3$

$7x = 7$

$x = 7/7$

$x = 1$

4º) Determinar o conjunto verdade da equação.

Como $x \neq 0$ e $x \neq 1$, então 1 não pode ser a raiz da equação. Logo, o conjunto verdade da equação é vazio, ou seja, V = { }

<u>GABARITO</u>: D

3) **(EsSA)** O conjunto solução da equação $\frac{x^2}{x^2-4} - \frac{x+1}{3x-6} = \frac{x}{x+2}$ é:

a) {– 2, – 1} b) {2} c) {1} d) {– 1} e) {2, 1}

<u>Resolução</u>:

Para resolver a equação fracionária $\frac{x^2}{x^2-4} - \frac{x+1}{3x-6} = \frac{x}{x+2}$, vamos seguir os passos abaixo:

1º) Fatorar o denominador.

$$\frac{x^2}{(x+2)(x-2)} - \frac{x+1}{3(x-2)} = \frac{x}{x+2}$$

2º) Verificar as restrições (domínio de validade).

- Para resolver uma equação fracionária, é preciso lembrar que o denominador de qualquer fração deve ser diferente de zero. Logo, temos o seguinte:

• $x + 2 \neq 0 \rightarrow x \neq -2$

• $x - 2 \neq 0 \rightarrow x \neq 2$

3º) Calcular o MMC dos denominadores e resolver a equação.

$$\frac{x^2}{(x+2)(x-2)} - \frac{x+1}{3(x-2)} = \frac{x}{x+2} \qquad \textbf{MMC = 3(x – 2)(x + 2)}$$

$$\frac{x^2}{(x+2)(x-2)/_3} - \frac{x+1}{3(x-2)/_{(x+2)}} = \frac{x}{x+2/_{3(x-2)}}$$

$3x^2 - (x + 1)(x + 2) = 3x(x - 2)$

$3x^2 - (x^2 + 3x + 2) = 3x^2 - 6x$

$3x^2 - x^2 - 3x - 2 = 3x^2 - 6x$

$3x^2 - 3x^2 + x^2 + 3x + 2 - 6x = 0$

$x^2 - 3x + 2 = 0 \begin{cases} a = 1 \\ b = -3 \\ c = 2 \end{cases}$

$\boxed{\Delta = b^2 - 4 \cdot a \cdot c}$

$\Delta = (-3)^2 - 4 \cdot 1 \cdot 2$

$\Delta = 9 - 8$

$\Delta = 1$

$\boxed{x = \frac{-b \pm \sqrt{\Delta}}{2 \cdot a}}$

$x = \frac{-(-3) \pm \sqrt{1}}{2 \cdot 1}$

$x = \frac{3 \pm 1}{2} \therefore \begin{cases} x_1 = \frac{3+1}{2} = \frac{4}{2} = 2 \\ x_2 = \frac{3-1}{2} = \frac{2}{2} = 1 \end{cases}$

4º) Determinar o conjunto verdade da equação.

Como $x \neq 2$ e $x \neq -2$, apenas 1 é raiz da equação.

Logo, V = {1}.

GABARITO: C

4) **(EEAR)** Calcule o valor de "x" na equação $6x^{-2} - 17x^{-1} + 12 = 0$.

Resolução:

$6x^{-2} - 17x^{-1} + 12 = 0$

$\frac{6}{x^2} - \frac{17}{x} + 12 = 0$ **Restrição (domínio de validade): $x \neq 0$**

$\frac{6}{x^2/_1} - \frac{17}{x/_x} + \frac{12}{1/_{x^2}} = 0$ **MMC = x^2**

$6 - 17x + 12x^2 = 0$

$12x^2 - 17x + 6 = 0 \begin{cases} a = 12 \\ b = -17 \\ c = 6 \end{cases}$

$\boxed{\Delta = b^2 - 4 \cdot a \cdot c}$

$\Delta = (-17)^2 - 4 \cdot 12 \cdot 6$

$\Delta = 289 - 288$

$\Delta = 1$

$$\boxed{x = \frac{-b \pm \sqrt{\Delta}}{2 \,.\, a}}$$

$$x = \frac{-(-17) \pm \sqrt{1}}{2 \,.\, 12}$$

$$x = \frac{17 \pm 1}{24} \therefore \begin{cases} x_1 = \dfrac{17+1}{24} = \dfrac{18}{24} = \dfrac{3}{4} \\ x_2 = \dfrac{17-1}{24} = \dfrac{16}{24} = \dfrac{2}{3} \end{cases}$$

Sabemos que $x \neq 0$. Logo, $\frac{3}{4}$ e $\frac{2}{3}$ são raízes da equação.

GABARITO: $V = \left\{\frac{3}{4}, \frac{2}{3}\right\}$

A seguir, faremos uma bateria de exercícios de todo conteúdo estudado neste capítulo.

EXERCÍCIOS

5) Em $U = \mathbb{R} - \{0\}$, o conjunto solução da equação $x - \frac{12}{x} = 1$ é:

a) {3, 4} b) {– 3, – 4} c) {– 3, 4} d) {3, – 4} e) {– 3, 0}

6) **(EAM)** O conjunto solução da equação $\frac{5}{2x} - 3 = \frac{1}{x}$, sendo $U = \mathbb{R}^*$ é:

a) $\left\{\frac{1}{2}\right\}$ b) {– 2} c) $\left\{-\frac{1}{2}\right\}$ d) {2} e) $\left\{-\frac{2}{3}\right\}$

7) **(EsSA)** O conjunto solução da equação $\frac{3}{x} + \frac{1-2x}{2} = -x$, sendo $U = \mathbb{R}^*$, é:

a) {6} b) $\left\{\frac{1}{6}\right\}$ c) $\left\{-\frac{1}{6}\right\}$ d) {– 6}

8) **(CN)** Qual é a soma dos quadrados das raízes da equação $\frac{2}{x-1} + \frac{3}{x+1} = 1$, com x real e $x \neq \pm 1$?

a) 16 b) 20 c) 23 d) 25 e) 30

9) A raiz da equação $\frac{3}{x-1} + \frac{5}{x+1} = \frac{2}{x^2-1}$ é:

a) $\frac{1}{2}$ b) 1 c) $\frac{3}{2}$ d) $\frac{5}{2}$ e) 2

10) **(CN)** A solução real da equação $\frac{7}{x-1} - \frac{8}{x+1} = \frac{9}{x^2-1}$ é um divisor de

a) 12 b) 14 c) 15 d) 16 e) 19

11) A raiz da equação $\frac{1}{x^2-1} - \frac{1}{x+1} = \frac{1}{x-1}$ vale:

a) 2 b) 1 c) – 1 d) ½ e) – ½

12) **(EPCAR)** Sendo r a raiz da equação $\frac{2}{x^2-1} + \frac{1}{x+1} = 1$, ao calcularmos r^r obteremos:

a) 1 b) – 1 c) 4 d) 27 e) 0

13) **(FUVEST)** A equação $\frac{2}{x^2-1} + \frac{1}{x+1} = -1$

a) não tem raiz real

b) tem duas raízes reais

c) tem apenas uma raiz real

d) admite 10 como raiz

14) **(CN)** Resolva a equação $\frac{x+1}{x-1} - \frac{x-1}{x+1} = \frac{8}{x-1}$

15) **(CM – PORTO ALEGRE)** O conjunto solução da equação $\frac{x}{x-1} - \frac{x}{x+1} = \frac{3-x^2}{x^2-1}$ é:

a) {3, – 1} b) {– 3} c) {– 1, 1, 3} d) {1, – 3} e) { }

16) **(CN)** A equação $\frac{2}{x^2-1} - \frac{x+3}{x+1} = -1$

a) tem duas raízes de sinais contrários

b) tem só uma raiz positiva

c) tem uma raiz nula

d) é impossível

e) tem só uma raiz negativa

17) A raiz da equação $\frac{1-x}{1+x} + \frac{1+x}{x-1} + \frac{1}{1-x^2} = 0$ é:

a) 1 b) – 1 c) 0 d) ½ e) ¼

18) Determine, no universo $\mathbb{R}$, o conjunto verdade da equação $\frac{2x}{x-1} - \frac{3x}{x+1} = \frac{5-x^2}{x^2-1}$ é:

a) V = {1} b) V = { } c) V = {2} d) V = {0} e) V= {–1}

19) **(EEAR)** A solução da equação $\frac{x+2}{x-1} - \frac{2x}{x^2-1} = \frac{x}{x+1}$

a) 1 b) – 1 c) – ½ d) inexistente

20) **(CM – BRASÍLIA)** A Final da Copa do Mundo será disputada, em 13 de julho de 2014, por duas seleções X e Y e terá um placar a x b, em que a é o número de gols da seleção X e b é o número de gols da seleção Y. Supondo que a é uma raiz da equação A e b é o resultado da expressão B, dadas abaixo:

Equação A: $\frac{x}{x+1} + \frac{1}{x-1} = \frac{x+3}{x^2-1}$ **Expressão B**: $\frac{2 \cdot \left(\frac{1}{4}\right)^{-1} - 2^2}{\left(\frac{1}{2}\right)^{-2}}$

Então, o placar a x b será de:

a) 1 x 0 b) 2 x 1 c) 2 x 2 d) 3 x 1 e) 3 x 2

21) **(ETQ)** Resolvendo a equação $\frac{x-3}{x+1} + \frac{x-2}{x-1} - \frac{5}{x^2-1} = 4$, encontramos para soma das raízes:

a) $-\frac{5}{2}$ b) $\frac{5}{2}$ c) $-\frac{3}{2}$ d) $\frac{3}{2}$ e) nra

22) **(CFN)** Calcule, em $\mathbb{R}$, o valor de **x** que satisfaz a equação $\frac{10}{x^2-9} + \frac{x+4}{x+3} = \frac{x+2}{x-3}$

a) – 2 b) $5\sqrt{2}$ c) $3\sqrt{2}$ d) 2 e) 5

23) **(EsSA)** O conjunto solução da equação $\frac{x}{x-3} - \frac{x+2}{x+3} + \frac{x+2}{9-x^2} = 0$ é:

a) {1} b) {– 1} c) {4/3} d) {– 4/3} e) n.d.a

24) O conjunto verdade da equação $13 - \frac{2}{x+2} = \frac{4x+6}{x+2}$ é:

a) 1 b) 0 c) – 2 d) { } e) 2

25) **(ETFQ)** O conjunto verdade da equação $\frac{2x}{x-2} - \frac{x}{x+2} = 1 - \frac{8}{x^2-4}$ é:

a) S = {– 2} b) S = {2} c) S = ø d) S = {–1} e) S = {– 4}

26) O conjunto solução da equação $\frac{1}{x} + \frac{1}{x-1} = \frac{3}{2}$ é:

a) {2]

b) {1, 6}

c) {2, 3}

d) $\left\{2, \frac{1}{3}\right\}$

27) **(EsSA)** O conjunto solução da equação $\frac{3}{x-2} + \frac{1}{x-4} = \frac{4}{x-5}$ é:

a) {x ∈ R / x = – 4}
d) {x ∈ R / x = 4}
b) {x ∈ R / x = 7/19}
e) {x ∈ R / x = 19/5}
c) {x ∈ R / x = 5/7}

28) **(EEAR)** O valor de x que verifica a equação $\frac{1}{x-1} + \frac{2}{x-2} = \frac{3}{x-3}$ é elemento do conjunto:

a) $\left\{0, \frac{1}{2}, \frac{9}{2}\right\}$ b) {2, 3, 4} c) $\left\{\frac{1}{4}, \frac{3}{2}, \frac{4}{5}\right\}$ d) $\left\{-\frac{3}{2}, -1, 1\right\}$

29) O conjunto verdade da equação $\frac{1}{x-1} - \frac{2}{x-2} + \frac{1}{x-3} = 0$ é:

a) V = {1} b) V = {2} c) V = {3} d) V = {– 2} e) vazio

30) **(CN)** Seja "x" real tal que $\frac{3}{x+1} + \frac{4}{1-x} = \frac{1}{x}$. Sendo assim, o valor de $\left(\frac{1}{x^2} - \frac{7}{x}\right)$ é igual a

a) 3 b) 2 c) 1 d) 0 e) – 1

31) **(CN)** O conjunto-verdade da equação $\frac{x^2-1}{2x+2} - \frac{x-1}{2} = -\frac{x+1}{2}$, em $\mathbb{Q}$, é

a) ø b) {– 1} c) $\mathbb{Q}$ d) {– 1, 1} e) {1}

32) **(EsSA)** O conjunto solução da equação $\frac{1}{2x-3} - \frac{3}{2x^2-3x} - \frac{5}{x} = 0$ é:

a) V = $\left\{-\frac{4}{3}\right\}$ b) V = $\left\{\frac{4}{3}\right\}$ c) V = $\left\{\frac{3}{2}\right\}$ d) V = {0} e) V = {ø}

33) **(EsSA)** No universo Q (conjunto dos números racionais relativos), o conjunto solução da equação: $\frac{1}{x-1} + \frac{1}{x-2} = \frac{x-2}{x^2-3x+2}$ é:

a) { } b) {1} c) {2} d) {0}

34) **(EsSA)** Se a equação 2ax – 3 = x + 3 é equivalente a equação $\frac{1}{x-1} - \frac{3}{x-2} = \frac{5}{x^2-3x+2}$, calcule o valor de a:

a) a = – 2 b) a = 2 c) a = – 1 d) 1 e) a = $-\frac{4}{5}$

35) **(EsSA)** O conjunto solução da equação $\frac{x^2+x+1}{x^2-4} - \frac{2}{5x-10} = -\frac{1-x}{x+2}$ é igual a:

a) $\left\{\frac{1}{18}\right\}$ b) $\left\{\frac{1}{2}\right\}$ c) {2, – 2} d) zero e) {0, 1}

36) **(CN)** No conjunto "$\mathbb{R}$" dos números reais, qual será o conjunto solução da equação $\frac{\sqrt{3}}{x^2-1} = \frac{\sqrt{3}}{2x-2} - \frac{\sqrt{3}}{2x+2}$?

a) $\mathbb{R}$ b) $\mathbb{R} - (-1, 1)$ c) $\mathbb{R} - [-1, 1]$ d) $\mathbb{R} - \{-1, 1\}$ e) $\mathbb{R} - [-1, 1)$

37) **(ESAF)** Quais são os números reais **x** que satisfazem a condição $\frac{x-5}{x^2-8x+15} = \frac{1}{x-3}$?

a) $x \neq 3$ e $x \neq 5$
b) $x \neq 3$
c) $x \neq 3$ ou $x \neq 5$
d) Todos
e) Todos, exceto $x = 3$ e $x = 5$

38) **(CN)** O conjunto solução da equação $\frac{\frac{x+1}{x-1} - \frac{x-1}{x+1}}{\frac{2}{x+1} + \frac{2}{x-1}} = 1$ é igual a:

a) $\emptyset$ b) $\mathbb{R}$ c) $\mathbb{R} - \{-1,0,1\}$ d) $\mathbb{R} - \{-1,1\}$ e) $\{0\}$

39) A solução da equação $\frac{x-3}{x^2-9x+20} + \frac{x-4}{x^2-8x+15} = \frac{x-5}{x^2-7x+12}$, para $U = \mathbb{R}$, é:

a) $\{0\}$ b) $\{0, 1\}$ c) $\{0, 4\}$ d) $\{4, 5\}$ e) $\{-4, 5\}$

40) **(EAM)** O valor de **x** que torna verdadeira a igualdade $3 - \frac{1}{1-\frac{1}{x}} = 1$, é

a) – 2 b) – 1 c) 2 d) 3 e) 4

41) A raiz da equação $1 - \frac{1}{1-\frac{1}{1-x}} = 10$ é igual a:

a) 1 b) 10 c) 100 d) 1000 e) 0,1

42) **(EEAR)** A soma das raízes reais da equação $x + \frac{1}{1-\frac{1}{x}} = 4\frac{1}{2}$ é:

a) 9/2 b) – 9/2 c) – 3/2 d) 3/2

43) **(CM – MANAUS)** A soma das raízes da equação $x = \frac{4}{1-\frac{3}{4-x}}$ é:

a) Zero b) – 2 c) 5 d) 2 e) – 5

44) **(EEAR)** A razão entre as raízes do conjunto solução da equação $x = \frac{3}{4-\frac{3}{4-x}}$ pode ser:

a) ½ b) 1/3 c) 2/5 d) 3/4

45) **(EPCAR)** Resolvendo-se a equação $3 = \frac{1}{1-\frac{1}{1+\frac{1}{1-\frac{1}{x}}}}$, podemos afirmar que a sua raiz é um número:

a) múltiplo de 3

b) racional menor que – 6

c) natural maior que 8

d) racional não negativo

e) inteiro negativo

46) **(CN)** Determine, no conjunto dos números reais, a soma dos valores de x na igualdade:

$\left(\frac{1}{1+\frac{x}{x^2-3}}\right) \cdot \left(\frac{2}{x-\frac{3}{x}}\right) = 1$

a) – 2/3 b) – 1/3 c) 1 d) 2 e) 11/3

47) **(CN)** Se $\sqrt{2} = 1 + \frac{1}{2+\frac{1}{2+x}}$, é correto afirmar que o valor de x está no intervalo

a) $0,1 < x < 0,2$

b) $0,2 < x < 0,3$

c) $0,3 < x < 0,4$

d) $0,4 < x < 0,5$

e) $0,5 < x < 0,6$

48) **(EEAR)** Resolvendo a equação $4 - 5x^{-1} - 6x^{-2} = 0$, concluímos que a raiz negativa é:

a) – ¼ b) – 2/4 c) – ¾ d) – 2

49) No conjunto $\mathbb{R} - \{0\}$, o conjunto verdade da equação $6x^{-2} - 5x^{-1} + 1 = 0$ é:

a) {2, 3} b) {– 2, – 3} c) {2, – 3} d) {– 2, 3} e) {0, 3}

50) O conjunto verdade da equação $4x^{-2} - 17x^{-1} + 18 = 0$, para $U = \mathbb{R} - \{0\}$ é:

a) $\left\{-\frac{4}{9}, \frac{1}{2}\right\}$ b) $\left\{\frac{4}{9}, \frac{1}{2}\right\}$ c) $\left\{\frac{4}{9}, -\frac{1}{2}\right\}$ d) $\left\{-\frac{4}{9}, -\frac{1}{2}\right\}$ e) $\left\{-\frac{4}{9}, 1\right\}$

51) Sabendo que $\left[x^{-1} + \left(\frac{1}{3}\right)^{-1}\right]^{-1} = 6^{-1}$, então x̲ vale:

a) 3 b) 9 c) $\frac{1}{3}$ d) $\frac{1}{9}$ e) 0

52) Em relação as raízes da equação $5x + (x-2)^{-1} = 10 + (x-2)^{-1}$, é correto afirmar que:

a) são nulas

b) são positivas

c) são negativas

d) o produto das raízes vale 1

e) não existem

53) Para U = $\mathbb{R}$, a solução da equação x + $\frac{x^{-1}}{1-x^{-1}} = \frac{7}{2}$, é:

a) $\left\{\frac{3}{2}, 3\right\}$ b) $\left\{\frac{3}{2}, 2\right\}$ c) {1, 2} d) {2, 3} e) {3, 4}

GABARITOS

1) D	2) D	3) C	4) V = $\left\{\frac{3}{4}, \frac{2}{3}\right\}$	5) C	6) A
7) D	8) D	9) A	10) A	11) D	12) C
13) C	14) V = {– 2}	15) B	16) B	17) E	18) B
19) D	20) B	21) A	22) A	23) D	24) D
25) C	26) D	27) E	28) C	29) E	30) B
31) A	32) B	33) A	34) C	35) B	36) D
37) E	38) C	39) A	40) C	41) E	42) A
43) C	44) B	45) E	46) C	47) D	48) C
49) A	50) B	51) C	52) E	53) A	

Capítulo 04

Discussão da Equação do 1º Grau

I) Introdução

- A equação do 1° grau possui a forma **ax + b = 0**, onde "x" é a **incógnita**, **"a"** é o **coeficiente da incógnita** e **"b"** é o **termo independente**.

Exemplos:

a) $9x + 15 = 0 \begin{cases} \text{x é a incógnita} \\ \text{9 é o coeficiente da incógnita} \\ \text{15 é o termo independente} \end{cases}$

b) $-x + 7 = 0 \begin{cases} \text{x é a incógnita} \\ -\text{1 é o coeficiente da incógnita} \\ \text{7 é o termo independente} \end{cases}$

II) Discussão da equação do 1° grau:

- Para discutir uma equação do 1° grau é preciso escrevê-la na forma **ax = b**.

- Discutir equação do 1° grau, significa verificar se a equação é **Possível e Determinada**, **Possível e Indeterminada** ou **Impossível**.

1. Equação Possível (Compatível) e Determinada

- A equação possível e determinada possui apenas 1 solução (solução única).

- Condição para que a equação seja possível e determinada: $\mathbf{a \neq 0}$; $\forall\, \mathbf{b} \in \mathbb{R}$

- O conjunto verdade da equação possível e determinada é um conjunto unitário.

2. Equação Possível (Compatível) e Indeterminada

- A equação possível e indeterminada possui infinitas soluções.

- A equação possível e indeterminada pode ser chamada de identidade.

- Condição para que a equação seja possível e indeterminada: **a = 0** e **b = 0**.

- O conjunto verdade da equação possível e indeterminada é igual ao conjunto universo.

3. Equação Impossível (Incompatível)

- A equação impossível não possui solução.
- Condição para que a equação seja impossível: **a = 0** e **b ≠ 0**.
- O conjunto verdade da equação impossível é igual ao conjunto vazio.

BIZU *!!!!!*

CLASSIFICAÇÃO	CONDIÇÃO		NÚMERO DE SOLUÇÕES
Equação Possível (Compatível) e Determinada	$a \neq 0$	$\forall\, b \in \mathbb{R}$	1
Equação Possível (Compatível) e Indeterminada	$a = 0$	$b = 0$	Infinitas
Equação Impossível (Incompatível)	$a = 0$	$b \neq 0$	0

EXERCÍCIOS

1) Determine "m" de modo que a equação $mx - 3x - p + 7 = 0$ seja determinada.

a) $m = 1$ b) $m = 2$ c) $m = 3$ d) $m \neq 3$ e) $m \neq 0$

Resolução:

Para discutir a equação do 1º grau $mx - 3x - p + 7 = 0$, devemos colocá-la na forma $ax = b$. Logo, temos o seguinte:

$mx - 3x = p - 7$

$(m - 3)x = p - 7$ **($a = m - 3$ e $b = p - 7$)**

Condição para que a equação seja possível e determinada: $a \neq 0$

$m - 3 \neq 0$

$m \neq 3$

GABARITO: D

2) **(ETFQ)** Para que a equação $mx + 1 = 2x - m$ tenha uma só solução, é necessário que:

a) $m = 2$ b) $m \neq 1$ c) $m \neq 2$ d) $m \neq 0$ e) $m = 1$

Resolução:

$mx + 1 = 2x - m$

$mx - 2x = -m - 1$

$(m - 2)x = -m - 1$ **($a = m - 2$ e $b = -m - 1$)**

Condição para que a equação seja possível e determinada: $a \neq 0$

$m - 2 \neq 0$

$m \neq 2$

GABARITO: C

3) Quantas soluções possui uma equação do 1° grau possível e determinada ?

a) infinitas b) 0 c) 1 d) 2 e) 3

Resolução:

A equação possível e determinada possui uma única solução.

GABARITO: C

4) Determine os valores de m e n para que a equação $mx + 2x - 3 = 3x + n - 1$ seja indeterminada:

a) $m = 1$ e $n = 2$

b) $m = -1$ e $n = 2$

c) $m = -1$ e $n = -2$

d) $m = 1$ e $n = -2$

e) $m = n = 1$

Resolução:

Para discutir a equação do 1° grau $mx + 2x - 3 = 3x + n - 1$, devemos colocá-la na forma $ax = b$. Logo, temos o seguinte:

$mx + 2x - 3 = 3x + n - 1$

$mx + 2x - 3x = n - 1 + 3$

$mx - x = n + 2$

$(m - 1)x = n + 2$ **($a = m - 1$ e $b = n + 2$)**

Condição para que a equação seja possível e indeterminada: $a = 0$ e $b = 0$

• $m - 1 = 0 \rightarrow m = 1$

• $n + 2 = 0 \rightarrow n = -2$

GABARITO: D

5) Determine p de modo que a equação $(p^2 - 4p + 3)x = p^2 - 3p + 2$ seja indeterminada:

a) $p = 1$ b) $p = 2$ c) $p = 3$ d) $p = 4$ e) $p = 5$

Resolução:

Na equação $(p^2 - 4p + 3)x = p^2 - 3p + 2$ temos que: **$a = p^2 - 4p + 3$** e **$b = p^2 - 3p + 2$**.

<u>Condição para que a equação seja possível e indeterminada</u>: a = 0 e b = 0

• Para **a = 0** temos que:

$$p^2 - 4p + 3 = 0 \begin{cases} a = 1 \\ b = -4 \\ c = 3 \end{cases}$$

$$p = \frac{-(-4) \pm \sqrt{(-4)^2 - 4.\ 1.\ 3}}{2.\ 1}$$

$$p = \frac{4 \pm \sqrt{16 - 12}}{2}$$

$$p = \frac{4 \pm \sqrt{4}}{2}$$

$$p = \frac{4 \pm 2}{2} \begin{cases} p' = \frac{4+2}{2} = \frac{6}{2} = 3 \\ p'' = \frac{4-2}{2} = \frac{2}{2} = 1 \end{cases}$$

• Para **b = 0** temos que:

$$p^2 - 3p + 2 = 0 \begin{cases} a = 1 \\ b = -3 \\ c = 2 \end{cases}$$

$$p = \frac{-(-3) \pm \sqrt{(-3)^2 - 4.\ 1.\ 2}}{2.\ 1}$$

$$p = \frac{3 \pm \sqrt{9 - 8}}{2}$$

$$p = \frac{3 \pm \sqrt{1}}{2}$$

$$p = \frac{3 \pm 1}{2} \begin{cases} p' = \frac{3+1}{2} = \frac{4}{2} = 2 \\ p'' = \frac{3-1}{2} = \frac{2}{2} = 1 \end{cases}$$

O valor de p que faz com que a = 0 e b = 0, **<u>ao mesmo tempo</u>**, é número 1. Assim, p = 1.

<u>GABARITO</u>: A

6) Quantas soluções possui uma equação do 1º grau possível e indeterminada ?

a) infinitas b) 0 c) 1 d) 2 e) 3

<u>Resolução</u>:

A equação possível e indeterminada possui infinitas soluções.

<u>GABARITO</u>: A

7) Determine o valor de b para que a equação $4x - 8 = bx + 9$ seja impossível:

a) 1 b) 2 c) 3 d) 4 e) – 4

Resolução:

Para discutir a equação do 1º grau $4x - 8 = bx + 9$, devemos colocá-la na forma $ax = b$. Logo, temos o seguinte:

$4x - 8 = bx + 9$

$4x - bx = 9 + 8$

$(4 - b)x = 17$ **($a = 4 - b$ e $b = 17$)**

Condição para que a equação seja impossível: $a = 0$ e **$b \neq 0$**

• $4 - b = 0 \rightarrow b = 4$

GABARITO: D

8) O valor de "p" para o qual a equação $p^2x + 7 = p(x + 7)$ é impossível é:

a) 0 b) 1 c) 3 d) 5 e) 7

Resolução:

Para discutir a equação do 1º grau $p^2x + 7 = p(x + 7)$, devemos colocá-la na forma $ax = b$. Logo, temos o seguinte:

$p^2x + 7 = p(x + 7)$

$p^2x + 7 = px + 7p$

$p^2x - px = 7p - 7$

$(p^2 - p)x = 7p - 7$ **($a = p^2 - p$ e $b = 7p - 7$)**

Condição para que a equação seja impossível: $a = 0$ e **$b \neq 0$**

• Para **$a = 0$** temos que:

$p^2 - p = 0$

$p(p - 1) = 0 \begin{cases} p = 0 \\ p - 1 = 0 \rightarrow p = 1 \end{cases}$

• Para **$b \neq 0$** temos que:

$7p - 7 \neq 0$

$7p \neq 7$

$p \neq \frac{7}{7}$

$p \neq 1$

Observe que $p = 0$, $p = 1$ e $p \neq 1$. Logo, $p = 0$.

GABARITO: A

9) Quantas soluções possui uma equação do 1º grau impossível ou incompatível ?

a) infinitas b) 0 c) 1 d) 2 e) 3

Resolução:

A equação impossível não possui solução.

GABARITO: B

A seguir, faremos uma bateria de exercícios de todo conteúdo estudado neste capítulo.

EXERCÍCIOS

10) **(PUC – SP)** No conjunto dos números reais, a equação $ax = b$, na incógnita x,

a) não pode ter infinitas soluções

b) sempre tem solução

c) só tem solução se $a \neq 0$

d) tem infinitas soluções se $b \neq 0$

e) tem solução única se $a \neq 0$

11) Qual a relação entre a e b de modo que a equação $ax - b^2 + 2ab = a^2 + bx$, admita única solução?

a) $a = b$ b) $a = b = 2$ c) $a \neq b$ d) $a = -b$ e) $a \neq -b$

12) Determine "p" para a equação $px + 1 = 2x - p$ tenha uma só solução:

a) $p = 1$ b) $p = 2$ c) $p = 0$ d) $p \neq 1$ e) $p \neq 2$

13) **(EsSA)** Que valor podemos atribuir a letra **a**, para que a equação $(a - 3)x = b$ seja determinada.

a) $a = 1$ b) $a \neq 3$ c) $a \neq 1$ d) $a = 3$

14) A equação $m^2x - 3x + 4m = m - 2(1 + 2x)$ é possível e determinada para:

a) $m \neq 1$ b) $m \neq 2$ c) $m \neq 3$ d) m qualquer e) $m \neq 4$

15) **(CN)** Considere a equação do primeiro grau em "x", $m^2x + 3 = m + 9x$. Pode-se afirmar que a equação tem conjunto verdade unitário se:

a) $m = 3$

b) $m = -3$

c) $m \neq 3$

d) $m \neq -3$

e) $m \neq 3$ e $m \neq -3$

16) Determine "q" para que a equação $qx - 2 + 3x = p - 5 + 2x$ seja determinada:

a) $q = 0$ b) $q = 1$ c) $q = 2$ d) $q \neq -1$ e) $q \neq -2$

17) **(ESPCEX)** Considere a equação em x dado por $(m + 2)x = m^2 - 4$. Podemos, então, afirmar que essa equação:

a) admite uma única solução $x = m - 2$, $\forall\ m \in \mathbb{R}$

b) não admite solução para $m = -2$

c) admite solução única para $m \neq -2$

d) admite infinitas soluções, $\forall\ m \in \mathbb{R}$

18) Para que valores de p e q a equação $px + 4x - q = 7q - 16 - 6x$ tem uma infinidade de soluções:

a) $p = 5$ e $q = 8$

b) $p = -5$ e $q = -8$

c) $p = 1$ e $q = 2$

d) $p = -1$ e $q = -2$

e) $p = -10$ e $q = 2$

19) Determine o valor de m para que a equação $\frac{mx}{4} - \frac{x-2}{m} = 1$ admita infinitas soluções:

a) $m = -2$ b) $m = 0$ c) $m = 1$ d) $m = 2$ e) $m = \pm 2$

20) A equação $m^2(5 - x) + 4x = m^2 - 4m + 24$ é possível e indeterminada se "m" for igual a:

a) -2 b) -1 c) 1 d) 2 e) 5

21) O valor de n para o qual a equação $(n^2 - 16)x - n^2 - 4n = 0$ é possível e indeterminada é igual a:

a) 0 b) -4 c) 4 d) 1 e) 2

22) Determine m e k para que a equação $3kx - 3k - 6 + 2mx = 0$ seja indeterminada:

a) $m = k = 1$

b) $m = k = 2$

c) $m = k = 3$

d) $m = 3$ e $k = 2$

e) $m = 3$ e $k = -2$

23) A equação $(m^2 + 2m + 4)x = (2m + 5)x + m^3 + 1$ é possível e indeterminada para:

a) $m = -3$

b) $m = -2$

c) $m = -1$

d) $m = 0$

e) $m = 1$

24) Quantas raízes tem a equação $(a^2 - 1)x = a + 1$, quando $a = -1$?

a) infinitas b) 0 c) 1 d) 2 e) 3

25) A equação $a(x - 1) = 19x + 2b - 201$ é possível e indeterminada se $a + b$ é:

a) 110 b) 120 c) 130 d) 140 e) 150

26) Para que valores de n e r, a igualdade $(n + 5)x - 2r - 4 = 0$ é uma identidade?

a) $n = 5$ e $r = 2$

b) $n = 5$ e $r = -2$

c) $n = -5$ e $r = 2$

d) $n = -5$ e $r = -2$

e) $n = -2$ e $r = -5$

27) **(CM – RJ)** Na variável x, a equação $3(mx - p + 1) - 4x = 2(-px + m - 4)$ admite uma infinidade de soluções. A soma dos valores reais de **m** e **p** é igual a:

a) 3 b) 2 c) 0 d) – 2 e) – 3

28) Para que valor de p a equação $\frac{(2x-p)(p^2-1)}{2-p^2} = p + \frac{p+2}{2-p^2}$ é indeterminada:

a) $p \neq -1$ b) $p \neq 2$ c) $p = -3$ d) $p = -2$ e) $p = -1$

29) A equação $3ax + \frac{a-114x}{2} = 782b + 1$ é possível e indeterminada se $a + \frac{1}{b}$ for igual a:

a) 81 b) 91 c) 101 d) 111 e) 121

30) **(CN)** Para que valor de "a" a equação $\frac{(2x-a)(a^2-1)}{2-a^2} = a + \frac{a+2}{2-a^2}$ é indeterminada?

a) $a = -1$ b) $a \neq 2$ c) $a = 2$ d) $a \neq 1$ e) $a = -3$

31) **(CN)** Sabe-se que a equação do 1º grau na variável x: $2mx - x + 5 = 3px - 2m + p$ admite as raízes $\sqrt[3]{2} + \sqrt{3}$ e $\sqrt[3]{3} + \sqrt{2}$. Entre os parâmetros m e p vale a relação:

a) $p^2 + m^2 = 25$ b) $p \cdot m = 6$ c) $m^p = 64$ d) $p^m = 32$ e) $\frac{p}{m} = \frac{3}{5}$

32) **(CM – RECIFE)** O valor de k para que torne impossível a equação $k^2y - k^2 - k = 5ky + 4k$ é

a) 4

b) – 4

c) – 5

d) 0

e) 5

33) O valor de m para o qual a equação $m(mx + 1) = 2(2x - 1)$ é impossível vale:

a) 1 b) 2 c) 3 d) 4 e) 5

34) **(EEAR)** O valor de **m** que torna impossível a solução da equação $m^2x - mx - 6x = m - 3$, é

a) – 3 b) – 2 c) 2 d) 3

35) Determine os valores de “m” e “p” para que a equação $2mx - x = 3p - x - 2$ não tenha solução:

a) $m = p = 0$

b) $m = p = -1$

c) $m = p = 2/3$

d) $m = 0$ e $p \neq 2/3$

e) $m = 0$ e $p = 2/3$

36) Determine os valores de “m” para os quais a equação $\frac{mx}{4} - \frac{x-2}{m} = 1$ não tenha solução:

a) $m = 0$ b) $m = -1$ c) $m = 1$ d) $m = 2$ e) $m = -2$

37) O valor de m que torna a equação $m^2x - m^2 = 2m + 2mx$ impossível é:

a) $m = 1$ b) $m = 2$ c) $m = -1$ d) $m = -2$ e) $m = 3$

38) A equação $5x + 3(1 + m) = 3(x + m) + 2(x + 4) - 1$ é impossível para:

a) m qualquer b) $m = 1$ c) $m = 2$ d) $m = 3$ e) $m = 4$

39) **(CONSULPLAN)** Resolvendo a equação $\frac{2x-1}{2} = \frac{3x-2}{3}$, encontramos uma solução:

a) possível e determinada

b) possível e indeterminada

c) impossível

d) complexa

e) unitária e diferente de zero

40) **(CN)** Quantas raízes tem a equação $(m - 1)x = m^2 + 1$, quando $m = 1$?

a) nenhuma b) infinitas c) 1 d) 2 e) 3

41) O valor de “m” para que torna a equação do 1º grau $(4x + 1)m^2 + (-7m + 2)x + 16 = (3m^2 - 1)x + (2m - 3x)m - 9$, na variável x, impossível é:

a) 1 ou 2 b) 5 c) 1 ou 3 d) – 5 e) 2 ou 3

42) **(EFOMM)** O valor inteiro de k que torna impossível a equação $k^2y - k^2 = 2k + ky$ é

a) 2 b) 0 c) 1 d) 4 e) nra

43) O valor de **m** para o qual a equação $(m^2 + 2m)x + 2 = 4mx + m^2 - 6$ é impossível é:

a) 0 ou 2 b) 1 ou 2 c) 0 ou 1 d) 2 ou 3 e) 0 ou 3

44) Determine os valores de **p** e **q** para que a equação $5px - x + q - 3 = 0$ seja impossível:

a) $p = 1$ e $q = 3$

b) $p = 1$ e $q \neq 3$

c) $p = \frac{1}{5}$ e $q = 3$

d) $p = \frac{1}{5}$ e $q \neq 3$

e) $p \neq \frac{1}{5}$ e $q \neq 3$

45) **(ESPCEX)** O valor de "k" que torna impossível a equação $k^2y - k^2 = 2k + 2ky$ é:

a) 0 b) 1 c) 2 d) 3 e) 4

46) O valor de m para o qual a equação $(m + 1)x - 3m + \frac{3m+1}{2}x + \frac{7}{2} = 0$ é impossível é igual a:

a) $-\frac{2}{3}$ b) $-\frac{3}{4}$ c) $-\frac{3}{5}$ d) $-\frac{4}{5}$ e) $-\frac{5}{6}$

47) **(EEAR)** O conjunto verdade, que faz com que a equação $\frac{x-5}{x+3} = \frac{3}{7}$ tenha solução impossível, é:

a) $V = \{x \in \mathbb{R} / x = -3\}$

b) $V = \{x \in \mathbb{R} / x = 0\}$

c) $V = \{x \in \mathbb{R} / x = 3\}$

d) $V = \{x \in \mathbb{R} / x = 5\}$

48) **(CN)** A equação $K^2x - Kx = K^2 - 2K - 8 + 12x$, na variável x, é impossível. Sabe-se que a equação na variável y dada por $3ay + \frac{a-114y}{2} = \frac{17b+2}{2}$ admite infinitas soluções. Calcule o valor de $\frac{ab + K}{4}$ e assinale a opção correta.

a) 0 b) 1 c) 3 d) 4 e) 5

49) O conjunto verdade da equação $\frac{kx-1}{2} = \frac{x+1}{3} - 1$ na variável x será o conjunto vazio se:

a) $k = -\frac{3}{2}$ b) $k = -\frac{2}{3}$ c) $k = \frac{2}{3}$ d) $k = \frac{3}{2}$ e) $k = \frac{1}{3}$

50) A equação $mx + n = 0$, na variável x, é possível e determinada se:

a) $m = 0$ b) $n = 0$ c) $m = n = 0$ d) $m \neq 0$ e) $n \neq 0$

51) A equação $mx + n = 0$, na variável x, é possível e indeterminada se:

a) $m = 0$ b) $n = 0$ c) $m = n = 0$ d) $m \neq 0$ e) $n \neq 0$

52) A equação $mx + n = 0$, na variável x, é incompatível se:

a) $m = 0$
b) $m = n = 0$
c) $n = 0$
d) $m = 0$ e $n \neq 0$
e) $m \neq 0$ e $n \neq 0$

53) Dada a equação $mx - k = kx - m$, podemos afirmar que:

a) $x = -1$, quaisquer que seja m e k
b) ela é impossível
c) ela é indeterminada
d) $x = -1$, se $m \neq k$
e) $x = 1$, se $m \neq k$

54) **(EPCAR)** Para que a equação $\frac{2x-3}{5} - \frac{x+6}{10} = \frac{1}{2} - kx$ seja impossível, o valor de k deverá ser

a) -3 b) $\frac{3}{10}$ c) 3 d) $-\frac{5}{10}$ e) $-\frac{3}{10}$

55) **(CN)** A equação $k^2x - kx = k^2 - 2k - 8 + 12x$ é impossível para:

a) um valor positivo de k
b) um valor negativo de k
c) 3 valores distintos de k
d) 2 valores distintos de k
e) nenhum valor de k

56) **(CM – BRASÍLIA)** Considerando a equação na incógnita x, $(m^2 - 1)x = m - 1$, sendo U = R, a afirmativa correta é:

a) $x = m + 1$
b) $x = \frac{m}{m+1}$ para qualquer valor de m
c) Se $m = 1$, então V = R, onde V é o conjunto verdade da equação
d) Se $m = -1$ então V = R
e) Se $m = 0$ então $V = \emptyset$

57) **(EPCAR)** Sobre a equação $kx - \frac{x-1}{k} = 1$, na variável x, é correto afirmar que:

a) admite solução única se $k^2 \neq 1$ e $k \in \mathbb{R}^*$
b) não admite solução se $k = 1$
c) admite mais de uma solução se $k = -1$
d) admite infinitas soluções se $k = 0$

GABARITOS

1) D	2) C	3) C	4) D	5) A	6) A
7) D	8) A	9) B	10) E	11) C	12) E
13) B	14) D	15) E	16) D	17) C	18) E
19) D	20) D	21) B	22) E	23) C	24) A
25) A	26) D	27) A	28) E	29) D	30) A
31) A	32) E	33) B	34) B	35) D	36) E
37) B	38) A	39) C	40) A	41) C	42) C
43) A	44) D	45) C	46) C	47) A	48) D
49) C	50) D	51) C	52) D	53) D	54) E
55) B	56) C	57) A			

Capítulo 05

Discussão do Sistema de Equações do 1º Grau

I) Introdução

- O sistema de equações do 1º grau com duas incógnitas pode ser escrito na forma geral $\begin{cases} ax + by = c \\ a'x + b'y = c' \end{cases}$, sendo:

- Incógnitas ⟶ x e y
- Coeficientes de x ⟶ a e a'
- Coeficientes de y ⟶ b e b'
- Termos independentes ⟶ c e c'

Exemplos:

a) $\begin{cases} 10x + 8y = 15 \\ 4x + 6y = 22 \end{cases}$

- **Incógnitas** ⟶ x e y
- **Coeficientes de x** ⟶ 10 e 4
- **Coeficientes de y** ⟶ 8 e 6
- **Termos independentes** ⟶ 15 e 22

b) $\begin{cases} -3x + 2y = 6 \\ x + 5y = 17 \end{cases}$

- **Incógnitas** ⟶ x e y
- **Coeficientes de x** ⟶ − 3 e 1
- **Coeficientes de y** ⟶ 2 e 5
- **Termos independentes** ⟶ 6 e 17

II) Discussão do sistema de equações do 1º grau

- Para discutir um sistema de equações do 1º grau com duas incógnitas, devemos escrevê-lo na forma geral $\begin{cases} ax + by = c \\ a'x + b'y = c' \end{cases}$.

- Discutir um sistema de equações do 1º grau com duas incógnitas, significa verificar se o sistema é **Possível e Determinado**, **Possível e Indeterminado** ou **Impossível**.

1. Sistema Possível (Compatível) e Determinado

- O sistema possível e determinado é aquele que possui uma única solução.

- O gráfico que representa um sistema possível e determinado é formado por duas retas concorrentes, isto é, duas retas que se encontram em um único ponto.

- A condição para que o sistema seja possível e determinado é: $\boxed{\frac{a}{a'} \neq \frac{b}{b'}}$

Exemplo: As duas retas abaixo são concorrentes.

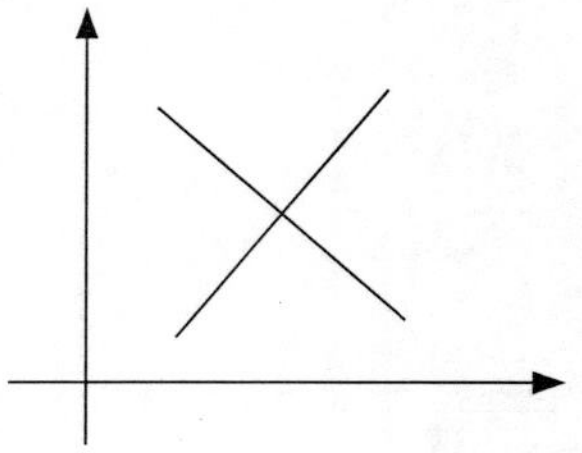

As duas retas são concorrentes

2. Sistema Possível (Compatível) e Indeterminado

- O sistema possível e indeterminado é aquele que possui infinitas soluções.

- O gráfico que representa um sistema possível e indeterminado é formado por duas retas coincidentes.

- A condição para que o sistema seja possível e indeterminado é: $\boxed{\frac{a}{a'} = \frac{b}{b'} = \frac{c}{c'}}$

Exemplo: As duas retas abaixo são coincidentes.

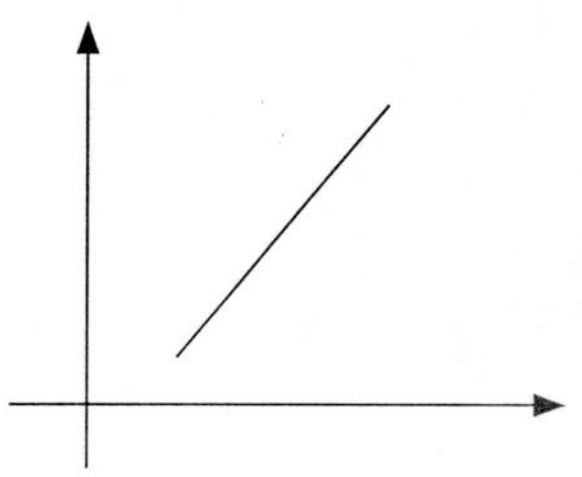

As duas retas são coincidentes

3. Sistema Impossível (Incompatível)

- O sistema impossível é aquele que não possui solução.
- O sistema impossível também é chamado de incompatível.
- O gráfico que representa um sistema impossível é formado por duas retas paralelas.
- A condição para que o sistema seja impossível é: $\frac{a}{a'} = \frac{b}{b'} \neq \frac{c}{c'}$

Exemplo: As duas retas abaixo são paralelas.

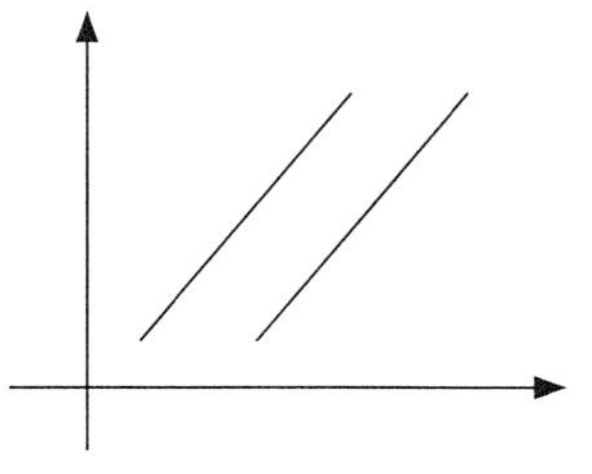

As duas retas são paralelas

BIZU !!!!!

CLASSIFICAÇÃO	CONDIÇÃO	NÚMERO DE SOLUÇÕES	GRÁFICO
Sistema Possível e Determinado	$\frac{a}{a'} \neq \frac{b}{b'}$	**solução única**	**Duas retas concorrentes**
Sistema Possível e Indeterminado	$\frac{a}{a'} = \frac{b}{b'} = \frac{c}{c'}$	**Infinitas soluções**	**Duas retas coincidentes**
Sistema Impossível	$\frac{a}{a'} = \frac{b}{b'} \neq \frac{c}{c'}$	**Não possui soluções**	**Duas retas paralelas**

EXERCÍCIOS

1) **(MACK – SP)** O sistema $\begin{cases} x + my = 4 \\ 3x + y = k \end{cases}$ é possível e determinado. Então, temos sempre:

a) m = 0 b) $m \neq k$ c) m = 1/3 d) $m \neq 1/3$ e) m + k = 0

Resolução:

- A condição para que o sistema seja possível e determinado ou tenha solução única ou seja representado graficamente por duas retas concorrentes é: $\frac{a}{a'} \neq \frac{b}{b'}$

- Assim, temos que: $\frac{1}{3} \neq \frac{m}{1}$

$3 \,.\, m \neq 1 \,.\, 1$

$3m \neq 1$

$m \neq 1/3$

GABARITO: D

2) **(CN)** Determine o valor de **a** para que o sistema tenha uma única solução.

$\begin{cases} \sqrt{2}ax + 10y = 30 \\ \sqrt{8}x + 5y = 23 \end{cases}$

Resolução:

- A condição para que o sistema seja possível e determinado ou tenha solução única ou seja representado graficamente por duas retas concorrentes é: $\frac{a}{a'} \neq \frac{b}{b'}$

- Logo, temos que: $\frac{\sqrt{2}a}{\sqrt{8}} \neq \frac{10}{5}$

$\sqrt{2}\,a \,.\, 5 \neq 10 \,.\, \sqrt{8}$

$a \neq \frac{10\,.\,\sqrt{8}}{5\,.\,\sqrt{2}}$

$a \neq 2 \,.\, \sqrt{4}$

$a \neq 2 \,.\, 2$

$a \neq 4$

GABARITO: $a \neq 4$

3) **(CN)** Para quais valores de a e b o sistema $\begin{cases} 2x - 3y = a \\ 4x + by = 10 \end{cases}$ será indeterminado ?

<u>Resolução</u>:

- A condição para que o sistema seja <u>possível e indeterminado</u> ou tenha <u>infinitas soluções</u> ou seja <u>representado graficamente por duas retas coincidentes</u> é: $\frac{a}{a'} = \frac{b}{b'} = \frac{c}{c'}$

- Assim, temos que: $\frac{2}{4} = \frac{(-3)}{b} = \frac{a}{10}$

I) *<u>Vamos calcular o valor de "a"</u>*

$\frac{2}{4} = \frac{a}{10}$

4 . a = 2 . 10

4 . a = 20

a = $\frac{20}{4}$

a = 5

II) *<u>Vamos calcular o valor de "b"</u>*

$\frac{2}{4} = \frac{(-3)}{b}$

2 . b = 4 . (– 3)

2 . b = – 12

b = $\frac{(-12)}{2}$

b = – 6

<u>GABARITO</u>: a = 5 e b = – 6

4) **(CESGRANRIO)** Se o sistema linear $\begin{cases} 3x - 6y = a \\ -x + by = 1 \end{cases}$ possui infinitas soluções reais, o produto ab é igual a

a) – 6 b) – 1 c) – 1/6 d) 1/6 e) 6

<u>Resolução</u>:

- A condição para que o sistema seja <u>possível e indeterminado</u> ou tenha <u>infinitas soluções</u> ou seja <u>representado graficamente por duas retas coincidentes</u> é: $\frac{a}{a'} = \frac{b}{b'} = \frac{c}{c'}$

- Assim, temos que: $\frac{3}{(-1)} = \frac{(-6)}{b} = \frac{a}{1}$

I) *Cálculo do valor de "a"*

$\frac{3}{(-1)} = \frac{a}{1}$

(– 1) . a = 3 . 1

– a = 3 x (– 1)

a = – 3

II) *Cálculo do valor de "b"*

$\frac{3}{(-1)} = \frac{(-6)}{b}$

3 . b = (– 1) . (– 6)

3 . b = 6

b = $\frac{6}{3}$

b = 2

Logo, a . b = (– 3) . 2 = – 6

GABARITO: A

5) **(EEAR)** Sendo abcd ≠ 0, para que o sistema $\begin{cases} ax + by = c \\ px + qy = d \end{cases}$ seja indeterminado, é necessário que p q sejam respectivamente iguais a:

a) da/c e bd/c b) bd/c e da/c c) ab/c e d/c d) dc e ab/c

Resolução:

- A condição para que o sistema seja possível e indeterminado ou tenha infinitas soluções ou seja representado graficamente por duas retas coincidentes é: $\frac{a}{a'} = \frac{b}{b'} = \frac{c}{c'}$

- Assim, temos que: $\frac{a}{p} = \frac{b}{q} = \frac{c}{d}$

I) *Cálculo do valor de "p"*

$\frac{a}{p} = \frac{c}{d}$

p . c = a . d

p = $\frac{ad}{c}$

II) *Cálculo do valor de "q"*

$\frac{b}{q} = \frac{c}{d}$

q . c = b . d

q = $\frac{bd}{c}$

GABARITO: A

6) **(EEAR)** Seja $\begin{cases} x + my = 1 \\ 4x + 5y = 2 \end{cases}$ um sistema de equações do 1º grau nas incógnitas x e y. Ele será impossível se o valor de m for

a) 5/4 b) 3/2 c) 5/3 d) 2

Resolução:

- A condição para que o sistema seja impossível ou não tenha solução ou seja incompatível ou seja representado graficamente por duas retas paralelas é: $\frac{a}{a'} = \frac{b}{b'} \neq \frac{c}{c'}$

- Assim, temos que: $\frac{1}{4} = \frac{m}{5} \neq \frac{1}{2}$

- Para resolver a questão, vamos calcular o valor de "m".

$\frac{1}{4} = \frac{m}{5}$

4 . m = 1 . 5

4m = 5

m = 5/4

GABARITO: A

7) Determine m de modo que o sistema não admita solução.

$$\begin{cases} m(x + y) = 5 - y \\ m(y - x + 1) = 12 - 2(3x + 2y) \end{cases}$$

a) 1,5 b) 2 c) 0,5 d) – 2 e) – 1,5

Resolução:

- Para resolver a questão, precisamos escrever o sistema na forma geral.

$$\begin{cases} m(x + y) = 5 - y \\ m(y - x + 1) = 12 - 2(3x + 2y) \end{cases}$$

$$\begin{cases} mx + my = 5 - y \\ my - mx + m = 12 - 6x - 4y \end{cases}$$

$$\begin{cases} mx + my + y = 5 \\ -mx + 6x + my + 4y = 12 - m \end{cases}$$

$$\begin{cases} mx + (m+1)y = 5 \\ (-m+6)x + (m+4)y = 12 - m \end{cases}$$

- A condição para que o sistema seja <u>impossível</u> ou <u>não tenha solução</u> ou seja <u>incompatível</u> ou seja <u>representado graficamente por duas retas paralelas</u> é: $\frac{a}{a'} = \frac{b}{b'} \neq \frac{c}{c'}$

- Assim, temos que: $\frac{m}{-m+6} = \frac{m+1}{m+4} \neq \frac{5}{12-m}$

I) <u>*Cálculo do valor de "m"*</u>

$\frac{m}{-m+6} = \frac{m+1}{m+4}$

$m(m + 4) = (m + 1)(-m + 6)$

$m^2 + 4m = -m^2 + 6m - m + 6$

$m^2 + 4m = -m^2 + 5m + 6$

$m^2 + 4m + m^2 - 5m - 6 = 0$

$2m^2 - m - 6 = 0 \begin{cases} a = 2 \\ b = -1 \\ c = -6 \end{cases}$

$\Delta = b^2 - 4 \,.\, a \,.\, c$

$\Delta = (-1)^2 - 4 \,.\, 2 \,.\, (-6)$

$\Delta = 1 + 48$

$\Delta = 49$

$$\boxed{m = \frac{-b \pm \sqrt{\Delta}}{2 \,.\, a}}$$

$m = \frac{-(-1) \pm \sqrt{49}}{2 \,.\, 2}$

$m = \frac{1 \pm 7}{4} \therefore \begin{cases} m_1 = \frac{1+7}{4} = \frac{8}{2} = 2 \\ m_2 = \frac{1-7}{4} = \frac{-6}{4} = -1{,}5 \end{cases}$

II) <u>*Cálculo da restrição do valor de "m"*</u>

$\frac{m+1}{m+4} \neq \frac{5}{12-m}$

$(m + 1)(12 - m) \neq 5(m + 4)$

$12m - m^2 + 12 - m \neq 5m + 20$

$-m^2 + 12m - m - 5m + 12 - 20 \neq 0$

$-m^2 + 6m - 8 \neq 0 \begin{cases} a = -1 \\ b = 6 \\ c = -8 \end{cases}$

$\Delta = b^2 - 4 \cdot a \cdot c$

$\Delta = 6^2 - 4 \cdot (-1) \cdot (-8)$

$\Delta = 36 - 32$

$\Delta = 4$

$$m \neq \frac{-b \pm \sqrt{\Delta}}{2 \cdot a}$$

$$m \neq \frac{-6 \pm \sqrt{4}}{2 \cdot (-1)}$$

$$m \neq \frac{-6 \pm 2}{(-2)} \therefore \begin{cases} m_1 \neq \dfrac{-6+2}{(-2)} \neq \dfrac{(-4)}{(-2)} \neq 2 \\ m_2 \neq \dfrac{-6-2}{(-2)} \neq \dfrac{-8}{(-2)} \neq 4 \end{cases}$$

Como m = 2; m = – 1,5; m ≠ 2 e m ≠ 4, então m = – 1,5.

GABARITO: E

8) **(EEAR)** Com base nas representações gráficas dos sistemas de equações do 1° grau, assinalar a alternativa correta.

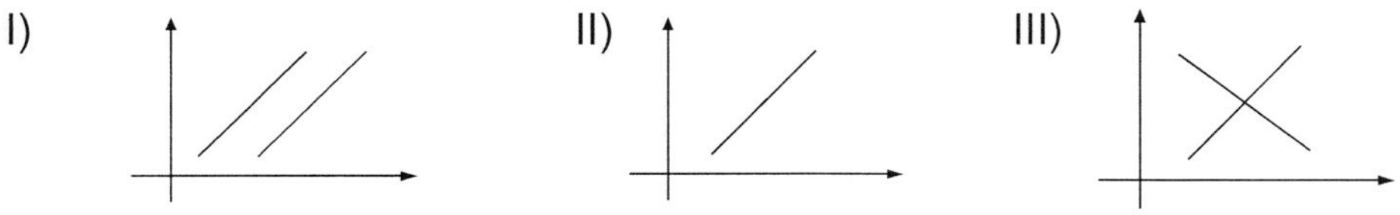

a) O sistema I tem duas soluções

b) O sistema III não tem solução

c) O sistema III admite duas soluções

d) O sistema II tem infinitas soluções

Resolução:

O sistema do 1° grau pode ser representado da seguinte forma:

- **Sistema possível e determinado (solução única)** → duas retas concorrentes

- **Sistema possível e indeterminado (infinitas soluções)** → duas retas coincidentes

- **Sistema impossível (não possui solução)** → duas retas paralelas

GABARITO: D

A seguir, faremos uma bateria de exercícios de todo conteúdo estudado neste capítulo.

EXERCÍCIOS

9) **(CETRO)** Para que o sistema abaixo seja possível e determinado, o valor de a deverá ser:

$$\begin{cases} ax + 3y = 7 \\ x + 2y = 1 \end{cases}$$

a) a = 3 b) a = 3/2 c) a ≠ 3/2 d) a ≠ 5/2 e) a ≠ 2/5

10) **(ETEVM)** Para que valores de **k** o sistema abaixo é possível e determinado?

$$\begin{cases} kx + 3y = 2 \\ 2x - y = 0 \end{cases}$$

11) **(FCC)** O sistema linear de variáveis reais x,y dado por $\begin{cases} kx + y = 3 \\ -2x + 4y = \frac{1}{3} \end{cases}$ será representado no plano cartesiano por um par de retas concorrentes apenas se

a) k = ½ b) k = – ½ c) k ≠ – 2 d) k ≠ – ½ e) k ≠ ½

12) **(FAAP – SP)** Para que o sistema linear $\begin{cases} ax - by = 7 \\ 2x + 5y = 1 \end{cases}$ admita uma única solução, é necessário que:

a) a ≠ – 2b/5 b) a = – 2b/5 c) a ≠ – 5b/2 d) a ≠ 2b/5 e) a = – 5b/2

13) **(EFOA – MG)** O sistema de equações $\begin{cases} ax + 5y = 5 \\ bx + y = 0 \end{cases}$ terá uma única solução se:

a) a = 5b b) a + 5b = 0 c) a – 5b ≠ 0 d) 5ab = 0 e) 5ab ≠ 0

14) **(NCE – UFRJ)** O sistema de equações $\begin{cases} y = 2x + 3 \\ y = ax + b \end{cases}$ é possível e determinado, se e somente se:

a) a ≠ 2

b) b ≠ 3

c) a = 2 e b = 3

d) a = 2 e b ≠ 3

e) a = 2 e b = 2

15) Qual o valor de k no sistema $\begin{cases} kx - 8y = 5 \\ x - 2ky = 6 \end{cases}$ para que seja determinado

a) k = ± 2 b) k = ± 4 c) k ≠ 2 d) k ≠ – 2 e) k ≠ ± 2

16) **(CN)** Determine a de modo que seja determinado o sistema $\begin{cases} ax + y = 1 \\ ax + ay = 2 \end{cases}$

a) a = 1 b) a = – 1 c) a $\neq$ 1 d) a = $\pm$ 1 e) a = 2

17) **(EEAR)** O sistema $\begin{cases} x + y = 3 \\ 2x - my = 6 \end{cases}$ é possível e indeterminado para

a) m = 2 b) m $\neq$ 2 c) m = – 2 d) m $\neq$ – 2

18) **(FMU – SP)** O valor de a para que o sistema $\begin{cases} x + 2y = 18 \\ 3x - ay = 54 \end{cases}$ seja possível e indeterminado é:

a) – 6 b) 6 c) 2 d) – 2 e) 3/2

19) **(EPCAR)** O valor de m para que o sistema $\begin{cases} mx + y = 0 \\ -x + y = 0 \end{cases}$ seja indeterminado é:

a) – 1 b) 0 c) 1 d) 2

20) **(FEI – SP)** Os valores reais de a e b para que o sistema $\begin{cases} 5x + ay = 3 \\ bx + 8y = 6 \end{cases}$ seja indeterminado são:

a) a = 5 e b = 10
b) a = 4 e b = 10
c) a = 6 e b = 10
d) a = 7 e b = 11
e) a = 10 e b = 11

21) **(ESPCEX)** Determinar os parâmetros a e b de modo que o sistema $\begin{cases} ax - by = 4 \\ 3x + 5y = 1 \end{cases}$ seja indeterminado.

22) **(PUC – RS)** O sistema $\begin{cases} ax - 2y = 1 \\ bx - 4y = 2 \end{cases}$ é indeterminado se:

a) a = b b) a = 2b c) a = b/2 d) a = b + 2 e) a = kb, k$\in\mathbb{N}$

23) **(CN)** O sistema $\begin{cases} 2x + 2y = b \\ 3x + ay = 4 \end{cases}$ é indeterminado. O produto ab é:

a) 12 b) 24 c) 8 d) 6 e) 18

24) **(ESAF)** Se o sistema formado pelas equações: $\begin{cases} py + x = 4 \\ y - x = q \end{cases}$ tem infinitas soluções, então o produto dos parâmetros "p" e "q" é igual a:

a) 4 b) 5 c) 6 d) 8 e) 10

25) **(MACK – SP)** O sistema $\begin{cases} 2x + y = k \\ 4x + my = 2 \end{cases}$ é indeterminado. Então k + m vale:

a) ½ b) 1 c) 3/2 d) 2 e) 3

26) **(ESPCEX)** Para que o sistema linear $\begin{cases} 2x + y = 5 \\ ax + 2y = b \end{cases}$ seja possível e indeterminado, o valor de a + b é:

a) – 1 b) 4 c) 9 d) 14 e) 19

27) **(CN)** Para que valores de k e p o sistema $\begin{cases} kx - 6y = 5k - 3p \\ (k-4)x + 2y = 4k + 3 \end{cases}$ é indeterminado?

a) k = 20 e p = 3
b) k = 10 e p = 6
c) k = 10 e p = 3
d) k = 3 e p = 20
e) k = 3 e p = 10

28) **(EFOMM)** O sistema $\begin{cases} kx - 6y = 5k - 3 \\ 2x + (k-7)y = 29 - 7k \end{cases}$ admitirá uma infinidade de soluções se o valor de k for:

a) 4 b) – 2/7 c) 3 d) – 1,5 e) nra

29) Determinar m, para que o sistema $\begin{cases} mx - 6y = 5m - 3 \\ 2x + (m-7)y = 29 - 7m \end{cases}$ tenha uma infinidade de soluções.

a) 1 b) 2 c) 3 d) 4 e) 5

30) **(ESPCEX)** Determinar k, para que o sistema $\begin{cases} 4x + ky = 14 \\ kx + 9y = 21 \end{cases}$ seja indeterminado.

31) **(EFOMM)** Para que o sistema $\begin{cases} kx + (k-2)y = k \\ (k+2)x + 3y = 1 \end{cases}$ seja indeterminado, devemos ter k igual a:

a) 4 b) – 4 c) 1 d) – 1 e) n.r.a

32) **(MACK – SP)** O valor de k para o qual o sistema $\begin{cases} kx + 3y = 7 \\ 2x - 5y = 3 \end{cases}$ não tem solução é:

a) 2 b) 5 c) 3 d) – 0,8 e) – 1,2

33) **(CN)** Calcular o valor de m para que o sistema $\begin{cases} mx + 2y = 7 \\ 13x + 26y = 9 \end{cases}$ seja impossível.

34) **(CEFET – RJ)** Dado o sistema $\begin{cases} 3x + y = 4 \\ 12x + 2y = 15 + 2mx \end{cases}$, o valor de **m** que torna esse sistema impossível é:

a) 3 b) 6 c) 9 d) 12 e) 13

35) **(EN)** Determinar <u>k</u> , no sistema abaixo, de modo que as equações sejam incompatíveis

$$\begin{cases} (8k - 13)x + 5y = 10k + 8 \\ 7x - 2y = 12k + 14 \end{cases}$$

36) **(ESPCEX)** Determinar o valor de a real para que o sistema abaixo seja impossível:

$$\begin{cases} ax - 6y = 5a - 3 \\ 2x + (a - 7)y = -7a + 29 \end{cases}$$

37) **(EN)** Para que o sistema $\begin{cases} 3x + 2y = 4m + 4 \\ 2x - (p + 3)y = -1 \end{cases}$ seja impossível deve-se ter

a) m = – 11/8 e p = 13/3

b) p ≠ – 13/3 e m = – 11/8

c) p ≠ – 13/3 e m ∈] – 2, –1]

d) m ≠ – 11/8 e p ∈] – 5, – 3 [

e) m = – 11/8 e p ∈] – 5, 4]

38) **(ESPCEX)** O sistema de equações $\begin{cases} x + my = 5 \\ mx + y = 5 \end{cases}$ é impossível para:

a) m = ± 1 b) m = – 1 c) m = 1 d) m = 5 e) m = 0

39) **(FCC)** O sistema linear $\begin{cases} x + y = a \\ a^2x + y = 1 \end{cases}$ é impossível, se e somente se:

a) a ≠ 1 e a ≠ – 1

b) a = 1 ou a = – 1

c) a = 1

d) a = – 1

e) a ∉ ℝ

40) **(CN)** Determine k para que seja impossível o sistema $\begin{cases} kx + y = 2 \\ 4x + ky = 4 \end{cases}$

a) – 2 b) ± 1 c) ± 2 d) ½ e) – ½

41) **(EEAR)** As retas 2x – y = 3 e 2x + ay = 5 são paralelas. Então, o valor de <u>a</u> é:

a) – 1 b) 1 c) – 4 d) 4

42) **(UFRRJ)** Sabendo que as retas $mx + (m - 2)y = m$ e $(m + 3)x + (m + 5)y = m + 1$ são paralelas, o valor de m será:

a) ½ b) – ½ c) 3/2 d) – 3/2 e) 5/2

43) **(EEAR)** Se (r) $x + 6y - 2 = 0$ e (s) $8x + (t - 1)y - 2 = 0$ são duas retas paralelas, então t é múltiplo de:

a) 3 b) 5 c) 7 d) 9

44) **(CN)** Determinar m de modo que as equações $mx - y - x + 2 = 0$ e $2mx - 3y - x + 4 = 0$ representem retas paralelas.

45) **(EEAR)** Considere as afirmações:

I. As retas (r) $x - 3y + 1 = 0$ e (s) $-2x + 6y + 1 = 0$ são paralelas distintas.

II. As retas (t) $-2x + y + 5 = 0$ e (u) $-6x + 3y + 15 = 0$ são coincidentes.

III. As retas (v) $-5x - 4y - 3 = 0$ e (w) $-10x + 8y + 6 = 0$ são concorrentes.

Das afirmações anteriores, é(são) verdadeira(s):

a) apenas duas

b) apenas uma

c) nenhuma

d) todas

46) **(EsSA)** Considerando um sistema de duas equações com duas incógnitas, assinale a alternativa correta.

a) se as equações são representadas por uma mesma reta, então o sistema é determinado.

b) se as equações são representadas por retas paralelas, então o sistema é indeterminado.

c) se as equações são representadas por retas concorrentes, então o sistema é indeterminado.

d) se as equações são representadas por retas coincidentes, então o sistema é indeterminado.

e) se as equações são representadas por retas concorrentes, então o sistema é impossível.

47) **(CM – FORTALEZA)** Sobre as retas que representam graficamente as equações do sistema $\begin{cases} y + 2x = k, \ k \in \mathbb{R} \\ \frac{x}{5} + \frac{y}{10} = -\frac{1}{2} \end{cases}$, podemos afirmar que são

a) paralelas distintas se $k = -5$

b) concorrentes se $k \neq -5$

c) coincidentes se $k = -5$

d) coincidentes para todo valor de $k \in \mathbb{R}$

e) concorrentes para todo valor de $k \in \mathbb{R}$

48) **(ESAF)** Dado o sistema de equações lineares $\begin{cases} 2x + 4y = 6 \\ 3x + 6y = 9 \end{cases}$ é correto afirmar que:

a) o sistema não possui solução.

b) o sistema possui uma única solução.

c) x = 1 e y = 2 é uma solução do sistema.

d) o sistema é homogêneo.

e) o sistema possui mais de uma solução.

49) **(UEBA – BA)** O sistema $\begin{cases} 2x + 3y = 1 \\ 4x + ay = 5 \end{cases}$

a) é impossível se a = 6

b) é determinado, $\forall$ a $\in \mathbb{R}$

c) é indeterminado, $\forall$ a $\in \mathbb{R}$

d) é impossível, $\forall$ a $\in \mathbb{R}$

e) admite a solução trivial

50) **(ESAF)** Considerando o sistema de equações lineares,

$\begin{cases} x_1 - x_2 = 2 \\ 2x_1 + px_2 = q \end{cases}$

Pode-se corretamente afirmar que:

a) se p = – 2 e q $\neq$ 4, então o sistema é impossível

b) se p $\neq$ – 2 e q = 4, então o sistema é possível e indeterminado

c) se p = – 2, então o sistema é possível e determinado

d) se p = – 2 e q $\neq$ 4, então o sistema é possível e indeterminado

e) se p = 2 e q = 4, então o sistema é impossível

51) **(ESAF)** Um sistema de equações lineares é chamado “possível” ou “compatível” quando admite pelo menos uma solução; é chamado de “determinado” quando a solução for única, e é chamado de “indeterminado” quando houver infinitas soluções. Assim, sobre o sistema formado pelas equações: $\begin{cases} ma + 3mb = 0 \\ 2a + mb = 4 \end{cases}$ em que a e b são incógnitas, é correto afirmar que:

a) se m $\neq$ 0 e m $\neq$ 6, o sistema é possível e determinado.

b) se m = 0, o sistema é impossível.

c) se m = 6, o sistema é indeterminado.

d) se m $\neq$ 0 e a = 2, qualquer valor de b satisfaz o sistema.

e) se m $\neq$ 0 e a $\neq$ 2, qualquer valor de b satisfaz o sistema.

52) **(ESPCEX)** Dado o sistema linear $\begin{cases} a^2x + y = 1 \\ x + y = a \end{cases}$, onde **a** é uma constante real, pode-se afirmar que:

a) o sistema é possível e determinado para a = – 1

b) existe um único valor de **a** que torna o sistema possível e indeterminado

c) o sistema é possível e determinado somente se a ≠ – 1

d) o sistema é possível e determinado ∀ a ∈ ℝ

e) o sistema é impossível ∀ a ∈ ℝ

53) **(CN)** O sistema $\begin{cases} mx + y = 1 + 3x \\ 2x - 3y = my \end{cases}$

a) é possível e determinado para todo m

b) é impossível para m ≠ 2 e m ≠ 1

c) é possível e determinado para m = 2 e m = 1

d) não é indeterminado, qualquer que seja o valor de m

e) não é impossível, seja qual for o valor de m

54) **(CN)** Sobre o sistema $\begin{cases} a^2x + y = 1 \\ x + y = a \end{cases}$ podemos afirmar:

a) para a = 1, o sistema é indeterminado

b) para a = – 1, o sistema é determinado

c) para a ≠ – 1, o sistema é impossível

d) para a = 0, x = y = 2

e) para a = – 1, x = y = 3

55) **(CN)** Num sistema S de duas equações do 1º grau com duas incógnitas, x e y, os coeficientes de x e de y de uma das equações são, respectivamente, proporcionais aos coeficientes de x e de y da outra. Logo, o conjunto solução de S:

a) é unitário

b) é infinito

c) é vazio

d) pode ser vazio

e) pode ser unitário

56) **(CN)** Dado o sistema $\begin{cases} mx + ny = 2m + 3n \\ px + qy = 2p + 3q \end{cases}$ onde m . n . p . q $\neq$ 0,

a) se mq – mp = 0, então o sistema pode ser impossível.

b) se mq – np = 0, então o sistema não é indeterminado.

c) se mq – np $\neq$ 0, então o sistema não é determinado.

d) o sistema não é impossível.

e) se mq – np $\neq$ 0, então o sistema é impossível.

57) **(CN)** Um sistema de três equações do 1º grau com duas incógnitas é determinado. Logo, um sistema formado por apenas duas dessas equações

a) é determinado

b) é indeterminado

c) é impossível

d) pode ser impossível ou determinado

e) pode ser indeterminado ou determinado

58) **(CN)** Considere o sistema linear S, de incógnita x e y: S: $\begin{cases} a_1x + b_1y = 0_1 \\ a_2x + b_2y = 0_2 \end{cases}$. Se os pares ordenados (x, y) = (3, – 5) e (x, y) = (2, – 3) são soluções de S, então:

a) (– 3, 7) também é solução de S

b) (3, – 7) também é solução de S

c) S só tem as duas soluções apresentadas

d) S só tem mais uma solução além das apresentadas

e) qualquer par ordenado de números reais é solução de S

59) **(CN)** Analise as seguintes afirmativas sobre um sistema S se duas equações do primeiro grau com duas incógnitas x e y.

I. S sempre terá ao menos uma solução, se os seus termos independentes são iguais a zero.

II. Se a razão entre os coeficientes de x for igual a dos de y, S terá infinitas soluções.

III. Se a razão entre os coeficientes de x for diferente da dos de y, S terá apenas uma solução.

Assinale a alternativa correta.

a) Apenas a afirmativa I é verdadeira

b) Apenas a afirmativa II é verdadeira

c) Apenas a afirmativa III é verdadeira

d) Apenas as afirmativas I e III são verdadeiras

e) As afirmativas I, II e III são verdadeiras

60) **(CN)** Observe o sistema linear S.

$$S: \begin{cases} 2x + 3y = 7 \\ 3x + 2y = 9 \\ ax + by = c \end{cases}$$

É correto afirmar, em relação aos parâmetros reais a, b e c, que

a) quaisquer que sejam, S será possível e determinado

b) existem valores desses parâmetros que tornam S possível e determinado

c) quaisquer que sejam, S será possível e indeterminado

d) existem valores desses parâmetros que tornam S indeterminado

e) quaisquer que sejam, S será impossível

61) **(CN)** Sabendo-se que 2x + 3y = 12 e que mx + 4y = 16 são equações sempre compatíveis, com x e y reais, quantos são os valores de m que satisfazem essas condições?

a) Um

b) Dois

c) Três

d) Quatro

e) Infinitos

62) **(CN)** Sobre o sistema formado por 3x + 4y = 7 e 6x + 8y = 15, pode-se afirmar que é:

a) indeterminado

b) determinado e 9x + 12y = 22

c) determinado e x = y = 0

d) determinado e x = – y ≠ 0

e) impossível

63) **(CN)** Dado o sistema $S: \begin{cases} 2x - ay = 6 \\ -3x + 2y = c \end{cases}$ nas variáveis x e y, pode-se afirmar que

a) existe a ∈ $\left]\frac{6}{5}, 2\right[$ tal que o sistema S não admite solução para qualquer número real c.

b) existe a ∈ $\left]\frac{13}{10}, \frac{3}{2}\right[$ tal que o sistema S não admite solução para qualquer número real c.

c) se a = $\frac{4}{3}$ e c = – 9, o sistema S não admite solução.

d) se a ≠ = $\frac{4}{3}$ e c = – 9, o sistema S admite infinitas soluções.

e) se a = $\frac{4}{3}$ e c = – 9, o sistema S admite infinitas soluções.

GABARITOS

1) D	2) $a \neq 4$	3) a = 5 e b = − 6	4) A	5) A	6) A
7) E	8) D	9) C	10) $k \neq -6$	11) D	12) A
13) C	14) A	15) E	16) C	17) C	18) A
19) A	20) B	21) a = 12 e b = − 20	22) C	23) C	24) A
25) E	26) D	27) D	28) C	29) C	30) k = 6
31) D	32) E	33) m = 1	34) A	35) k = − 9/16	36) a = 4
37) D	38) B	39) D	40) A	41) A	42) D
43) C	44) m = 2	45) D	46) D	47) C	48) E
49) A	50) A	51) A	52) B	53) D	54) A
55) D	56) D	57) E	58) A	59) D	60) B
61) E	62) E	63) E			

Capítulo 06

Discussão da Equação do 2º Grau

I) Introdução:

- A equação do 2º grau possui a forma $ax^2 + bx + c = 0$, sendo ***a***, ***b*** e ***c*** números reais e $a \neq 0$.

- Os números ***a***, ***b*** e ***c*** são chamados de coeficientes e ***x*** é chamado de incógnita.

- Na equação do 2º grau, o maior expoente da incógnita é igual a 2.

Exemplo: Determine os coeficientes ***a***, ***b*** e ***c*** nas equações do 2º grau abaixo:

a) $3x^2 + x + 6 = 0$ (a = 3, b = 1, c = 6)

b) $x^2 + 7x + 12 = 0$ (a = 1, b = 7, c = 12)

c) $-x^2 + 9x + 8 = 0$ (a = – 1, b = 9, c = 8)

d) $4x^2 - 5x = 0$ (a = 4, b = – 5, c = 0)

e) $-11x^2 - 20 = 0$ (a = – 11, b = 0, c = – 20)

f) $15x^2 = 0$ (a = 15, b = 0, c = 0)

EXERCÍCIOS

1) **(INSTITUTO EXCELÊNCIA)** Toda equação que pode ser escrita na forma $ax^2 + bx + c = 0$, com $a \neq 0$, recebe o nome de:

a) Equação de 1º grau

b) Equação de 2º grau

c) Equação de 3º grau

d) Nenhuma das alternativas

Resolução:

A equação do 2º grau possui a forma $ax^2 + bx + c = 0$, com $a \neq 0$.

GABARITO: B

2) **(EsSA)** A equação $(m^2 - 1)x^2 + 4mx + 3 = 0$ será do 2º grau, somente se:

a) $m = \pm 1$ b) $m = 1$ c) $m = -1$ d) $m \neq \pm 1$

Resolução:

$m^2 - 1 \neq 0 \Rightarrow m^2 \neq 1 \Rightarrow m \neq \pm\sqrt{1} \Rightarrow m \neq \pm 1$

GABARITO: D

II) Equação do 2º grau completa e incompleta

- As equações do 2º grau podem ser classificadas como completas e incompletas.

1. Equação do 2º grau completa

- Uma equação do 2º grau é chamada de completa quando **$a \neq 0$, $b \neq 0$ e $c \neq 0$**.

Exemplos:

a) $x^2 + 6x + 5 = 0$ ($a = 1$, $b = 6$, $c = 5$)

b) $-2x^2 + 11x - 13 = 0$ ($a = -2$, $b = 11$, $c = -13$)

2. Equação do 2º grau incompleta

- Uma equação do 2º grau é chamada de incompleta quando ocorrer um dos casos abaixo:

1º CASO: *Equação incompleta em **b** e **c** ($a \neq 0$, $b = 0$, $c = 0$)*
Exemplo: $2x^2 = 0$ ($a \neq 2$, $b = 0$, $c = 0$)

2º CASO: *Equação incompleta em **b** ($a \neq 0$, $b = 0$, $c \neq 0$)*
Exemplo: $2x^2 - 6 = 0$ ($a \neq 2$, $b = 0$, $c \neq -6$)

3º CASO: *Equação incompleta em **c** ($a \neq 0$, $b \neq 0$, $c = 0$)*
Exemplo: $x^2 + 9x = 0$ ($a \neq 1$, $b \neq 9$, $c = 0$)

III) Discussão da equação do 2º grau incompleta

1º CASO: *Equação incompleta em **b** e **c** ($a \neq 0$, $b = 0$, $c = 0$)*

- A equação do segundo grau possui a forma $ax^2 = 0$.

- Característica: Quando **$b = 0$** e **$c = 0$**, então a equação possui como solução **duas raízes reais nulas** ou **uma raiz dupla nula**.

EXERCÍCIOS

3) Determine o valor dos parâmetros **p**, **q** e **r** para que a equação $(p - 3)x^2 + (2q + 8)x + r - 7 = 0$ tenha raízes nulas.

Resolução:

- Coeficientes da equação do 2º grau: $a = p - 3$, $b = 2q + 8$ e $c = r - 7$

- Condição (raízes nulas): $a \neq 0$, $b = 0$, $c = 0$

• Se $a \neq 0$, então $p - 3 \neq 0 \therefore p \neq 3$

• Se $b = 0$, então $2q + 8 = 0 \therefore 2q = -8 \therefore q = -4$

• Se $c = 0$, então $r - 7 = 0 \therefore r = 7$

GABARITO: $p \neq 3$, $q = -4$ e $r = 7$

4) **(ESPCEX)** Determinar *m* e *p* de modo que sejam nulas as raízes da equação:
$m(x^2 - x + 1 + m) + px = x + 2$.

Resolução:

$m(x^2 - x + 1 + m) + px = x + 2$

$mx^2 - mx + m + m^2 + px = x + 2$

$mx^2 - mx + px - x + m + m^2 - 2 = 0$

$mx^2 + (-m + p - 1)x + m + m^2 - 2 = 0$

- Coeficientes da equação do 2º grau: $a = m$, $b = -m + p - 1$ e $c = m + m^2 - 2$

- Condição (raízes nulas): $a \neq 0,\ b = 0,\ c = 0$

• Se $a \neq 0$, então $m \neq 0$

• Se $b = 0$, então $-m + p - 1 = 0$

• Se $c = 0$, então $m^2 + m - 2 = 0 \therefore \begin{cases} m' = 1 \\ m'' = -2 \end{cases}$

Vamos substituir $m = 1$ e $m = -2$ na equação $-m + p - 1 = 0$, para encontrar o valor de p.

1º) Substituir **m = 1** na equação $-m + p - 1 = 0$.

$-m + p - 1 = 0$

$-1 + p - 1 = 0$

$p = 2$

2º) Substituir **m = – 2** na equação $-m + p - 1 = 0$.

$-m + p - 1 = 0$

$-(-2) + p - 1 = 0$

$2 + p - 1 = 0$

$p + 1 = 0$

$p = -1$

GABARITO: m = 1, p = 2 ou m = – 2, p = – 1

***2º CASO**: Equação incompleta em b ($a \neq 0,\ b = 0,\ c \neq 0$)*

- A equação do segundo grau possui a forma $ax^2 + c = 0$

- Característica: quando **b = 0**, então a equação possui como solução **duas raízes simétricas (opostas).**

I) Se **P < 0**, a equação possui **raízes reais e simétricas (opostas).**

II) Se **P > 0**, a equação possui **raízes imaginárias e simétricas (opostas).**

- **Produto das raízes** (P) = $\frac{c}{a}$

EXERCÍCIOS

5) Determine o valor do parâmetro m para que as raízes da equação $7x^2 + (m - 15)x + 1 = 0$ sejam simétricas.

Resolução:

- Coeficientes da equação do 2º grau: a = 7, b = m – 15 e c = 1.
- Condição (raízes simétricas): $a \neq 0,\ b = 0,\ c \neq 0$

• Se b = 0, então $m - 15 = 0 \therefore m = 15$

GABARITO: m = 15

6) **(CONSULPLAN)** Para que as raízes da equação $x^2 - 2(m + 1)x + m - 2 = 0$ sejam simétricas, m deve ser igual a:

a) – 2 b) – 1 c) 0 d) 1 e) 2

Resolução:

- Coeficientes da equação do 2º grau: a = 1, b = – 2m – 2 e c = m – 2.
- Condição (raízes simétricas): $a \neq 0,\ b = 0,\ c \neq 0$

• Como b = 0, então temos o seguinte:

$-2m - 2 = 0$

$2m = -2$

$m = \frac{(-2)}{2}$

$m = -1$

GABARITO: B

7) **(EEAR)** A equação $x^2 + px + q = 0$ tem raízes reais simétricas e não nulas. Pode-se afirmar que

a) $p = 0$ e $q < 0$ b) $p < 0$ e $q < 0$ c) $p > 0$ e $q = 0$ d) $p \neq 0$ e $q \neq 0$

Resolução:

- Coeficientes da equação do 2º grau: a = 1, b = p e c = q.
- Condição (raízes reais e simétricas): $a \neq 0,\ b = 0,\ c \neq 0$ e $P < 0$

• Se b = 0, então p = 0.

• Se $\frac{c}{a} < 0$, então $\frac{q}{1} < 0 \therefore q < 0$

GABARITO: A

8) Encontre m e n, para que a equação $x^2 + (m - 6)x + n - 10 = 0$ tenha raízes reais e simétricas.

Resolução:

- Coeficientes da equação do 2º grau: $a = 1$, $b = m - 6$ e $c = n - 10$
- Condição (raízes reais e simétricas): $a \neq 0$, $b = 0$, $c \neq 0$ e $P < 0$

• Se $b = 0$, então $m - 6 = 0 \therefore m = 6$

• Se $\frac{c}{a} < 0$, então $\frac{n - 10}{1} < 0 \therefore n < 10$

GABARITO: m = 6 e n < 10

9) Determine m e k, de modo que a equação $x^2 + (2k - 4)x - 2m + 8 = 0$ tenha raízes imaginárias e simétricas.

Resolução:

- Coeficientes da equação do 2º grau: $a = 1$, $b = 2k - 4$ e $c = -2m + 8$
- Condição (raízes imaginárias e simétricas): $a \neq 0$, $b = 0$, $c \neq 0$ e $P > 0$

• Se $b = 0$, então $2k - 4 = 0 \therefore k = 2$

• Se $\frac{c}{a} > 0$, então $\frac{-2m+8}{1} > 0 \therefore m < 4$

GABARITO: k = 2 e m < 4

***3º CASO**: Equação incompleta em **c** (**a ≠ 0, b ≠ 0, c = 0**)*

- A equação do segundo grau possui a forma $ax^2 + bx = 0$
- Característica: quando **c = 0**, então a equação do 2º grau possui como solução **uma de suas raízes nula (igual a zero)**.

I) Se **S > 0**, a equação possui **uma raiz nula e outra positiva.**

II) Se **S < 0**, a equação possui **uma raiz nula e outra negativa.**

- **Soma das raízes (S)** = $-\frac{b}{a}$

EXERCÍCIOS

10) Determine t de modo que a equação $3x^2 + 11x + t - 9 = 0$ tenha uma raiz nula.

Resolução:

- Coeficientes da equação do 2º grau: $a = 3$, $b = 11$ e $c = t - 9$
- Condição (uma raiz nula): $a \neq 0$, $b \neq 0$, $c = 0$

• Se $c = 0$, então $t - 9 = 0 \therefore t = 9$

GABARITO: t = 9.

11) **(EsSA)** Para que a equação $8x^2 - 3x + p = 0$ tenha raiz nula, é preciso que:

a) p = 1 b) p = 8/3 c) p = 0 d) p = 3/8 e) p = 11

Resolução:

- Coeficientes da equação do 2º grau: a = 8, b = – 3 e c = p
- Condição (uma raiz nula): $a \neq 0, b \neq 0, c = 0$

• Se c = 0, então p = 0.

GABARITO: C

12) Encontre m e p, de modo que a equação $x^2 + (3m + 15)x + 2p - 6 = 0$ tenha uma raiz nula e outra positiva.

Resolução:

- Coeficientes da equação do 2º grau: a = 1, b = 3m + 15 e c = 2p – 6
- Condição (uma raiz nula e outra positiva): $a \neq 0, b \neq 0, c = 0$ e $S > 0$

• Se c = 0, então $2p - 6 = 0 \therefore p = 3$

• Se $\frac{-b}{a} > 0$, então $\frac{-(3m+15)}{1} > 0 \therefore m < -5$

GABARITO: p = 3 e m < – 5

13) **(EEAR)** Para que a equação $x^2 + mx + m^2 - m - 12 = 0$ tenha uma raiz nula e outra positiva, o valor de m, deve ser

a) – 4 b) – 3 c) 4 d) 3

Resolução:

- Coeficientes da equação do 2º grau: a = 1, b = m e c = $m^2 - m - 12$
- Condição (uma raiz nula e outra positiva): $a \neq 0, b \neq 0, c = 0$ e $S > 0$

• Se c = 0, então $m^2 - m - 12 = 0 \therefore \begin{cases} m' = -3 \\ m'' = 4 \end{cases}$

• Se $\frac{-b}{a} > 0$, então $\frac{-m}{1} > 0 \therefore m < 0$

- Como m < 0, então m = – 3.

GABARITO: B

14) Determine n e p, para que a equação $x^2 - (n + 9)x - p + 7 = 0$ tenha uma raiz nula e outra negativa.

Resolução:

- Coeficientes da equação do 2º grau: $a = 1$, $b = -n - 9$ e $c = -p + 7$
- Condição (uma raiz nula e outra negativa): $a \neq 0,\ b \neq 0,\ c = 0$ e $S < 0$

• Se $c = 0$, então $-p + 7 = 0 \therefore p = 7$

• Se $\frac{-b}{a} < 0$, então $\frac{-(-n-9)}{1} < 0 \therefore n < -9$

GABARITO: p = 7 e n < – 9

IV) Discussão da equação do 2º grau completa

- Sendo a equação do 2º grau $ax^2 + bx + c = 0$ ($a \in \mathbb{R}^*$, $b \in \mathbb{R}$ e $c \in \mathbb{R}$), a fórmula de Báskara $\left(x = \frac{-b \pm \sqrt{\Delta}}{2 \cdot a}\right)$ e o discriminante Δ $(\Delta = b^2 - 4 \cdot a \cdot c)$, temos que:

CLASSIFICAÇÃO	CONDIÇÃO
A equação do 2º grau **admite duas raízes reais**	$\Delta \geq 0$
A equação do 2º grau **admite duas raízes reais e desiguais** $(x_1 \neq x_2)$	$\Delta > 0$
A equação do 2º grau **admite duas raízes reais e iguais** ou **admite raiz real dupla** ou **admite apenas uma raiz real** $(x_1 = x_2)$	$\Delta = 0$
A equação do 2º grau **não admite raízes reais** ou **admite raízes imaginárias (complexas)**	$\Delta < 0$

Exemplo: Resolva as equações do 2º grau abaixo, sendo $U = \mathbb{R}$.

a) $x^2 - 7x + 12 = 0$ ($a = 1$, $b = -7$, $c = 12$)

$\Delta = b^2 - 4 \cdot a \cdot c$

$\Delta = (-7)^2 - 4 \cdot 1 \cdot 12 = 49 - 48 = 1$

$x = \frac{-b \pm \sqrt{\Delta}}{2 \cdot a}$ **(fórmula de Báskara)**

$x = \frac{-(-7) \pm \sqrt{1}}{2 \cdot 1}$

$$x = \frac{7 \pm 1}{2} \therefore \begin{cases} x_1 = \frac{7+1}{2} = 4 \\ x_2 = \frac{7-1}{2} = 3 \end{cases}$$

Como $\Delta = 1$ $(\Delta > 0)$, então a equação do 2º grau admite **duas raízes reais e desiguais**, ou seja, $x_1 = 4$ e $x_2 = 3$.

Logo, $V = \{4, 3\}$

b) $x^2 - 6x + 9 = 0$ (a = 1, b = – 6, c = 9)

$\Delta = b^2 - 4 . a . c$

$\Delta = (-6)^2 - 4 . 1 . 9 = 36 - 36 = 0$

$x = \frac{-b \pm \sqrt{\Delta}}{2 . a}$ **(fórmula de Báskara)**

$x = \frac{-(-6) \pm \sqrt{0}}{2 . 1}$

$x = \frac{6 \pm 0}{2} \therefore \begin{cases} x_1 = \frac{6+0}{2} = 3 \\ x_2 = \frac{6-0}{2} = 3 \end{cases}$

Como Δ = 0, então a equação do 2º grau admite **duas raízes reais e iguais**, ou seja, $x_1 = x_2 = 3$.

Logo, V = {1}

c) $x^2 + 4x + 5 = 0$ (a = 1, b = 4, c = 5)

$\Delta = b^2 - 4 . a . c$

$\Delta = 4^2 - 4 . 1 . 5 = 16 - 20 = -4$

$x = \frac{-b \pm \sqrt{\Delta}}{2 . a}$ **(fórmula de Báskara)**

$x = \frac{-3 \pm \sqrt{-7}}{2 . 1}$

Como Δ = – 4 (Δ < 0), então a equação do 2º grau **não admite raízes reais**, uma vez que os números negativos não possuem raiz quadrada real.

Logo, V = ∅

EXERCÍCIOS

15) **(EsSA)** A função $x^2 - 6x + 8$ tem para valor do Δ (discriminante):

a) – 2   b) 2   c) – 4   d) 4

Resolução:

Em $x^2 - 6x + 8$, temos que a = 1, b = – 6 e c = 8.

O discriminante Δ pode ser calculado através da fórmula $\Delta = b^2 - 4 . a . c$

Assim, temos que $\Delta = b^2 - 4 . a . c = (-6)^2 - 4 . 1 . 8 = 36 - 32 = 4$

GABARITO: D

16) **(FAUEL)** Quantas soluções possui a equação $4x^2 - 4x = -1$?

a) Zero b) Uma c) Duas d) Três

Resolução:

$4x^2 - 4x = -1$

$4x^2 - 4x + 1 = 0 \begin{cases} a = 4 \\ b = -4 \\ c = 1 \end{cases}$

Para determinar o número de soluções/raízes, basta calcular o valor de Δ.

$\Delta = b^2 - 4 . a . c$

$\Delta = (-4)^2 - 4 . 4 . 1$

$\Delta = 16 - 16$

$\Delta = 0$ (a equação possui **uma única raiz** ou **duas raízes reais e iguais** ou raiz real dupla).

GABARITO: B

17) **(CRESCER CONCURSOS)** Dada a equação do segundo grau $2x^2 + 4x + m = 0$, determine o valor de m para que suas raízes sejam reais e diferentes.

a) $m < 2$ b) $m < -2$ c) $m > 2$ d) $m < -2$

Resolução:

- Na equação do 2º grau $2x^2 + 4x + m = 0$, temos que: $\begin{cases} a = 2 \\ b = 4 \\ c = m \end{cases}$

- Raízes reais e iguais $\rightarrow \Delta > 0$

$b^2 - 4 . a . c > 0$

$4^2 - 4 . 2 . m > 0$

$16 - 8m > 0$

$-8m > -16 \quad x(-1)$

$8m < 16$

$m < 16/8$

$m < 2$

GABARITO: A

18) **(IMPARH)** Sabendo que a equação do 2º grau $mx^2 + 4x + 2 = 0$, tem raízes reais e iguais, podemos assumir que o valor de m é:

a) 1 b) 2 c) 3 d) 4

Resolução:

- Na equação do 2º grau $mx^2 + 4x + 2 = 0$, temos que: $\begin{cases} a = m \\ b = 4 \\ c = 2 \end{cases}$

- Raízes reais e iguais → $\Delta = 0$

$b^2 - 4 \cdot a \cdot c = 0$

$4^2 - 4 \cdot m \cdot 2 = 0$

$16 - 8m = 0$

$8m = 16$

$m = 16/8$

$m = 2$

GABARITO: B

19) **(EPCAR)** Qual a condição para que as raízes da equação $mx^2 + nx + p = 0$ sejam imaginárias?

Resolução:

- Na equação do 2º grau $mx^2 + nx + p = 0$, temos que: $\begin{cases} a = m \\ b = n \\ c = p \end{cases}$

- Raízes imaginárias → $\Delta < 0$

$b^2 - 4 \cdot a \cdot c < 0$

$n^2 - 4 \cdot m \cdot p < 0$

$n^2 - 4mp < 0$

$n^2 < 4mp$

GABARITO: $n^2 < 4mp$

V) Discussão da natureza e dos sinais das raízes da equação completa do 2º grau

- Sendo o discriminante **Δ** ($\Delta = b^2 - 4 . a . c$), **S** a soma das raízes da equação do 2º grau $\left(S = -\frac{b}{a}\right)$ e **P** o produto das raízes da equação do 2º grau $\left(P = \frac{c}{a}\right)$, temos que:

CLASSIFICAÇÃO	CONDIÇÃO
A equação do 2º grau admite raízes distintas e de mesmo sinal	**$\Delta > 0$, $P > 0$**
A equação do 2º grau admite duas raízes reais, desiguais e positivas	**$\Delta > 0$, $S > 0$, $P > 0$**
A equação do 2º grau admite duas raízes reais, desiguais e negativas	**$\Delta > 0$, $S < 0$, $P > 0$**
A equação do 2º grau admite duas raízes reais, desiguais e de sinais contrários, sendo a de maior módulo positiva (menor módulo negativa)	**$\Delta > 0$, $S > 0$, $P < 0$**
A equação do 2º grau não admite raízes reais, desiguais e de sinais contrários, sendo a de maior módulo negativa (menor módulo positiva)	**$\Delta > 0$, $S < 0$, $P < 0$**
A equação do 2º grau admite uma raiz nula e outra positiva	**$\Delta > 0$, $S > 0$, $P = 0$**
A equação possui uma raiz nula e outra negativa	**$\Delta > 0$, $S < 0$, $P = 0$**
A equação do 2º grau admite raízes reais, iguais e positivas	**$\Delta = 0$, $S > 0$, $P > 0$**
A equação do 2º grau não admite raízes reais, iguais e negativas	**$\Delta = 0$, $S < 0$, $P > 0$**

EXERCÍCIOS

20) Determine o valor do parâmetro “q”, para que a equação $x^2 + 2x + q = 0$ admita duas raízes reais, desiguais (distintas) e de mesmo sinal.

Resolução:

Condição para que a equação do 2º grau tenha duas raízes reais, desiguais (distintas) e de mesmo sinal $\rightarrow$ **$\Delta > 0$, $P > 0$**

$x^2 + 2x + q = 0 = 0$ temos $\begin{cases} a = 1 \\ b = 2 \\ c = q \end{cases}$

I) $\Delta > \mathbf{0}$

Sabemos que $\boldsymbol{\Delta} = \mathbf{b^2} - \mathbf{4ac}$. Assim, temos o seguinte:

$2^2 - 4 \,.\, 1 \,.\, q > 0$

$4 - 4q > 0$

$-4q > -4 \quad x(-1)$

$4q < 4$

$q < \frac{4}{4}$

$q < 1$

II) **P > 0**

Produto das raízes (P) = $\frac{c}{a} = \frac{q}{1} = q$

Como P > 0, então q > 0.

Para encontrar a solução do exercício, devemos fazer a interseção dos itens (I) e (II).

Logo, 0 < q < 1.

GABARITO: 0 < q < 1.

21) Determine o valor do parâmetro "p", para que a equação $x^2 - 4x + p + 2 = 0$ tenha duas raízes reais, desiguais e positivas.

Resolução:

Condição para que a equação do 2º grau tenha raízes reais, desiguais e positivas → $\Delta > \mathbf{0}$, **S > 0**, **P >**

$x^2 - 4x + p + 2 = 0$ temos $\begin{cases} a = 1 \\ b = -4 \\ c = p + 2 \end{cases}$

I) $\Delta > \mathbf{0}$

Sabemos que $\boldsymbol{\Delta} = \mathbf{b^2} - \mathbf{4ac}$. Assim, temos o seguinte:

$(-4)^2 - 4 \,.\, 1 \,.\, (p + 2) > 0$

$16 - 4(p + 2) > 0$

$16 - 4p - 8 > 0$

$8 - 4p > 0$

$-4p > -8 \quad x(-1)$

$4p < 8$

$p < \frac{8}{4}$

$p < 2$

II) **S > 0**

Soma das raízes (S) = $-\frac{b}{a} = -\frac{(-4)}{1} = 4$

III) **P > 0**

Produto das raízes (P) = $\frac{c}{a} = \frac{p+2}{1} = p + 2$

$p + 2 > 0$

$p > -2$

Observe que no item (II) a soma das raízes é 4, ou seja, atende a condição pois é maior que zero. Assim, para encontrar a solução do exercício, devemos levar em consideração os itens (I) e (III), isto é, a solução será a interseção entre $p < 2$ e $p > -2$.

Logo, $-2 < p < 2$.

<u>GABARITO</u>: $-2 < p < 2$

22) Determine o valor do parâmetro "r", para que a equação $2x^2 + 3x + r = 0$ tenha duas raízes reais, desiguais e negativas.

<u>Resolução</u>:

Condição para que a equação do 2° grau tenha raízes reais, desiguais e negativas → **Δ > 0**, **S < 0**, **P > 0**

$2x^2 + 3x + r = 0$ temos $\begin{cases} a = 2 \\ b = 3 \\ c = r \end{cases}$

I) **Δ > 0**

Sabemos que **Δ = b^2 – 4ac**. Assim, temos o seguinte:

$3^2 - 4 \cdot 2 \cdot r > 0$

$9 - 8r > 0$

$-8r > -9 \qquad x(-1)$

$8r < 9$

$r < \frac{9}{8}$

II) **S < 0**

Soma das raízes (S) = $-\frac{b}{a} = -\frac{3}{2} = -1{,}5$

III) **P > 0**

Produto das raízes (P) = $\frac{c}{a} = \frac{r}{2}$

$\frac{r}{2} > 0$ x 2 (multiplicar por 2)

$r > 0$

Observe que no item (II) a soma das raízes é – 1,5, ou seja, atende a condição uma vez que é menor que zero.

Para encontrar a solução do exercício, devemos fazer a interseção entre os itens (I) e (III), isto é, $r < \frac{9}{8}$ e $r > 0$.

Logo, $0 < r < \frac{9}{8}$

<u>GABARITO</u>: $0 < r < \frac{9}{8}$

23) Determine o valor do parâmetro "m", para que a equação $-3x^2 + 4x - 3m + 2 = 0$ admita duas raízes reais, desiguais e de sinais contrários, sendo a de maior módulo positiva (menor módulo negativa).

<u>Resolução</u>:

Condição para que a equação do 2º grau tenha duas raízes reais, desiguais e de sinais contrários, sendo a raiz de maior módulo positiva (raiz de menor módulo negativa) → **Δ > 0**, **S > 0**, **P < 0**

$-3x^2 + 4x - 3m + 2 = 0$ temos $\begin{cases} a = -3 \\ b = 4 \\ c = -3m + 2 \end{cases}$

I) **Δ > 0**

Sabemos que $\boldsymbol{\Delta = b^2 - 4ac}$. Assim, temos o seguinte:

$4^2 - 4 \cdot (-3) \cdot (-3m + 2) > 0$

$16 + 12 \cdot (-3m + 2) > 0$

$16 - 36m + 24 > 0$

$-36m + 40 > 0$

$-36m > -40$ x (– 1)

$36m < 40$

$m < 40/36$

$m < \frac{10}{9}$

II) **S > 0**

Soma das raízes (S) = $-\frac{b}{a} = -\frac{4}{(-3)} = \frac{4}{3}$

III) **P < 0**

Produto das raízes (P) = $\frac{c}{a}$ = $\frac{(-3m+2)}{(-3)}$

$\frac{(-3m+2)}{(-3)}$ < 0 (vamos passar o sinal negativo para o numerador)

$\frac{3m-2}{3}$ < 0

$\frac{3m-2}{3/_1}$ < $\frac{0}{1/_3}$ mmc (1, 3) = 3

3m – 2 < 0

3m < 2

m < $\frac{2}{3}$

Observe que no item (II) a soma das raízes é $\frac{4}{3}$, ou seja, atende a condição uma vez que é maior que zero.

Para encontrar a solução do exercício, devemos fazer a interseção dos itens (I) e (III), ou seja, entre m < $\frac{10}{9}$ e m < $\frac{2}{3}$. Assim, m < $\frac{2}{3}$

<u>**GABARITO**</u>: m < $\frac{2}{3}$

24) Determine o valor do parâmetro "n", para que a equação (n – 2)x² + 2x – 1 = 0 admita duas raízes reais, desiguais e de sinais contrários, sendo a de maior módulo negativa (menor módulo positiva).

Resolução:

Condição para que a equação do 2º grau tenha duas raízes reais, desiguais e de sinais contrários, sendo a raiz de maior módulo negativa (raiz de menor módulo positiva) → **Δ > 0**, **S < 0**, **P < 0**

(n – 2)x^2 + 2x – 1 = 0 = 0 temos $\begin{cases} a = n - 2 \\ b = 2 \\ c = -1 \end{cases}$

I) **Δ > 0**

Sabemos que **Δ = b^2 – 4ac**. Assim, temos o seguinte:

2^2 – 4 . (n – 2) . (– 1) > 0

4 + 4 . (n – 2) > 0

4 + 4n – 8 > 0

4n – 4 > 0

4n > 4

n > $\frac{4}{4}$

n > 1

II) **S < 0**

Soma das raízes (S) = $-\frac{2}{n-2} = \frac{-2}{n-2}$

Observe que a soma deve ser negativa, isto é, menor que zero.

Na fração $\frac{-2}{n-2}$, que representa a soma das raízes, o numerador é negativo. Como a soma deve ser negativa, então o denominador (n – 2) deve ser positivo.

$n - 2 > 0$

$n > 2$

III) **P < 0**

Produto das raízes (P) = $\frac{c}{a} = \frac{-1}{n-2}$

Observe que o produto deve ser negativo, isto é, menor que zero.

Na fração $\frac{-1}{n-2}$, que representa o produto das raízes, o numerador é negativo. Como o produto deve ser negativo, então o denominador (n – 2) deve ser positivo.

$n - 2 > 0$

$n > 2$

Para encontrar a solução do exercício, devemos fazer a interseção dos itens (I) , (II) e (III).

Logo, $n > 2$

GABARITO: $n > 2$

25) Determine os parâmetros “p” e “q”, para que a equação $x^2 + (2p - 8)x + 4q + 12 = 0$ tenha uma raiz nula e outra positiva.

Resolução:

Condição para que a equação do 2º grau tenha uma raiz nula e outra positiva → **Δ > 0**, **S > 0**, **P = 0**

$x^2 + (2p - 8)x + 4q + 12 = 0$ temos $\begin{cases} a = 1 \\ b = 2p - 8 \\ c = 4q + 12 \end{cases}$

I) **Δ > 0**

Como temos dois parâmetros (“p” e “q”) então não iremos utilizar **Δ > 0**, pois não será possível calcular o valor de nenhum destes parâmetros.

II) **S > 0**

Soma das raízes (S) = $-\frac{(2p-8)}{1} = -2p + 8$

Assim, temos o seguinte:

$-2p + 8 > 0$

$-2p > -8 \quad x(-1)$

$2p < 8$

$p < \frac{8}{2}$

$p < 4$

III) **P = 0**

Produto das raízes (P) = $\frac{c}{a} = \frac{4q+12}{1} = 4q + 12$

Logo, temos o seguinte:

$4q + 12 = 0$

$4q = -12$

$q = -\frac{12}{4}$

$q = -3$

Assim, temos que $p < 4$ e $q = -3$.

GABARITO: $p < 4$ e $q = -3$.

26) Determine os parâmetros "m" e "n", para que a equação $x^2 + (m-4)x + 2n - 10 = 0$ tenha uma raiz nula e outra negativa.

Resolução:

Condição para que a equação do 2º grau tenha uma raiz nula e outra negativa → **Δ > 0**, **S < 0**, **P = 0**

$x^2 + (m-4)x + 2n - 10 = 0$ temos $\begin{cases} a = 1 \\ b = m - 4 \\ c = 2n - 10 \end{cases}$

I) **Δ > 0**

Como temos dois parâmetros ("m" e "n") então não iremos utilizar **Δ > 0**, pois não será possível calcular o valor de nenhum destes parâmetros.

II) **S < 0**

Soma das raízes (S) = $-\frac{(m-4)}{1} = -m + 4$

Assim, temos o seguinte:

$-m + 4 < 0$

$-m < -4 \quad x(-1)$

$m > 4$

III) **P = 0**

Produto das raízes (P) = $\frac{c}{a} = \frac{2n-10}{1} = 2n - 10$

Logo, temos o seguinte:

$2n - 10 = 0$

$2n = 10$

$n = 10/2$

$n = 5$

Assim, temos que $m > 4$ e $n = 5$.

GABARITO: $m > 4$ e $n = 5$.

27) Determine o valor do parâmetro "r", para que a equação $(r-1)^2 - 3rx + 2r + 5 = 0$ tenha raízes reais, iguais e positivas.

Resolução:

Condição para que a equação do 2º grau tenha raízes reais, iguais e positivas → **$\Delta = 0$, S > 0, P > 0**

$(r-1)x^2 + -3rx + 2r + 5 = 0$ temos $\begin{cases} a = r - 1 \\ b = -3r \\ c = 2r + 5 \end{cases}$

I) **$\Delta = 0$**

Sabemos que **$\Delta = b^2 - 4ac$**. Assim, temos o seguinte:

$(-3r)^2 - 4 \cdot (r-1) \cdot (2r+5) = 0$

$9r^2 - 4 \cdot (2r^2 + 5r - 2r - 5) = 0$

$9r^2 - 4 \cdot (2r^2 + 3r - 5) = 0$

$9r^2 - 8r^2 - 12r + 20 = 0$

$r^2 - 12r + 20 = 0 \begin{cases} a = 1 \\ b = -12 \\ c = 20 \end{cases}$

$\Delta = b^2 - 4ac$

$\Delta = (-12)^2 - 4 \cdot 1 \cdot 20$

$\Delta = 144 - 80$

$\Delta = 64$

$r = \frac{-b \pm \sqrt{\Delta}}{2\ .\ a}$ **(fórmula de Báskara)**

$r = \frac{-(-12) \pm \sqrt{64}}{2\ .\ 1}$

$r = \frac{12 \pm 8}{2} \therefore \begin{cases} r_1 = \frac{12+8}{2} = 10 \\ r_2 = \frac{12-8}{2} = 2 \end{cases}$

Vamos substituir r = 10 e r = 2 na equação do 2º grau $(r - 1)x^2 + - 3rx + 2r + 5 = 0$.

1º) r = 10

$(r - 1)x^2 + - 3rx + 2r + 5 = 0$

$(10 - 1)x^2 - 3\ .\ 10\ .\ x + 2\ .\ 10 + 5 = 0$

$9x^2 - 30x + 25 = 0 \begin{cases} a = 9 \\ b = -30 \\ c = 25 \end{cases}$

II) S > 0

<u>Soma das raízes</u> (S) = $-\frac{b}{a} = -\frac{(-30)}{9} = \frac{10}{3}$ (Observe que a soma é maior que zero e atende a condição).

III) **P > 0**

Produto das raízes (P) = $\frac{c}{a} = \frac{25}{9} = 9$ (Observe que o produto é maior que zero e atende a condição).

2º) r = 2

$(r - 1)x^2 + - 3rx + 2r + 5 = 0$

$(2 - 1)x^2 - 3\ .\ 2\ .\ x + 2\ .\ 2 + 5 = 0$

$x^2 - 6x + 9 = 0 \begin{cases} a = 1 \\ b = -6 \\ c = 9 \end{cases}$

II) S > 0

<u>Soma das raízes</u> (S) = $-\frac{b}{a} = -\frac{(-6)}{1} = 6$ (Observe que a soma é maior que zero e atende a condição).

III) **P > 0**

Produto das raízes (P) = $\frac{c}{a} = \frac{9}{1} = 9$ (Observe que o produto é maior que zero e atende a condição).

Como r = 10 e r = 2 atendem as condições da soma e do produto, então temos que "r" pode assumir estes dois valores.

<u>GABARITO</u>: r = 10 ou r = 2.

28) Determine o valor do parâmetro "n", para que a equação $2x^2 + 3x + n = 0$ tenha raízes reais, iguais e negativas.

Resolução:

Condição para que a equação do 2º grau tenha raízes reais, iguais e positivas → $\Delta = 0$, **S < 0**, **P > 0**

$2x^2 + 3x + n = 0$ temos $\begin{cases} a = 2 \\ b = 3 \\ c = n \end{cases}$

I) $\mathbf{\Delta = 0}$

Sabemos que $\mathbf{\Delta = b^2 - 4ac}$. Assim, temos o seguinte:

$3^2 - 4 \cdot 2 \cdot n = 0$

$9 - 8n = 0$

$9 = 8n$

$8n = 9$

$n = \frac{9}{8}$

Vamos substituir $n = \frac{9}{8}$ na equação do 2º grau $2x^2 + 3x + n = 0$, ou seja, $2x^2 + 3x + \frac{9}{8} = 0$

II) S < 0

Soma das raízes (S) = $-\frac{b}{a} = -\frac{3}{2} = -1{,}5$ (Observe que a soma é menor que zero e atende a condição).

III) **P > 0**

Produto das raízes (P) $= \frac{c}{a} = \frac{\frac{9}{8}}{2} = \frac{9}{8} \times \frac{1}{2} = \frac{9}{16}$ (Observe que o produto é maior que zero e atende a condição).

Como $n = \frac{9}{8}$ atende a condição da soma e do produto, então temos que "n" pode assumir este valor.

GABARITO: $n = \frac{9}{8}$

A seguir, faremos uma bateria de exercícios de todo conteúdo estudado neste capítulo.

EXERCÍCIOS

29) **(OBJETIVA)** Considerando-se equações do 2º grau, numerar a 2ª coluna de acordo com a 1ª e, após, assinalar a alternativa que apresenta a sequência CORRETA.

(1) É equação do 2º grau.

(2) Não é equação do 2º grau.

( ) $x^2 + 1 = 0$

( ) $x^2 + x = -5 + x^2$

( ) $x^2 + 9 = x(x - 3)$

a) 2 – 2 – 1
b) 1 – 2 – 1
c) 2 – 1 – 1
d) 1 – 2 – 2

30) **(CONSULPLAN)** Uma das raízes da equação $x^2 + 3x + c = 0$ é também raiz da equação $4x - 12 = 0$. Assim, o valor de "c" é um número:

a) Positivo e menor que 6.
b) Positivo e maior que 10.
c) Negativo e maior que – 15.
d) Negativo e menor que – 12.

31) **(CONSULPLAN)** A menor raiz da equação $x^2 + 3x - 4 = 0$ também é raiz da equação $2x + b = 0$. Assim, b é igual a:

a) 4
b) – 2
c) – 4
d) 8

32) **(INSTITUTO EXCELÊNCIA)** Considerando-se a equação genérica $ax^2 + bx + c = 0$, a fórmula que permite calcular as suas raízes é a fórmula:

a) De definição
b) Bhaskara
c) Equação
d) Nenhuma das alternativas

33) **(INSTITUTO EXCELÊNCIA)** O polinômio $P(x) = ax^2 + bx + c$, com a, b e c reais não negativos, trata-se de um polinômio de grau 2. Sabe-se que existem algumas técnicas para encontrar as raízes dessa função. Uma das técnicas mais usadas dentre as alternativas é:

a) Fórmula de Bhaskara
b) Lei de Hooke
c) Fórmula de Sturges
d) Fórmula de Reynolds
e) Nenhuma das alternativas

34) **(ETF)** Admita a equação $ax^2 + bx + c = 0$. Se você multiplicar $\underline{a}$, $\underline{b}$ e $\underline{c}$ por um mesmo número $\underline{m}$, as raízes desta equação:

a) não se alteram
b) ficam multiplicadas por $\underline{m}$
c) ficam divididas por $\underline{m}$
d) se anulam
e) aumentam de $\underline{m}$ unidades

35) Uma equação do segundo grau de coeficientes inteiros possui a maior de suas raízes igual a $5 + \sqrt{3}$ e possui para termo independente 66. Identifique o coeficiente de x.

a) – 30 b) – 22 c) – 10 d) 10 e) 88

36) **(CM – MANAUS)** Sejam **r** e **s** as raízes da equação do 2º grau $x^2 - 7x + 1 = 0$. É correto afirmar que:

a) $\sqrt{r} + \sqrt{s} = \sqrt{7}$

b) $\sqrt{r} + \sqrt{s} = \sqrt{5}$

c) $\sqrt{r} + \sqrt{s} = \sqrt{3}$

d) $\sqrt[4]{r} + \sqrt[4]{s} = \sqrt{3}$

e) $\sqrt[4]{r} + \sqrt[4]{s} = \sqrt{5}$

37) **(CM – FORTALEZA)** Sabendo que **a** é um número real que satisfaz a igualdade $a^2 - 6a - 2 = 0$, então, o valor de $(a^2 - 5)^2 - 10a(a^2 - 5) + 25a^2$ é

a) 10 b) 11 c) 12 d) 13 e) 14

38) Os números que satisfazem a equação $(x^2 - 8x + 15).(x^2 + 3x - 18) = 0$ são:

a) – 3, 5, 6 b) 3, 5, – 6 c) – 3, 3, 5, 6 d) – 3, 3, – 5, – 6 e) 1, 2, 3, 4

39) **(CM – SANTA MARIA)** Os organizadores dos Jogos Olímpicos disponibilizaram milhões de ingressos para venda durante as Olimpíadas de 2012. Considere que o número de ingressos **x** vendidos, em milhões, durante os jogos seja definido pela equação: $1 + (x^2 + x)(x^2 + 5x + 6) = 89^2$ Nessa equação **x** é inteiro e positivo, qual é o valor de $x(x + 3)$?

a) 87 b) 88 c) 89 d) 90 e) 91

40) **(CM – BELO HORIZONTE)** A soma de todas as raízes da equação $(x^2 + 5x - 1)^2 = 5x^2 + 25x - 5$ é igual a:

a) – 5 b) – 6 c) – 10 d) 10 e) 5

41) **(CN)** Qual é a soma dos valores reais de x que satisfazem a equação $x^2 - 3x + 1 + (x^2 - 3x + 2)^{-1} = 1$?

a) 0 b) 1 c) 2 d) 3 e) 4

42) **(CN)** Multiplicando os valores reais distintos que resolvem a equação $(x^3 - 6x^2 + 12x - 4)^2 - 15(x^3 - 6x^2 + 12x - 4) + 36 = 0$, encontra-se, como resultado:

a) 4 b) 6 c) 9 d) 12 e) 18

43) **(CM – BELO HORIZONTE)** Considere a equação, na incógnita x, $9x^2 - 9mx + 10 = 0$. Se suas raízes são positivas e uma é o dobro da outra, então o valor de **m** é:

a) $-\sqrt{5}$ b) $\sqrt{5}$ c) $-\sqrt{2}$ d) $\sqrt{2}$ e) 2

44) **(EEAR)** Determine o valor de m de modo que uma das raízes da equação $x^2 - 6x + (m + 3) = 0$ seja igual ao quíntuplo da outra:

a) $m = 1$ b) $m = 2$ c) $m = 3$ d) $m = 4$

45) **(EPCAR)** Considere que x_1 e x_2 são as raízes da equação do segundo grau $(m - 2)x^2 + (m - 10)x = -16 + 2m$, na incógnita **x**, com $m \in \mathbb{R}$, $m \neq 2$ e $x_1 + x_2 = 7$

Seja B o valor da expressão $\dfrac{\left[m^2 - \left(\frac{m}{2}\right)^3\right] : \left[\frac{m \cdot 5}{(2^2)^m}\right]}{\sqrt[m]{\left[\frac{20m + \sqrt{16}}{(m^7 - m)^0}\right]^{-1}}}$

O número B

a) é primo

b) é irracional

c) é quadrado perfeito

d) tem 12 divisores naturais

46) **(CM – RIO DE JANEIRO)** A equação do segundo grau cujas raízes são iguais ao triplo do valor das raízes da equação $x^2 + bx + c = 0$ é

a) $x^2 + 3bx + 9c = 0$

b) $x^2 + 3bx + 3c = 0$

c) $\frac{x^2}{3} + 3bx + 9c = 0$

d) $3x^2 + 3bx + 3c = 0$

e) $3x^2 + 3bx + 9c = 0$

47) **(CM – JUIZ DE FORA)** Se as raízes reais **a** e **b** da equação polinomial do 2º grau $3x^2 + 2x + K = 0$ são tais que $a^2 + b^2 = 1$, então o valor de K é:

a) $-7/6$ b) $5/8$ c) $-5/6$ d) $6/7$

48) **(CM – BELO HORIZONTE)** Sendo **a** e **b** as raízes da equação $3x^2 - 6x + 2 = 0$, o valor de $\frac{a^3 - b^3}{a^2 - b^2}$ é:

a) ¼ b) ½ c) 1 d) 5/3 e) 5/8

49) **(CM – BRASÍLIA)** Em meados do século XIX, o matemático francês Jacques Phillipe Marie Binet (1786 – 1856) redescobriu uma fórmula que, aparentemente, era conhecida no século XVIII pelo matemático Leonhard Euler (1707 – 1783) e pelo matemático francês Abraham de Moivre (1667 – 1754). Ele mostrou que cada número F_n da Sequência de Fibonacci pode ser obtido por meio da fórmula $F_n = \frac{1}{\sqrt{5}}(r^{n+1} - s^{n+1})$, em que **r** e **s** (r > s) são as raízes da equação $x^2 = x + 1$. É correto afirmar que

a) r + s = – 1 b) r . s = 1 c) $r^2 + s^2 > 3$ d) $(r - s)^2 = 5$ e) $r^2 - s^2 < 2$

50) **(CM – JUIZ DE FORA)** Sendo **r** e **s** as raízes da equação $2x^2 - 5x + m = 3$ e considerando $\frac{1}{r} + \frac{1}{s} = \frac{4}{3}$, o valor de **m** é:

a) 27/4 b) – 4/3 c) ¾ d) 0

51) **(CM – BELO HORIZONTE)** Seja $ax^2 + bx + c = 0$ uma equação do 2º grau com os coeficientes **a**, **b** e **c** reais. Sejam $\mathbf{x_1}$ e $\mathbf{x_2}$ as raízes dessa equação, tais que $\frac{1}{x_1} + \frac{1}{x_2} = \frac{2-\sqrt{3}}{2+\sqrt{3}}$. O valor da razão $\frac{c}{b}$ é dado por:

a) $4\sqrt{3} + 7$ b) $-11\sqrt{3}$ c) $-4\sqrt{3} - 7$ d) $-4\sqrt{3} + 7$ e) $4\sqrt{3} - 7$

52) **(CM – CURITIBA)** Considere a equação do 2º grau $(k - 1)x^2 + \frac{x}{k} = k - 3$ na incógnita x. O valor de **k** de modo que a soma dos inversos das raízes seja igual a $-\frac{1}{2}$ é:

a) o elemento neutro do produto
b) o elemento neutro da soma
c) um múltiplo de 2
d) um múltiplo de 3
e) um múltiplo de 5

53) **(EsSA)** A soma dos inversos das raízes da equação do 2º grau $x^2 - 2(\alpha + 1)x + (\alpha + 3) = 0$ é igual a 4. Se nesta equação α é constante, podemos afirmar que α^2 é igual a:

a) 16 b) 1 c) 25 d) 9 e) 4

54) **(CM – PORTO ALEGRE)** Sejam C, M, P e A números reais que satisfazem as condições abaixo:

• $C^2 + 2 . C . M + M^2 + 2 . (C + M) + 1 = 0$;

• As raízes da equação $x^2 + x - 1 = 0$ são P e A.

Então, o valor numérico da expressão algébrica $C . P^2 + C . A^2 + M . P^2 + M . A^2$ é

a) – 5 b) – 3 c) 1 d) 3 e) 5

55) **(EAM)** Se a soma dos quadrados das raízes da equação $x^2 + px + 10 = 0$ é igual a 29, é correto afirmar que o valor de p^2 é um múltiplo de:

a) 2 b) 3 c) 5 d) 7 e) 9

56) **(CM – BELO HORIZONTE)** Considere a equação $2x^2 + x - 4 = 0$, com raízes $\mathbf{x_1}$ e $\mathbf{x_2}$. Logo, a soma $(x_1)^3 + (x_2)^3$ é igual a:

a) 25/8 b) – 25/8 c) – 1/8 d) 1/8 e) – 3/8

57) **(CM – JUIZ DE FORA)** Sendo **a** e **b** as raízes da equação $x^2 - 8x + 1 = 0$, o valor da expressão $\frac{1}{a^3} + \frac{1}{b^3}$ é:

a) $4 + \sqrt{15}$ b) 512 c) – 512 d) 488 e) $4 - \sqrt{15}$

58) **(CM – PORTO ALEGRE)** Sobre a equação de segundo grau $x^2 - 20x + 80 = 0$, considere as seguintes afirmações:

I – A média aritmética de suas raízes é igual a –10.

II – A soma dos cubos de suas raízes é igual a 3200.

III – A soma dos inversos multiplicativos de suas raízes é igual a ¼.

Está(ão) correta(s) apenas

a) I b) II c) III d) I e II e) II e III

59) **(CM – BELO HORIZONTE)** A equação $2x^2 - 11x + 12 = 0$, cujo conjunto solução está contido no conjunto dos números reais, é tal que:

a) a diferença entre as raízes pode ser igual a –5/2.

b) a soma dos quadrados de suas raízes pode ser igual a 25/4.

c) uma das raízes é igual ao dobro da outra.

d) não possui raízes reais.

e) a raiz quadrada do produto das raízes pode ser igual a $\sqrt{3}$

60) **(EPCAR)** Sejam **a** e **b**, $\{a, b\} \subset \mathbb{R}$, as raízes da equação $x^2 + 2\sqrt{3}x + 1 = 0$. É correto afirmar que $\left[\left(\frac{1}{a+b}\right)^{-ab}\right]^{a^2+b^2}$ é igual a

a) 12^2 b) 12^3 c) 12^5 d) 12^4

61) **(CM – JUIZ DE FORA)** As raízes da equação $2x^2 - 7x + 3 = 0$ são A e B (A > B). O valor da expressão $\sqrt{\frac{B^3+AB^2+A^3+A^2B}{A^4-B^4}}$, é:

a) $\frac{\sqrt{10}}{5}$ b) $\frac{2\sqrt{3}}{3}$ c) $\frac{\sqrt{3}}{4}$ d) $\frac{\sqrt{5}}{2}$

62) **(CM – BRASÍLIA)** *WhatsApp Messenger* é um aplicativo multiplataforma de mensagens instantâneas e chamada de voz para *smartphones*. Além de mensagens de texto, os usuários podem enviar imagens, vídeos e documentos em PDF, além de fazer ligações grátis por meio de uma conexão com a internet.

Disponível em https://pt.wikipedia.org/wiki/WhatsApp Acesso em 04/09/2016

Bruno enviou uma mensagem pelo *WhatsApp* para um amigo, que é professor de Matemática, solicitando a resposta correta para o seguinte problema:

"Considere a equação $x^2 - 2016x - 2016 = 0$, cujas raízes denotamos por **u** e **v**. Sabendo que $u^{2014} + v^{2014} = a$ e $u^{2015} + v^{2015} = b$, determine o valor de $u^{2016} + v^{2016}$ em função de a e b".

O professor respondeu a Bruno informando que a resposta correta era igual a

a) 2016 (a + b)
b) 2016 (a – b)
c) 2015 (a – b)
d) 2014 (a + b)
e) 2014 (a – b)

63) **(CM – BELO HORIZONTE)** Considerando que $\left(x + \frac{1}{x}\right)^2 = 5$, x > 0, então o valor de $x^3 + \frac{1}{x^3}$ é:

a) 0 b) $\sqrt{5}$ c) $-\sqrt{5}$ d) $-2\sqrt{5}$ e) $2\sqrt{5}$

64) **(CM – SALVADOR)** Se $\left(x + \frac{1}{x}\right)^2 = 3$, então $x^3 + \frac{1}{x^3}$ é igual a:

a) 0 b) 3 c) $\sqrt{3}$ d) $2\sqrt{3}$ e) $3\sqrt{3}$

65) Sendo o conjunto verdade pertencente aos números reais, determine o produto dos elementos desse conjunto, na equação $\frac{2}{x^2-9} + \frac{3}{x^2+5x+6} = \frac{1}{x^3-2x^2-9x+18}$

a) – 8/5
b) – 16/5
c) – 5/16
d) 16/5
e) 8/5

66) **(EPCAR)** Considere a equação (I) na incógnita **x** e a equação (II) na incógnita **y**, a seguir:

(I) $\frac{x}{m-n} - \frac{5m}{m+n} = \frac{2nx}{m^2-n^2}$, com $m^2 \neq n^2$

(II) $2y^2 + xy + 8 = 0$

O valor de **x** da equação (I) é substituído na equação (II). Se a equação (II), após esta substituição, possui conjunto solução distinto do conjunto vazio, então o conjunto mais amplo dos valores de **m** que atendem esta condição é

a) $\left\{m \in \mathbb{R} \,/\, m \leq -\frac{8}{5} \text{ ou } m \geq \frac{8}{5}\right\}$

b) $\left\{m \in \mathbb{R} \,/\, -\frac{8}{5} \leq m \leq \frac{8}{5}\right\}$

c) $\left\{m \in \mathbb{R} \,/\, m \geq \frac{8}{5}\right\}$

d) $\left\{m \in \mathbb{R} \,/\, m = \pm\frac{8}{5}\right\}$

67) **(EPCAR)** Considere as equações:

(I) $x^2 - bx + 15 = 0$ ($b \in \mathbb{R}$) cujas raízes são os números reais **α** e **β** ($\alpha < \beta$)

(II) $x^2 + kx + 15 = 0$ ($k \in \mathbb{R}$)

Sabe-se que as raízes da equação (I) são, cada uma, 8 unidades menores do que as raízes da equação (II)

Com base nessas informações, marque a opção correta.

a) $b^3 - k$ é um número negativo

b) O valor absoluto da diferença entre as raízes da equação (I) é 1

c) As raízes da equação (II) NÃO são números primos

d) $\alpha^2 - \beta^2$ é um número que é divisor de 8

68) Se a equação $nx^2 + px + q = 0$, $n \neq 0$, admitir as raízes não nulas x_1 e x_2, então a equação de raízes x_1^2 e x_2^2, será:

a) $n^2x^2 - (p^2 - 2nq)x + q^2 = 0$

b) $n^2x^2 + (p^2 - 2nq)x - q^2 = 0$

c) $n^2x^2 + (p^2 + 2nq)x - q^2 = 0$

d) $n^2x^2 + (p^2 - 2nq)x + q^2 = 0$

e) $n^2x^2 - (p^2 + 2nq)x - q^2 = 0$

69) As raízes da equação $ax^2 + bx + c = 0$ são iguais a **m** e **n**. Assinale a equação cujas raízes são $\mathbf{m}^3$ e $\mathbf{n}^3$.

a) $a^3x^2 - b(3ac + b^2)\,x + c^3 = 0$

b) $a^3x^2 + b(b^2 - 3ac)\,x + c^3 = 0$

c) $ax^2 + b(b - 3ac)\,x + c = 0$

d) $a^3x^2 + b(b - 3ac)\,x - c^3 = 0$

e) $ax^2 - b(3ac - b^2)\,x + c = 0$

70) **(CM – FORTALEZA)** Os números reais **m** e **n** são raízes da equação $x^2 - px + 6 = 0$, onde **p** também é real. Qual das opções abaixo representa a equação que tem como raízes (m + 1) e (n + 1)?

a) $x^2 + px + 2x + p + 7 = 0$
b) $x^2 - px - 2x + p + 7 = 0$
c) $x^2 + px + 2x - p - 7 = 0$
d) $x^2 - px - x + 7 = 0$
e) $x^2 + px + x + 7 = 0$

71) **(CM – RECIFE)** Sendo $mx^2 - 7x + 3 = 0$, com $m \in \mathbb{R}$ e $m > 1$, uma equação do 2º grau que possui duas raízes reais distintas, para que a equação $mx^2 - 7x + 3 = 2(x - n).(x - q)$ seja verdadeira, é possível afirmar que $\sqrt{n + q}$ é:

a) $0 < \sqrt{n + q} < 1$
b) $2 < \sqrt{n + q} < 4$
c) $2 < \sqrt{n + q} < 3$
d) $1 < \sqrt{n + q} < 2$
e) $5 < \sqrt{n + q} < 6$

72) **(COLÉGIO NAVAL e CM – JUIZ DE FORA)** Sabendo que na equação $x^2 + bx - 17 = 0$, <u>b</u> é positivo e que as raízes são inteiras, achar a soma das raízes:

a) 17
b) 16
c) – 17
d) – 10
e) – 16

73) Determine o valor dos parâmetros **p**, **q** e **r** para que a equação $(p - 2)x^2 - 4(q - 3) - r - 5 = 0$ tenha raízes nulas.

a) $p \neq 2$, $q = 3$, $n = -5$
b) $p \neq 2$, $q = 3$, $n = 5$
c) $p \neq 2$, $q = -3$, $n = 5$
d) $p \neq -2$, $q = 3$, $n = -5$
e) a) $p = 2$, $q = 3$, $n = -5$

74) **(EEAR)** Determine o valor de <u>m</u> na equação $3x^2 - 6mx + (m - 12) = 0$, sabendo-se que as raízes são simétricas.

a) – 12
b) 0
c) 1
d) 12

75) **(FUNCAB)** Determine os valores de m para os quais a equação a seguir tem raízes simétricas.

$(9m - 12)x^2 - (2m + 7)x + m + 5 = 0$

a) 0
b) 1
c) – 3,5
d) – 1/6
e) – 2

76) **(EXCELÊNCIA SELEÇÕES & CONCURSOS PÚBLICOS)** Para que a equação $5x^2 + (7\alpha - 4) + \alpha - 2 = 0$ admita raízes simétricas e encontre o valor de α.

a) $\alpha = 4/7$ b) $\alpha = 5/4$ c) $\alpha = 4$ d) Nenhuma das alternativas

77) **(ETF)** Determine n de modo que a equação $x^2 + (2n - 1)x - 4 = 0$ admita raízes simétricas:

a) 2 b) ½ c) 1 d) 5/2 e) 3

78) O valor de **k** na equação $x^2 + (k + 6)x + k - 7 = 0$ para que as raízes sejam opostas é:

a) – 1 b) 1 c) 6 d) – 6 e) 7

79) **(FACET)** Dada a equação $x^2 - (m - 5) . x + (1 - m) = 0$, qual o valor de m de modo que as raízes sejam opostas?

a) 3 b) 5 c) 7 d) 8 e) 9

80) **(EsSA)** A equação $ax^2 + bx + c = 0$ $(a \neq 0)$ terá duas raízes reais e simétricas, quando:

a) $b = 0$, $c > 0$ e $a > 0$

b) $b = 0$, $c < 0$ e $a > 0$

c) $b = 0$, $c = 0$ e $a = 0$

d) $b = 0$, $c < 0$ e $a < 0$

81) **(EPCAR)** A equação $x^2 + px + q = 0$ tem raízes reais opostas e não nulas. Pode-se então afirmar que

a) $p > 0$ e $q = 0$

b) $p < 0$ e $q = 0$

c) $p = 0$ e $q > 0$

d) $p = 0$ e $q < 0$

82) **(IMA)** Dada a equação do 2º grau em $\mathbb{R}$: $x^2 + (P^2 - 9)x + (K - 5) = 0$, os valores de P e K para que as raízes sejam reais e simétricas correspondem a:

a) $P = \pm 3$ e $K > 5$

b) $P = \pm 3$ e $K < 5$

c) $P = \pm 3$ e $K = 5$

d) $P = -3$ e $K \geq 5$

83) **(ETF)** A equação $x^2 + (5m - 1)x - (p^2 - 9) = 0$ terá raízes reais e simétricas para:

a) $m = 1/5$ e $p > 3$

b) $m = 2/5$ e $p < 2$

c) $m = 2/5$ e $p < -2$ ou $p > 2$

d) $m = 2/5$ e $-2 < p < 2$

e) $m = 2/5$ e $p = 2$

84) **(EFOMM)** Para que as raízes da equação $x^2 + (m^2 - 1)x = -m$ sejam reais e simétricas, devemos ter:

a) $m < 0$ b) $m > 0$ c) $m = 1$ d) $m = -1$ e) $m = 0$

85) Determine o valor dos parâmetros **m** e **n** para que a equação $x^2 - (4m + 24)x - 3n - 15 = 0$ tenha raízes imaginárias e simétricas.

a) $m = -6$ e $n = -5$
b) $m = 6$ e $n = 5$
c) $m = -6$ e $n < -5$
d) $m = 6$ e $n > -5$
e) $m = -6$ e $n > -5$

86) **(EEAR)** Dada a equação $ax^2 + bx + c = 0$, com a e $b \neq 0$, se o coeficiente "c" for nulo, teremos sempre:

a) uma raiz nula
b) raízes iguais
c) raízes simétricas
d) raízes imaginárias

87) **(CM – RECIFE)** Assinale a única alternativa correta.

a) A aplicação da fórmula de Baskara não é válida para a resolução de equações incompletas do 2º grau.

b) Uma equação do tipo $ax^2 + bx + c = 0$, com o coeficiente de x^2 nulo, pode ser chamada de equação do 2º grau incompleta.

c) Toda equação incompleta da forma $ax^2 + bx = 0$, sendo $a \neq 0$, admite raiz nula.

d) Quando multiplicamos todos os coeficientes de uma equação do 2º grau por – 1, as raízes mudam de sinal.

e) Toda equação do 2º grau incompleta admite como solução uma única raiz.

88) **(ETF)** A equação $2x^2 - 5x + 2(n - 1) = 0$ tem apenas uma raiz nula para:

a) $n = 2$ b) $n = 0$ c) $n = 33/8$ d) $n = 1$ e) $n = 17/8$

89) **(CESGRANRIO)** Os valores do parâmetro p, para os quais a equação $x^2 + x + (p^2 - 7p) = 0$ tem uma raiz nula, são:

a) 2 e 5 b) – 5 e – 2 c) 3 e 4 d) 0 e 7 e) – 7 e 3

90) **(UEM)** Para quais valores de m a equação $x^2 + 2x - (m^2 - 5m) = 0$ possui uma raiz nula ?

a) – 2 e – 3 b) 2 e – 3 c) 2 e 7 d) 1 e 5 e) 0 e 5

91) **(ESPCEX)** Que valores pode assumir o parâmetro k para que a equação abaixo tenha uma das raízes nulas ?

$x^2 - 6x + k^2 - 3k - 4 = 0$

92) **(INSTITUTO EXCELÊNCIA)** O valor de m para que a equação $x^2 - (m - 3)x + m^2 - 5m + 6 = 0$ tenha uma e somente uma raiz nula é:

a) 3 b) 2 c) 5 d) Nenhuma das alternativas

93) **(IMA)** Dada a equação $x^2 + (p - 5)x + (k - 5) = 0$ os valores de p e k para que uma das raízes seja nula é:

a) $p \in \mathbb{R}$ e $k = 5$

b) p deve ser igual a 5 e $k \neq 5$

c) p deve ser somente igual a 5 e $k = 5$

d) $p \neq 5$ e $k = 5$

94) **(CM – JUIZ DE FORA)** Determine o valor do parâmetro **p** para que a equação $2x^2 + (16 - p^2)x + (p^2 - 4p) = 0$ tenha duas raízes reais e apenas uma delas seja nula.

a) 0 b) 4 c) – 4 d) 2 e) – 2

95) **(INAZ DO PARÁ)** Calcule o discriminante da equação do 2º grau $2x^2 + 8x + 7 = 0$.

a) 5 b) 6 c) 7 d) 8

96) **(IDECAN)** Qual das equações a seguir possui discriminante nulo ?

a) $x^2 - 5x + 6 = 0$

b) $2x^2 - 3x + 1 = 0$

c) $0{,}5x^2 + x + 1 = 0$

d) $0{,}75x^2 - 3x + 3 = 0$

97) **(INSTITUTO CONSULPLAN)** Sobre as equações de 2º grau, marque (V) para as afirmativas verdadeiras e (F) para as falsas.

( ) A equação $x^2 + 2x + 1 = 0$ tem $\Delta = 0$.

( ) A equação $x^2 + 5x + 6 = 0$ tem $\Delta = 1$.

( ) A equação $x^2 + x + 8 = 0$ tem $\Delta < 0$.

A sequência está correta em

a) V, F, F b) F, V, F c) F, F, V d) V, V, V

98) **(CETREDE)** Sabe-se que uma equação do 2º grau tem raízes reais, se e somente se

a) $\Delta \geq 0$ b) $\Delta > 0$ c) $\Delta \leq 0$ d) $\Delta = 0$ e) $\Delta < 0$

99) **(EEAR)** A equação $x^2 + c = 0$ terá sempre raízes reais se

a) $c \leq 0$ b) $c \geq 0$ c) $c \neq 0$ d) $c > 0$

100) **(EEAR)** A equação $mx^2 - (2m - 1)x + m = 0$, só terá raízes reais se

a) $m \leq ¼$ b) $m < ¼$ c) $m > ¼$ d) $m \geq ¼$

101) **(ETF)** A equação $x^2 - (2m - 1)x + m(m - 1) = 0$ admite raízes reais para:

a) $m = 0$

b) $m = 2$

c) $m = 3$

d) qualquer valor de m

e) $(2m - 1)^2 - 4m(m - 1) = 0$

102) **(INSTITUTO CONSULPLAN)** De acordo com as propriedades das equações do 2º grau, analise as afirmativas a seguir.

I. Se $\Delta > 0$, há duas raízes reais e distintas.

II. Se $\Delta = 0$, não há raízes reais.

III. Se $\Delta < 0$, existem duas raízes reais negativas.

Está(ão) correta(s) a(s) afirmativa(s)

a) I, II e III b) I, apenas c) I e III, apenas d) II e III, apenas

103) **(VUNESP)** No conjunto dos números reais, a equação $ax^2 + bx + c = 0$, com $a \neq 0$, tem:

a) somente uma raiz se $b^2 - 4ac = 0$

b) duas raízes iguais se $b^2 - 4ac = 0$

c) somente uma raiz se $b^2 - 4ac > 0$

d) duas raízes distintas se $b^2 - 4ac < 0$

e) somente uma raiz se $b^2 - 4ac < 0$

104) **(AMEOSC)** Sendo a Fórmula de Bhaskara igual a $X = \frac{-b \pm \sqrt{\Delta}}{2a}$, onde $\Delta = b^2 - 4ac$, é incorreto afirmar que:

a) $\Delta > 0$ ∴ duas raízes reais diferentes

b) $\Delta = 0$ ∴ duas raízes iguais

c) $\Delta \neq 0$ ∴ duas raízes iguais

d) $\Delta < 0$ ∴ não possui raízes reais

105) **(COTEC)** Se o discriminante $\Delta = b^2 - 4ac$ de uma equação do 2º grau, em $\mathbb{R}$, é 37, então o conjunto solução dessa equação

a) possui apenas um elemento

b) é vazio

c) possui dois elementos

d) é o conjunto de todos os números reais

106) **(EEAR)** Sobre a equação $1983x^2 - 1984x - 1985 = 0$, a afirmação correta é:

a) não tem raízes reais

b) tem duas raízes simétricas

c) tem duas raízes reais distintas

d) tem duas raízes reais iguais

107) **(CM – RECIFE)** Sobre a equação $100x^2 - 101x - 102 = 0$, podemos afirmar que

a) tem 2 raízes positivas

b) tem 2 raízes reais e distintas

c) não tem raízes reais

d) tem 2 raízes reais e simétricas

e) tem 2 raízes negativas

108) **(AMEOSC)** De acordo com a equação abaixo, assinale a alternativa correta.

$5x^2 - 3x + 5 = 0$

a) A equação não possui solução

b) A equação não possui raízes reais

c) A equação possui duas raízes reais e diferentes

d) A equação possui duas raízes reais e iguais

109) **(EAM)** Assinale a opção que apresenta a equação que possui raízes reais distintas.

a) $2x^2 + 6x = 20$

b) $3x^2 - 12x = -12$

c) $-x^2 + 5x = 10$

d) $-2x^2 - 12x = 18$

e) $x^2 + 4 = 0$

110) **(EsSA)** A equação $x^2 - 4x + (m - 1) = 0$ tem raízes reais e desiguais quando:

a) $m > 5$ b) $m < -5$ c) $m > -5$ d) $m < 5$

111) **(METROCAPITAL)** Seja "k" um número real tal que a equação $x^2 - 10x + k - 1 = 0$ tem raízes distintas. Então:

a) $k < 26$

b) $40 < k$

c) $35 < k < 40$

d) $26 < k < 30$

e) $30 < k < 35$

112) **(CM – CURITIBA)** Determine os valores de *m* para que a equação abaixo possua duas raízes reais distintas.

$mx^2 + mx - 4x + \frac{1}{2} = 0$

a) $m \in]\,2, 8\,[$

b) $m \in]\,8, +\infty\,[$

c) $m \in]-\infty, 2[$

d) $m \in]-\infty, 2[\ \cup\ ]\,8, +\infty\,[$

e) $m \in \{2, 8\}$

113) **(FAEPESUL)** Assinale a alternativa que apresenta o(s) possível(eis) valor(es) de m para que a equação $x^2 - 4x + (m - 6) = 0$ possua duas raízes reais e distintas.

a) $S = \{10\}$

b) $S = \{m \in \mathbb{R} \,/\, m \leq 10\}$

c) $S = \{m \in \mathbb{R} \,/\, m < 10\}$

d) $S = \{m \in \mathbb{R} \,/\, m > 10\}$

e) $S = \{m \in \mathbb{R} \,/\, m \geq 10\}$

114) **(EPCAR)** Se $2mx^2 - (3m + 2)x + 3 = 0$ tiver raízes reais e desiguais, então

a) $m \in \mathbb{R}$ b) $m \in \mathbb{R}^*$ c) $m \in \mathbb{R}_*$ d) $m \in \mathbb{R} - \left\{\frac{2}{3}\right\}$ e) $m \in \mathbb{R} - \left\{\frac{3}{2}\right\}$

115) **(CN)** Para quais valores de "p" a equação $x^2 - px + 1 = 0$ admite raízes reais e desiguais ?

a) $x < -2 \vee x > 2$

b) $]-\infty, -2] \cup [2, +\infty[$

c) $[-\infty, -2] \cup [2, +\infty]$

d) $]-\infty, -2] \cup [2, +\infty]$

e) $-2 < x < 2$

116) **(IBEG)** Determine a condição que deve satisfazer para que ao considerarmos a equação $3x - 2x^2 = a$, esta tenha duas soluções no conjunto dos números reais. Dessa forma, o valor de *a* deve ser:

a) $a < 6/7$ b) $a < 5/7$ c) $a < 7/9$ d) $a < 4/5$ e) $a < 9/8$

117) **(CONSULPLAN)** Para que valores de *a*, a equação $x^2 + ax + a^2 = 0$ possui duas raízes reais distintas?

a) Somente para $a = 0$

b) Para todo $a > 0$

c) Para todo $a < 0$

d) Para todo *a* real

e) Para nenhum *a* real

118) **(CAP UFRJ)** Qual deve ser o maior valor inteiro de **a** para que a equação do 2º grau $3x^2 - 2x + a - 3 = 0$ admita duas soluções reais diferentes?

119) **(EFOMM)** A equação $(1 - k)x^2 - 2x + 1 = 0$ só admitirá duas raízes reais e desiguais se o menor valor inteiro de k for:

a) 0 b) 1 c) 3 d) 2 e) – 1

120) **(EPCAR)** Para que valores de m a equação $(m - 1)x^2 + 2(m + 1)x + m = 0$ admitirá duas raízes reais e distintas?

a) $m > 3$ b) $m = 0$ c) $m \leq 3$ d) $m \geq -1/3$ e) $m > -1/3$

121) **(CESGRANRIO)** Para que a equação do 2º grau $2x^2 - 12x + k = 0$ tenha duas raízes reais e iguais, o valor de k deve ser:

a) 0 b) 9 c) 18 d) 24 e) 36

122) **(CN)** Determinar o valor de m para que a equação $2x^2 + 4x + m = 0$ tenha raízes reais e iguais.

123) **(EAM)** Qual é o valor de k, para que a equação $3x^2 - 2x + k = 0$ possua raízes reais e iguais?

a) 1/3 b) 2/3 c) 3 d) – 1/3 e) – 3

124) **(EsSA)** Na equação $x^2 - 14x + m = 0$, para que as raízes sejam reais e iguais, devemos ter:

a) $m > 49$ b) $m = 14$ c) $m = 49$ d) $m < 49$

125) **(EsSA)** A equação $3x^2 - 6x + p = 0$ tem suas raízes iguais para **p** igual a:

a) 3 b) – 3 c) 2 d) 1/3

126) **(IDECAN)** O valor de m para o qual a equação $x^2 - 6x + 3m = 0$ apresenta raízes reais e iguais é:

a) 2 b) 3 c) 4 d) 6

127) **(FAUEL)** Qual deve ser o valor de "c" para que a equação $2x^2 + 4x + c = 0$ possua apenas uma raiz real?

a) 0 b) 1 c) 2 d) 4

128) **(AMEOSC)** Considere a seguinte equação: $-x^2 + 2x + (k - 2) = 0$. O valor de k para que a equação apresente raízes reais e iguais, é:

a) 0 b) 3 c) 1 d) 4

129) **(CPCON)** Se a equação $9x^2 - 12x + (m + 2) = 0$ admite duas raízes reais e iguais, então o valor de m é:

a) 10 b) 0 c) 4 d) 2 e) 5

130) **(FUNDATEC)** O valor de k para que a equação $(3k - 1)x^2 + 8x + 2 = 0$ tenha duas raízes reais e iguais é:

a) 1 b) ½ c) 2 d) 5/2 e) 3

131) **(ETF)** Para que a equação $(2m - 7)x^2 - mx + m = 0$ admita raízes reais e iguais, m deverá ser igual a:

a) 2 b) ½ c) 4 d) – 2 e) 1/4

132) **(EEAR)** Para que a equação $(3 + p)x^2 + 4x - 2 = 0$ tenha uma raiz real dupla, o valor de "p" deve ser

a) – 5 b) – 3 c) + 3 d) + 5

133) **(PREFEITURA DE BETIM – MG)** O(s) valor(es) de m para que a equação $x^2 + mx + 3 = 0$ tenha apenas uma raiz real é(são):

a) 0 b) ± 4 c) 12 d) $\pm 2\sqrt{3}$

134) **(IBADE)** Seja a equação $9x^2 + kx + 4 = 0$. Para que esta equação tenha duas raízes iguais, o valor de k deve ser:

a) + 6 ou – 6 b) + 2 ou – 2 c) + 5 d) + 12 ou – 12 e) – 3

135) **(ITAME)** Calcule o valor de p na equação $x^2 - (p + 5)x + 36 = 0$, de modo que as raízes reais sejam iguais. Para essa condição, o valor de Δ precisa ser igual a 0. Assinale a questão correta para esta resolução:

a) p' = – 1 e p" = 1

b) p' = – 7 e p" = 17

c) p' = – 7 e p" = – 17

d) p' = 7 e p" = – 17

136) **(EEAR)** Para que a equação $8x^2 - (a - 1)x + a - 7 = 0$, na variável x, tenha duas raízes reais e iguais é necessário que a diferença dos valores de "a" seja

a) 12 b) 16 c) 18 d) 20

137) **(EEAR)** Se a equação $(2k - 3)x^2 + 3kx - (2k + 3) = 0$ tem duas raízes reais e iguais, então

a) $k = \pm 6/5$ b) $k = \pm 4/5$ c) $k = \pm 3/4$ d) $k = \pm 7/6$

138) **(ESAF)** Determinar <u>a</u> de modo que a equação $4x^2 + (a - 4)x + 1 - a = 0$ tenha duas raízes iguais.

a) $a = 0$
b) $a = -8$ ou $a = 0$
c) $a = 8$
d) $-8 < a < 0$
e) $a < 0$ ou $a > 8$

139) **(EPCAR)** A equação $ax^2 - 2bx + ab = 0$ $(b \neq 0)$ admite raízes reais e iguais se, e somente se

a) $b = a^2$ b) $b = 2a^2$ c) $a = -b$ d) $b^2 = 2a$

140) **(EsSA)** A equação $x^2 - 2x + m = 0$ terá:

a) raízes iguais se $m = 1$
b) raízes simétricas se $m = 0$
c) uma raiz igual a -2 se $m = 0$
d) raízes inversas se $m = 1/2$

141) **(CEFET – RJ)** Para qual valor de "a" a equação $(x - 2).(2ax - 3) + (x - 2).(-ax + 1) = 0$ tem duas raízes reais e iguais ?

a) -1 b) 0 c) 1 d) 2

142) **(EPCAR)** Se as raízes da equação $(k - 1)x^2 + 2(1 - k)x + 3k = 0$ forem iguais, então k = ...

a) 1 ou $-½$ b) $-3/5$ c) $-½$ d) ½ e) 3/5

143) **(EsSA)** Os valores de **m** e **p** são tais que, simultaneamente, a equação $3x^2 - 12x + 2m = 0$ admite raízes reais e iguais e a equação $x^2 + (p^2 - 64)x + (p + m) = 0$ admite raízes simétricas. Uma equação do 2º grau cujas raízes são **m** e **p** é:

a) $x^2 - 14x + 48 = 0$
b) $x^2 + 14x + 48 = 0$
c) $x^2 + 2x - 48 = 0$
d) $x^2 - 2x - 48 = 0$
e) $x^2 + 2x + 48 = 0$

144) **(EsSA)** A equação que não admite raízes reais é:

a) $3x^2 - 1 = 0$ b) $-x^2 + 1 = 0$ c) $x^2 + 25 = 0$ d) $x^2 - 3 = 0$

145) **(EEAR)** Resolvendo a equação $x^2 + 2 = 0$, é correto afirmar-se que:

a) possui raízes reais

b) não possui raízes reais

c) o valor da raiz é $-\sqrt{2}$

d) o valor da raiz é $\pm\sqrt{2}$

146) **(EsSA)** Calcule o menor valor inteiro de m para o qual a equação $4x^2 - 4x + 2m - 1 = 0$ não possua raízes reais:

a) 2 b) 1 c) 0 d) – 1

147) **(CONSULPLAN)** Qual é o menor valor inteiro m para que a equação $3x^2 - 12x + 3m$ NÂO apresente raízes reais?

a) 6 b) 5 c) 7 d) 8 e) 12

148) **(FUNDATEC)** Sabendo que a equação $x^2 + 2mx + 4 = 0$ não possui raízes reais, o valor de m é:

a) $m \leq 4$

b) $m > -2$

c) $-2 < m < 2$

d) $-2 \leq m \leq 4$

e) $-2 \leq m \leq 2$

149) **(EsSA)** O menor valor inteiro de **a**, para que a equação $y^2 - (2a - 5)y + a^2 = 0$, não admita raízes reais, é:

a) – 5/4 b) 5/4 c) 1 d) 2

150) **(CN)** Achar o produto dos valores inteiros de M que fazem com que a equação em x, $\frac{4x^2}{M} - Mx + \frac{M}{4} = 0$ não tenha raízes reais.

a) 0 b) 1 c) – 1 d) – 4 e) nra

151) **(EPCAR)** Considere, em $\mathbb{R}$, a equação $(\mathbf{m} + 2)x^2 - 2\mathbf{m}x + (\mathbf{m} - 1) = 0$ na variável x, em que **m** é um número real diferente de – 2

Analise as afirmativas abaixo e classifique-as em V (VERDADEIRA) ou F (FALSA).

( ) Para todo **m** > 2 a equação possui conjunto solução vazio

( ) Existem dois valores reais de **m** para que a equação admita raízes iguais

( ) Na equação, se $\Delta > 0$, então **m** só poderá assumir valores positivos

A sequência correta é

a) V – V – V b) F – V – F c) F – F – V d) V – F – F

152) Determine m para que a equação $mx^2 + 2(m - 3)x + (m + 1) = 0$ possua duas raízes positivas distintas.

a) $m > 0$

b) $m > 1/3$

c) $m > 9/7$

d) $0 < m < 9/7$

e) $1/3 < m < 9/7$

153) **(CM – RECIFE)** Escolha, nas alternativas abaixo, aquela que contém todos os valores de k tais que a equação $(4 - k)x^2 + 2kx + k + 4 = 0$ possua duas raízes reais distintas positivas, sabendo que k é um número real.

a) $k < 2 - 2\sqrt{2}$ ou $k > 2\sqrt{2}$

b) $-4 < k < -2\sqrt{2}$

c) $-4 < k < 4$

d) $k < 0$ ou $k > 4$

e) $k < \sqrt{8}$ ou $k > -8\sqrt{8}$

154) **(CM – RJ)** Os valores de **m** para que a equação $\mathbf{x^2 - m \cdot x + \left(m - \frac{3}{4}\right) = 0}$ admita duas raízes reais distintas e positivas são:

a) $m < 1$ ou $m > 3$

b) $m < 0$

c) $m \in \mathbb{R}$

d) $\frac{3}{4} < m < 1$ ou $m > 3$

e) $0 < m < \frac{3}{4}$ ou $m > 3$

155) Determine n para que a equação $nx^2 + 2nx + (n - 3) = 0$ tenha duas raízes reais negativas.

a) $n > 1$ b) $n > 2$ c) $n > 3$ d) $n > 4$ e) $n > 5$

156) **(IBADE)** Determine k para que a equação $x^2 + 2x + 4k = 0$ possua duas raízes de mesmo sinal.

a) $1 < k < 1/4$ b) $0 < k \leq 1/4$ c) $k > 0$ d) $k \leq 1/4$ e) $2 < k \leq 1/4$

157) **(CN)** Dar os valores de m, na equação $mx^2 - 2mx + 4 = 0$, para que as suas raízes tenham o mesmo sinal

a) $m \leq 0$ b) $m \geq 3$ c) $m \geq 7$ d) $m \leq 5$ e) $m \leq 4$

158) **(CN)** Sobre a equação $1999x^2 - 2000x - 2001 = 0$, a afirmação correta é:

a) tem duas raízes reais de sinais contrários, mas não simétricas

b) tem duas raízes simétricas

c) não tem raízes reais

d) tem duas raízes positivas

e) tem duas raízes negativas

159) Determine o valor de $\underline{t}$ para que a equação $(t - 1)x^2 + 2tx + (t + 3) = 0$ tenha duas raízes reais e de sinais contrários.

a) $3 < t < 1$

b) $1 < t < 3$

c) $-1 < t < -3$

d) $-3 < t < -1$

e) $-3 < t < 1$

160) A equação $x^2 - 2mx + (10m + 3) = 0$ tem uma raiz positiva e outra negativa, então:

a) $m < -3/10$

b) $m < 0$

c) $m > -3/10$

d) $m > 0$

e) $m > 1$

161) **(CM – FORTALEZA)** A equação $(m - 3)x^2 + mx + m^2 - 9m + 20 = 0$, com **m** real, possui duas raízes reais e distintas em x: x_1 e x_2. Sabendo que $x_1 < 0$ e $x_2 > 0$, é correto afirmar que:

a) $m > 0$

b) $m < 0$

c) $m < 3$

d) $m > 3$ ou $m > 5$

e) $m < 3$ ou $4 < m < 5$

162) **(CESGRANRIO)** Determine o parâmetro $\underline{m}$ na equação $x^2 + mx + m^2 - m - 12 = 0$, de modo que ela tenha uma raiz nula e outra positiva.

163) Determine os parâmetros **p** e **q** para que a equação $x^2 - (2p - 10)x - 3q - 6 = 0$ apresente uma raiz nula e outra negativa.

a) $p > 5$ e $q = 2$

b) $p > 5$ e $q = -2$

c) $p < 5$ e $q = 2$

d) $p < 5$ e $q = -2$

e) $p = 5$ e $q = -2$

164) **(CN)** Considere a equação $x^2 - 6x + m^2 - 1 = 0$ com parâmetro m inteiro não nulo. Se essa equação tem duas raízes reais e distintas com o número 4 compreendido entre essas raízes, então o produto de todos os possíveis valores de m é igual a

a) – 2 b) – 1 c) 2 d) 4 e) 6

165) **(CN)** Dada a equação do 2º grau na incógnita x: $4x^2 + kx + 3 = 0$. Quantos são os valores inteiros possíveis do parâmetro k, tais que essa equação só admita raízes racionais.

a) 2 b) 3 c) 4 d) 6 e) 8

166) **(CN)** Sabendo-se que a equação $x^2(x^2 + 13) - 6x(x^2 + 2) + 4 = 0$ pode ser escrita como um produto de binômios do primeiro grau, a soma de duas das suas raízes reais distintas é igual a

a) – 3 b) – 2 c) – 1 d) 2 e) 3

167) **(CN)** Dada a equação na variável real x: $7x - \frac{3}{x} = k$, pode-se concluir, em função do parâmetro real k, que essa equação

a) tem raízes reais só se k for um número positivo

b) tem raízes reais só se k for um número negativo

c) tem raízes reais para qualquer valor de k

d) tem raízes reais somente para dois valores de k

e) nunca terá raízes reais

168) **(CN)** O maior valor inteiro de "k" para que $x^2 + 2018x + 2018k = 0$ tenha soluções reais é:

a) 2018 b) 1010 c) 1009 d) 505 e) 504

GABARITOS

1) B	2) D	3) $p \neq 3$, $q = -4$, $r = 7$	4) m = 1, p = 2 ou m = −2 , p = −1	5) m = 15	6) B
7) A	8) m = 6 e n < 10	9) k = 2 e m < 4	10) t = 9	11) C	12) p = 3 e m < − 5
13) B	14) p = 7 e n < − 9	15) D	16) B	17) A	18) B
19) $n^2 < 4mp$	20) 0 < q < 1	21) – 2 < p < 2	22) 0 < r < 9/8	23) m < 2/3	24) n > 2
25) p < 4 e q = − 3	26) m > 4 e n = 5	27) r = 10 ou r = 2	28) n = 9/8	29) D	30) D
31) D	32) B	33) A	34) A	35) A	36) B
37) B	38) B	39) B	40) C	41) D	42) A
43) B	44) B	45) D	46) A	47) C	48) D
49) D	50) A	51) C	52) C	53) C	54) B
55) D	56) B	57) D	58) E	59) A	60) C
61) A	62) A	63) E	64) A	65) E	66) A
67) A	68) A	69) B	70) B	71) D	72) E
73) A	74) B	75) C	76) A	77) B	78) D
79) B	80) B	81) D	82) B	83) A	84) D
85) C	86) A	87) C	88) D	89) D	90) E
91) k = 4 ou k = − 1	92) B	93) A	94) A	95) D	96) D
97) D	98) A	99) A	100) A	101) D	102) B
103) B	104) C	105) C	106) C	107) B	108) B
109) A	110) D	111) A	112) D	113) C	114) D
115) A	116) E	117) E	118) a = 3	119) B	120) E
121) C	122) m = 2	123) A	124) C	125) A	126) B
127) C	128) C	129) D	130) E	131) C	132) A
133) D	134) D	135) D	136) B	137) A	138) B
139) A	140) A	141) C	142) A	143) C	144) C
145) B	146) A	147) B	148) C	149) D	150) A
151) D	152) D	153) B	154) D	155) C	156) B
157) A	158) A	159) E	160) A	161) E	162) – 3
163) D	164) D	165) D	166) E	167) C	168) E

Capítulo 07

Radicais

I) Introdução

- Se $\sqrt[n]{a} = b$, então temos que:

$$\begin{cases} n \rightarrow \text{índice do radical } (n \in \mathbb{N} \text{ e } n > 1) \\ a \rightarrow \text{radicando} \\ b \rightarrow \text{raiz} \\ \sqrt{} \rightarrow \text{radical} \end{cases}$$

Exemplos:

a) $\sqrt[4]{16} = 2 \begin{cases} \text{índice do radical} = 4 \\ \text{radicando} = 16 \\ \text{raiz} = 2 \end{cases}$

(Observe que $\sqrt[4]{16} = 2$, pois $2^4 = 16$)

b) $\sqrt[3]{64} = 4 \begin{cases} \text{índice do radical} = 3 \\ \text{radicando} = 64 \\ \text{raiz} = 4 \end{cases}$

(Observe que $\sqrt[3]{64} = 4$, pois $4^3 = 64$)

c) $\sqrt{49} = 7 \begin{cases} \text{índice do radical} = 2 \\ \text{radicando} = 49 \\ \text{raiz} = 7 \end{cases}$

(Observe que $\sqrt{49} = 7$, pois $7^2 = 49$)

EXERCÍCIOS

1) **(CONSESP)** A radiciação é a operação inversa da

a) multiplicação

b) adição

c) potenciação

d) divisão

Resolução:

De acordo com os exemplos acima, é possível observar que a radiciação é a operação inversa da potenciação.

GABARITO: C

BIZUS !!!

1º) Raiz de índice igual a 2

- A raiz que possui índice igual a 2 é chamada de raiz quadrada.
- Nesse caso, a colocação do índice é opcional.

Exemplo: $\sqrt{9} = \sqrt[2]{9} = 3$

EXERCÍCIOS

2) **(ALTERNATIVE CONCURSOS)** Resolvendo $(\sqrt{64} - \sqrt{49})$ teremos:

a) 1 b) 15 c) 49 d) 64 e) 113

Resolução:

$\sqrt{64} - \sqrt{49} = 8 - 7 = 1$

GABARITO: A

3) **(CONSEP)** Determine a raiz quadrada de 144.

a) 14 b) 12 c) 10 d) 22

Resolução:

Como $12^2 = 144$, então $\sqrt{144} = 12$.

GABARITO: B

4) **(INSTITUTO EXCELÊNCIA)** Qual o resultado da operação $\sqrt{16} \times \sqrt{121}$?

a) 78 b) 66 c) 44 d) Nenhuma das alternativas

Resolução:

$\sqrt{16} \times \sqrt{121} = 4 \times 11 = 44$

GABARITO: C

5) **(INSTITUTO EXCELÊNCIA)** O número $\sqrt{\frac{1}{16}}$, pode ser escrito simplificadamente como:

a) $\frac{\sqrt{1}}{5}$ b) $\frac{1}{4}$ c) $\frac{1}{3}$ d) Nenhuma das alternativas

Resolução:

$\sqrt{\frac{1}{16}} = \frac{1}{4}$

GABARITO: B

6) **(FUNDATEC)** O valor de $\sqrt{81\%}$ é:

a) 9% b) 90% c) 9 d) 0,09 e) 90

Resolução:

$\sqrt{81\%} = \sqrt{\frac{81}{100}} = \frac{9}{10} = \frac{90}{100} = 90\%$

GABARITO: B

2º) Raiz de índice igual a 3

- A raiz que possui índice igual a 3 é chamada de raiz cúbica.

Exemplo: $\sqrt[3]{8} = 2$

EXERCÍCIOS

7) **(AMAUC)** A raiz cúbica de 1728 é:

a) 27 b) 24 c) 22 d) 18 e) 12

Resolução:

Como $12^3 = 1728$, então $\sqrt[3]{1728} = 12$.

GABARITO: E

8) **(EsSA)** O resultado de $\sqrt[3]{-\frac{8}{27}}$ é:

a) – 2/3 b) 2/3 c) 2/9 d) – 2/9

Resolução:

$\sqrt[3]{-\frac{8}{27}} = -\frac{2}{3}$

GABARITO: A

9) **(ITAME)** O resultado após simplificação da expressão:

$\sqrt{2 + \sqrt[3]{10 - \sqrt[4]{16}}}$

É igual a:

a) 2 b) 4 c) 6 d) 8

Resolução:

$$\sqrt{2+\sqrt[3]{10-\sqrt[4]{16}}} = \sqrt{2+\sqrt[3]{10-2}} = \sqrt{2+\sqrt[3]{8}} = \sqrt{2+2} = \sqrt{4} = 2$$

GABARITO: A

3º) Raiz de índice par

- No conjunto dos números reais ($\mathbb{R}$), só existirá raiz de índice par quando o radicando for um número maior ou igual a zero.

Exemplos:

a) $\sqrt{81} = 9$ (índice par e radicando maior que zero → existe raiz no conjunto $\mathbb{R}$)

b) $\sqrt[4]{0} = 0$ (índice par e radicando igual a zero → existe raiz no conjunto $\mathbb{R}$)

c) $\sqrt[6]{64} = 2$ (índice par e radicando maior que zero → existe raiz no conjunto $\mathbb{R}$)

d) $\sqrt{-36}$ não existe no conjunto $\mathbb{R}$ (observe que o índice é um número par e o **radicando é negativo**)

e) $\sqrt[4]{-1}$ não existe no conjunto $\mathbb{R}$ (observe que o índice é um número par e o **radicando é negativo**)

4º) Raiz de índice ímpar

- No conjunto dos números reais ($\mathbb{R}$), quando o índice for um número ímpar a raiz existirá independentemente do sinal do radicando, ou seja, o radicando poderá ser um número positivo, nulo ou negativo.

Exemplos:

a) $\sqrt[3]{27} = 3$

b) $\sqrt[5]{-32} = -2$

c) $\sqrt[7]{1} = 1$

d) $\sqrt[9]{-1} = -1$

e) $\sqrt[3]{0} = 0$

5º) Atenção !!!!! $-\sqrt{25} \neq \sqrt{-25}$

- $-\sqrt{25} = -5$
- $\sqrt{-25}$ não existe no conjunto dos números reais ($\mathbb{R}$)

II) Propriedades

1ª) O radical de um produto é igual ao produto dos radicais.

$\sqrt[n]{a \,.\, b} = \sqrt[n]{a} \,.\, \sqrt[n]{b}$, sendo **a** e **b** números reais positivos.

Exemplos:

a) $\sqrt[3]{m \,.\, n} = \sqrt[3]{m} \,.\, \sqrt[3]{n}$

b) $\sqrt[6]{35} = \sqrt[6]{5 \,.\, 7} = \sqrt[6]{5} \,.\, \sqrt[6]{7}$

EXERCÍCIOS

10) **(CONSESP)** Sendo a = $\sqrt{24}$ e b = $\sqrt{6}$, o valor do produto a . b é:

a) 12 b) 7 c) 9 d) 11

Resolução:

a . b = $\sqrt{24} \,.\, \sqrt{6} = \sqrt{24 \,.\, 6} = \sqrt{144}$ = 12

GABARITO: A

11) **(INSTITUTO EXCELÊNCIA)** Uma maneira de simplificar uma raiz quadrada é a partir da decomposição de fatores primos, utilize seus conhecimentos e assinale a alternativa que simplifique $\sqrt{360}$:

a) 18 b) $6\sqrt{10}$ c) $18\sqrt{10}$ d) Nenhuma das alternativas

Resolução:

$\sqrt{360} = \sqrt{36 \,.\, 10} = \sqrt{36} \,.\, \sqrt{10} = 6 \,.\, \sqrt{10} = 6\sqrt{10}$

GABARITO: B

12) **(COTEC/UNIMONTES)** Considere *a* e *b* dois números reais positivos. Entre as alternativas abaixo, a única **CORRETA** é:

a) $(a + b)^2 = a^2 + b^2$

b) $\sqrt{a^2 + b^2} = a + b$

c) $\sqrt{a \,.\, b} = \sqrt{a} \,.\, \sqrt{b}$

d) $\frac{1 + ab}{b} = 1 + a$

Resolução:

De acordo com a propriedade, temos que $\sqrt{a \,.\, b} = \sqrt{a} \,.\, \sqrt{b}$

GABARITO: C

2ª) <u>O radical de um quociente é igual ao quociente dos radicais</u>

$\sqrt[n]{\frac{a}{b}} = \frac{\sqrt[n]{a}}{\sqrt[n]{b}}$, sendo **a** e **b** números reais positivos.

Exemplos:

a) $\sqrt{\frac{11}{13}} = \frac{\sqrt{11}}{\sqrt{13}}$

b) $\sqrt[9]{\frac{m}{n}} = \frac{\sqrt[9]{m}}{\sqrt[9]{n}}$

EXERCÍCIOS

13) **(AMEOSC)** Calcule a radiciação e destaque a resposta simplificada:

$\sqrt{81} : \sqrt{9}$

a) 9 b) 18 c) 27 d) 3

Resolução:

$\sqrt{81} : \sqrt{9} = \frac{\sqrt{81}}{\sqrt{9}} = \sqrt{\frac{81}{9}} = \sqrt{9} = 3$

GABARITO: D

III) Introdução de um fator em um radical

Para introduzir um fator em um radical devemos observar a seguinte regra:

1°) Elevar o fator ao índice do radical;
2°) Multiplicar o resultado encontrado pelo radicando.

$c\sqrt[n]{a} = \sqrt[n]{a\,.\,c^n}$

Exemplos:

a) $5\sqrt{3} = \sqrt{3\,.\,5^2} = \sqrt{3\,.\,25} = \sqrt{75}$

b) $2\sqrt[3]{2} = \sqrt[3]{2\,.\,2^3} = \sqrt[3]{2\,.\,8} = \sqrt[3]{16}$

EXERCÍCIOS

14) **(FAUEL)** O valor da expressão $\sqrt[3]{2\sqrt[3]{64}}$ é igual a:

a) 2 b) 3 c) 4 d) 8

Resolução:

$\sqrt[3]{2\sqrt[3]{64}} = \sqrt[3]{\sqrt[3]{2^3\,.\,64}} = \sqrt[9]{2^3\,.\,2^6} = \sqrt[9]{2^{3+6}} = \sqrt[9]{2^9} = 2$

GABARITO: A

IV) Simplificação de radicais

1º Caso: Índice do radical maior que o expoente do radicando

- Para simplificar o radical devemos calcular o MDC entre o índice do radical e o expoente do radicando. Após, dividir o índice do radical e o expoente do radicando pelo valor encontrado no MDC.

Exemplos: Simplifique os radicais abaixo:

a) $\sqrt[18]{x^{12}}$

MDC (18, 12) = 6

$\sqrt[18]{x^{12}} = \sqrt[18:6]{x^{12:6}} = \sqrt[3]{x^2}$

b) $\sqrt[25]{m^{15} \,.\, n^{10}}$

MDC (25, 15, 10) = 5

$\sqrt[25]{m^{15} \,.\, n^{10}} = \sqrt[25:5]{m^{15:5} \,.\, n^{10:5}} = \sqrt[5]{m^3 \,.\, n^2}$

EXERCÍCIOS

15) **(ZAMBINI)** Calcule o valor da expressão: $\left(\sqrt[4]{0{,}444\ldots}\right)^2$

a) 0,222... b) 0,333... c) 0,444... d) 0,666... e) 0,1212...

Resolução:

$\left(\sqrt[4]{0{,}444\ldots}\right)^2 = \sqrt[2]{0{,}444\ldots} = \sqrt[2]{\frac{4}{9}} = \frac{2}{3} = 0{,}666\ldots$

GABARITO: D

2º Caso: Índice do radical menor que o expoente do radicando

- Para simplificar o radical devemos dividir o expoente do radicando pelo índice do radical.

Exemplos: Simplifique os radicais abaixo:

a) $\sqrt[3]{x^{12}} = x^{12:3} = x^4$

b) $\sqrt{a^6 \,.\, b^{10}} = a^{6:2} \,.\, b^{10:2} = a^3 \,.\, b^5$

EXERCÍCIOS

16) **(QUADRIX)** O resultado da expressão $\sqrt[2]{(3^2)^3}$ é:

a) 2 b) 8 c) 9 d) 27 e) 3

Resolução:

$\sqrt[2]{(3^2)^3} = \sqrt[2]{3^{2\,x\,3}} = \sqrt[2]{3^6} = 3^{6:2}\ 3^3 = 27$

GABARITO: D

BIZU !!!

Quando a divisão do expoente do radicando pelo índice do radical não for exata, devemos observar o seguinte:

- O quociente da divisão será o expoente do fator que saiu do radical;
- O resto da divisão será o expoente do fator que ficou sob o radical.

$$\boxed{\sqrt[n]{a^x} = a^q \cdot \sqrt[n]{a^r}} \qquad \begin{array}{r|l} x & n \\ \hline r & q \end{array}$$

Na divisão acima temos que: $\begin{cases} x \rightarrow \text{dividendo} \\ n \rightarrow \text{divisor} \\ q \rightarrow \text{quociente} \\ r \rightarrow \text{resto} \end{cases}$

Exemplos: Simplifique os radicais abaixo:

a) $\sqrt[7]{a^{39}} = a^5 . \sqrt[7]{a^4}$ $\qquad \begin{array}{r|l} 39 & 7 \\ \hline 4 & 5 \end{array}$

b) $\sqrt{32} = \sqrt{2^5} = 2^2 . \sqrt{2^1} = 4\sqrt{2}$ $\qquad \begin{array}{r|l} 5 & 2 \\ \hline 1 & 2 \end{array}$

V) Radicais semelhantes

- São aqueles que possuem o mesmo índice e o mesmo radicando.

Exemplos:

a) $2\sqrt[3]{a}$ e $9\sqrt[3]{a}$

b) $\sqrt{3}$ e $15\sqrt{3}$

EXERCÍCIOS

17) **(EsSA)** Assinale a alternativa em que temos um par de radicais semelhantes:

a) $9\sqrt{2}$ e $4\sqrt{3}$

b) $5\sqrt{2}$ e $8\sqrt[3]{2}$

c) $-2\sqrt[3]{9}$ e $3\sqrt[3]{9}$

d) $7\sqrt{5}$ e $7\sqrt[3]{2}$

e) $3\sqrt{7}$ e $-3\sqrt{6}$

Resolução:

Os radicais $-2\sqrt[3]{9}$ e $3\sqrt[3]{9}$ são semelhantes.

GABARITO: C

VI) Operações com radicais

I. Adição e subtração

- Só podemos somar ou subtrair radicais semelhantes.

Exemplos:

a) $5\sqrt{6} + 7\sqrt{6} - 4\sqrt{6} = 8\sqrt{6}$

b) $12\sqrt[3]{7} + 10\sqrt[3]{7} = 22\sqrt[3]{7}$

c) $\sqrt{12} + \sqrt{27} - \sqrt{48} + \sqrt{108} = \sqrt{4\,.\,3} + \sqrt{9\,.\,3} - \sqrt{16\,.\,3} + \sqrt{36\,.\,3} = 2\sqrt{3} + 3\sqrt{3} - 4\sqrt{3} + 6\sqrt{3} = 7\sqrt{3}$

EXERCÍCIOS

18) **(FAUEL)** Uma simplificação da expressão $\sqrt{8} + \sqrt{18}$ é:

a) $\sqrt{26}$ b) $13\sqrt{2}$ c) $5\sqrt{2}$ d) 12

Resolução:

$\sqrt{8} + \sqrt{18} = \sqrt{4\,.\,2} + \sqrt{9\,.\,2} = 2\sqrt{2} + 3\sqrt{2} = 5\sqrt{2}$

GABARITO: C

19) **(EPCAR)** Simplifique a expressão $x\sqrt{xy^3} + y\sqrt{x^3y}$.

Resolução:

$x\sqrt{xy^3} + y\sqrt{x^3y} = xy\sqrt{xy} + yx\sqrt{xy} = xy\sqrt{xy} + xy\sqrt{xy} = 2xy\sqrt{xy}$

GABARITO: $2xy\sqrt{xy}$

II. Multiplicação e divisão

- Só podemos multiplicar ou dividir radicais que possuem o mesmo índice.

Exemplos:

a) $2\sqrt{5}\,.\,3\sqrt{7} = 2\,.\,3\,\sqrt{5\,.\,7} = 6\sqrt{35}$

b) $72\sqrt{12} : 8\sqrt{6} = \frac{72}{8}\sqrt{\frac{12}{6}} = 9\sqrt{2}$

c) $4\sqrt[7]{a^2}\,.\,11\sqrt[7]{a^3} = 4\,.\,11\,\sqrt[7]{a^2\,.\,a^3} = 44\sqrt[7]{a^5}$

d) $35\sqrt[9]{b^5} : 7\sqrt[9]{b^3} = \frac{35}{7}\sqrt[9]{\frac{b^5}{b^3}} = 5\sqrt[9]{b^2}$

BIZU !!!

Observe que não é possível calcular o valor de $\sqrt[3]{x}\ .\ \sqrt[4]{y}$, pois os radicais possuem índices diferentes. Para que seja possível efetuar esse produto, é necessário reduzir os dois radicais ao mesmo índice através da regra abaixo:

I. Calcular o MMC entre os índices. O valor encontrado no MMC será o novo índice dos radicais;

II. O expoente do radicando será o resultado da divisão do novo índice pelo índice antigo;

III. Para encontrar o resultado final devemos multiplicar/dividir os radicais.

Exemplos: Calcule:

a) $\sqrt[3]{x}\ .\ \sqrt[4]{y}$ **MMC(3, 4) = 12**

$= \sqrt[12]{x^{12:3}}\ .\ \sqrt[12]{y^{12:4}}$

$= \sqrt[12]{x^4}\ .\ \sqrt[12]{y^3}$

$= \sqrt[12]{x^4\ .\ y^3}$

b) $\sqrt{2} : \sqrt[3]{2}$ **MMC(2, 3) = 6**

$= \sqrt[6]{2^{6:2}} : \sqrt[6]{2^{6:3}}$

$= \sqrt[6]{2^3} : \sqrt[6]{2^2}$

$= \sqrt[6]{\frac{2^3}{2^2}}$

$= \sqrt[6]{2}$

EXERCÍCIOS

20) **(EEAR)** Efetuando-se a multiplicação $\sqrt[4]{2}\ .\ \sqrt[3]{2}\ .\ \sqrt{2}$, obtém-se

a) $2\sqrt[4]{2}$ b) $\sqrt[8]{2}$ c) $\sqrt[12]{2}$ d) $2\sqrt[12]{2}$

Resolução:

Como os índices são diferentes, então é preciso calcular o **MMC** entre eles, ou seja, **MMC (4, 3, 2) = 12**. Assim, temos o seguinte:

$\sqrt[4]{2}\ .\ \sqrt[3]{2}\ .\ \sqrt{2}$ **MMC (4, 3, 2) = 12**

$= \sqrt[12]{2^{12/4}}\ .\ \sqrt[12]{2^{12/3}}\ .\ \sqrt[12]{2^{12/2}} = \sqrt[12]{2^3}\ .\ \sqrt[12]{2^4}\ .\ \sqrt[12]{2^6} = \sqrt[12]{2^3\ .\ 2^4\ .\ 2^6} = \sqrt[12]{2^{13}} = \sqrt[12]{2^{12}.2} = 2\sqrt[12]{2}$

GABARITO: D

21) **(EPCAR)** Efetue $\frac{2\sqrt[6]{27}}{\sqrt[4]{9}}$.

<u>Resolução</u>:

Como os índices são diferentes, então é preciso calcular o **MMC** entre eles, ou seja, **MMC (6, 4) = 12**.

$$\frac{2\sqrt[6]{27}}{\sqrt[4]{9}} = \frac{2\sqrt[12]{27^{12:6}}}{\sqrt[12]{9^{12:4}}} = \frac{2\sqrt[12]{27^2}}{\sqrt[12]{9^3}} = \frac{2\sqrt[12]{729}}{\sqrt[12]{729}} = 2 . \sqrt[12]{\frac{729}{729}} = 2 . \sqrt[12]{1} = 2 . 1 = 2$$

<u>GABARITO</u>: 2

22) **(ESPCEX)** Reduza $\sqrt{\frac{a\sqrt{b}}{\sqrt[3]{ab}}} . \sqrt[4]{b}$ a expressão mais simples.

<u>Resolução</u>:

$$\sqrt{\frac{a\sqrt{b}}{\sqrt[3]{ab}}} . \sqrt[4]{b} = \sqrt{\frac{\sqrt{a^2 . b}}{\sqrt[3]{ab}}} . \sqrt[4]{b} = \frac{\sqrt[4]{a^2 . b}}{\sqrt[6]{ab}} . \sqrt[4]{b} = \frac{\sqrt[4]{a^2 . b . b}}{\sqrt[6]{ab}} = \frac{\sqrt[4]{a^2 . b^2}}{\sqrt[6]{ab}} = \frac{\sqrt{ab}}{\sqrt[6]{ab}} = \frac{\sqrt[12]{(ab)^{12:2}}}{\sqrt[12]{(ab)^{12:6}}} = \frac{\sqrt[12]{(ab)^6}}{\sqrt[12]{(ab)^2}} = \sqrt[12]{\frac{(ab)^6}{(ab)^2}} =$$
$$\sqrt[12]{(ab)^4} = \sqrt[3]{ab}$$

<u>GABARITO</u>: $\sqrt[3]{ab}$

III. <u>Potenciação</u>

- Para elevarmos um radical a um expoente, devemos conservar o índice e elevar o coeficiente e o radicando a esse expoente.

$$\left(x^y . \sqrt[n]{a^b}\right)^z = x^{yz} . \sqrt[n]{a^{bz}}$$

<u>Exemplos</u>:

a) $\left(\sqrt[9]{x^4}\right)^2 = \sqrt[9]{x^{4 . 2}} = \sqrt[9]{x^8}$

b) $\left(2^3\sqrt[7]{3^4}\right)^2 = 2^{3.2}\sqrt[7]{3^{4 . 2}} = 2^6\sqrt[7]{3^8} = 2^6 . 3\sqrt[7]{3} = 192\sqrt[7]{3}$

<u>EXERCÍCIOS</u>

23) **(GUALIMP)** Assinale a alternativa que corresponde ao resultado: $\left(4\sqrt[3]{5}\right)^2$

a) $4\sqrt[3]{25}$ b) $16\sqrt{5}$ c) $4\sqrt[6]{5}$ d) $16\sqrt[3]{25}$

<u>Resolução</u>:

$\left(4\sqrt[3]{5}\right)^2 = 4^2 . \sqrt[3]{5}^2 = 16.\sqrt[3]{25}$

<u>GABARITO</u>: D

IV. Radiciação

- Para extrairmos a raiz de um radical, devemos multiplicar os índices e conservar o radicando.

$$\sqrt[n]{\sqrt[m]{a}} = \sqrt[m\,.\,n]{a}$$

Exemplos:

a) $\sqrt[3]{\sqrt[4]{7}} = \sqrt[3\,.\,4]{7} = \sqrt[12]{7}$

b) $\sqrt{\sqrt[5]{\sqrt[4]{3}}} = \sqrt[2\,.\,5\,.\,4]{3} = \sqrt[40]{3}$

EXERCÍCIOS

24) **(FUNDATEC)** Assinale a alternativa cujo valor represente o resultado da seguinte expressão:

$\sqrt[3]{\sqrt{64}}$

a) 8 b) 6 c) 4 d) 3 e) 2

Resolução:

$\sqrt[3]{\sqrt{64}} = \sqrt[3]{\sqrt[2]{64}} = \sqrt[6]{64} = \sqrt[6]{2^6} = 2$

GABARITO: E

25) **(FEPESE)** Se x = $\sqrt[3]{\sqrt[4]{2^6\,3^{12}}}$, então x^2 é

a) Maior que 15 e menor que 20

b) Maior que 20 e menor que 25

c) Maior que 25 e menor que 30

d) Maior que 30

e) Menor que 15

Resolução:

x = $\sqrt[3]{\sqrt[4]{2^6\,.\,3^{12}}} = \sqrt[12]{2^6\,.\,3^{12}} = \sqrt{2\,.\,3^2} = \sqrt{2\,.\,9} = \sqrt{18}$

Logo, $x^2 = \left(\sqrt{18}\right)^2$ = 18.

GABARITO: A

26) **(FUNDATEC)** Assinale a alternativa que indica corretamente o resultado da radiciação abaixo.

$\sqrt{\sqrt[3]{729}}$

a) 9 b) 8 c) 6 d) 3 e) 2

Resolução:

$\sqrt{\sqrt[3]{729}} = \sqrt[2]{\sqrt[3]{729}} = \sqrt[6]{729} = \sqrt[6]{3^6} = 3$

GABARITO: D

VII) Racionalização de denominadores

- Racionalizar um denominador significa eliminar o radical desse denominador. Para racionalizar um denominador, devemos multiplicar o numerador e o denominador da fração pelo fator racionalizante. Estudaremos a seguir os casos de racionalização de denominadores.

1º Caso: Denominador formado por um único radical de índice 2

- Neste caso, o fator racionalizante é o próprio radical.

$\frac{A}{\sqrt{B}} \rightarrow$ ***FATOR RACIONALIZANTE***: $\sqrt{B}$

Exemplos: Racionalize os denominadores abaixo:

a) $\frac{7}{\sqrt{3}}$

Fator racionalizante: $\sqrt{3}$

Logo, temos que: $\frac{7}{\sqrt{3}} \cdot \frac{\sqrt{3}}{\sqrt{3}} = \frac{7\sqrt{3}}{\sqrt{9}} = \frac{7\sqrt{3}}{3}$

b) $\frac{9}{5\sqrt{2}}$

Fator racionalizante: $\sqrt{2}$

Assim, temos que: $\frac{9}{5\sqrt{2}} \cdot \frac{\sqrt{2}}{\sqrt{2}} = \frac{9\sqrt{2}}{5\sqrt{4}} = \frac{9\sqrt{2}}{5\,.\,2} = \frac{9\sqrt{2}}{10}$

c) $\frac{\sqrt{3}}{2\sqrt{7}}$

Fator racionalizante: $\sqrt{7}$

Logo, temos que: $\frac{\sqrt{3}}{2\sqrt{7}} \cdot \frac{\sqrt{7}}{\sqrt{7}} = \frac{\sqrt{21}}{2\sqrt{49}} = \frac{\sqrt{21}}{2\,.\,7} = \frac{\sqrt{21}}{14}$

EXERCÍCIOS

27) **(COLÉGIO PEDRO II)** Racionalizar o denominador de $\frac{15\sqrt{2}}{\sqrt{5}}$.

Resolução:

$\frac{15\sqrt{2}}{\sqrt{5}} = \frac{15\sqrt{2}}{\sqrt{5}} \cdot \frac{\sqrt{5}}{\sqrt{5}} = \frac{15\sqrt{10}}{5} = 3\sqrt{10}$

GABARITO: $3\sqrt{10}$

<u>2º Caso</u>: Denominador formado por um único radical de índice diferente de 2

- Neste caso, o fator racionalizante é calculado da seguinte forma:

$\frac{A}{\sqrt[n]{B^x}}$ → ***FATOR RACIONALIZANTE***: $\sqrt[n]{B^{n-x}}$

<u>Exemplos</u>: Racionalize os denominadores abaixo:

a) $\frac{A}{\sqrt[3]{B^2}}$

Fator racionalizante: $\sqrt[3]{B^{3-2}} = \sqrt[3]{B^1} = \sqrt[3]{B}$

Assim, temos que: $\frac{A}{\sqrt[3]{B^2}} \cdot \frac{\sqrt[3]{B}}{\sqrt[3]{B}} = \frac{A\sqrt[3]{B}}{\sqrt[3]{B^3}} = \frac{A\sqrt[3]{B}}{B}$

b) $\frac{2}{\sqrt[5]{3}}$

Fator racionalizante: $\sqrt[5]{3^{5-1}} = \sqrt[5]{3^4}$

Logo, temos que: $\frac{2}{\sqrt[5]{3}} \cdot \frac{\sqrt[5]{3^4}}{\sqrt[5]{3^4}} = \frac{2\sqrt[5]{3^4}}{\sqrt[5]{3^5}} = \frac{2\sqrt[5]{81}}{3}$

c) $\frac{5}{\sqrt[7]{5^4}}$

Fator racionalizante: $\sqrt[7]{5^{7-4}} = \sqrt[7]{5^3}$

Assim, temos que: $\frac{5}{\sqrt[7]{5^4}} \cdot \frac{\sqrt[7]{5^3}}{\sqrt[7]{5^3}} = \frac{5\sqrt[7]{5^3}}{\sqrt[7]{5^7}} = \frac{5\sqrt[7]{125}}{5} = \sqrt[7]{125}$

<u>EXERCÍCIOS</u>

28) Racionalizar o denominador de $\frac{x}{\sqrt[3]{\sqrt{x}}}$.

<u>Resolução</u>:

$$\frac{x}{\sqrt[3]{\sqrt{x}}} = \frac{x}{\sqrt[6]{x}} = \frac{x}{\sqrt[6]{x}} \cdot \frac{\sqrt[6]{x^5}}{\sqrt[6]{x^5}} = \frac{x.\sqrt[6]{x^5}}{\sqrt[6]{x^6}} = \frac{x.\sqrt[6]{x^5}}{x} = \sqrt[6]{x^5}$$

<u>GABARITO</u>: $\sqrt[6]{x^5}$

3º Caso: Denominador formado pela soma ou diferença de radicais de índices iguais a 2

- Neste caso, o fator racionalizante é calculado da seguinte forma:

$\frac{A}{\sqrt{B}+\sqrt{C}} \rightarrow$ ***FATOR RACIONALIZANTE***: $\sqrt{B} - \sqrt{C}$

$\frac{A}{\sqrt{B}-\sqrt{C}} \rightarrow$ ***FATOR RACIONALIZANTE***: $\sqrt{B} + \sqrt{C}$

Exemplos: Racionalize os denominadores abaixo:

a) $\frac{2}{\sqrt{7}-\sqrt{3}}$

Fator racionalizante: $\sqrt{7} + \sqrt{3}$

Logo, temos que: $\frac{2}{(\sqrt{7}-\sqrt{3})} \cdot \frac{(\sqrt{7}+\sqrt{3})}{(\sqrt{7}+\sqrt{3})} = \frac{2(\sqrt{7}+\sqrt{3})}{(\sqrt{7})^2-(\sqrt{3})^2} = \frac{2(\sqrt{7}+\sqrt{3})}{7-3} = \frac{2(\sqrt{7}+\sqrt{3})}{4} = \frac{\sqrt{7}+\sqrt{3}}{2}$

b) $\frac{11}{\sqrt{3}+\sqrt{2}}$

Fator racionalizante: $\sqrt{3} - \sqrt{2}$

Assim, temos que: $\frac{11}{(\sqrt{3}+\sqrt{2})} \cdot \frac{(\sqrt{3}-\sqrt{2})}{(\sqrt{3}-\sqrt{2})} = \frac{11(\sqrt{3}-\sqrt{2})}{(\sqrt{3})^2-(\sqrt{2})^2} = \frac{11(\sqrt{3}-\sqrt{2})}{3-2} = \frac{11(\sqrt{3}-\sqrt{2})}{1} = 11(\sqrt{3} - \sqrt{2}) = 11\sqrt{3} - 11\sqrt{2}$

VIII) Radical duplo

- O radical duplo possui a seguinte forma: $\sqrt{A \pm \sqrt{B}}$

- Para escrever o radical duplo de uma forma mais simples devemos observar a explicação a seguir:

- Sendo C = $\sqrt{A^2 - B}$, então temos que: $\begin{cases} \sqrt{A+\sqrt{B}} = \sqrt{\frac{A+C}{2}} + \sqrt{\frac{A-C}{2}} \\ \sqrt{A-\sqrt{B}} = \sqrt{\frac{A+C}{2}} - \sqrt{\frac{A-C}{2}} \end{cases}$

- Para facilitar a memorização, podemos escrever que sendo C = $\sqrt{A^2 - B}$, então $\sqrt{\mathbf{A} \pm \sqrt{\mathbf{B}}} = \sqrt{\frac{A+C}{2}} \pm \sqrt{\frac{A-C}{2}}$.

Exemplos:

a) $\sqrt{3+\sqrt{8}}$

No radical duplo acima, temos que A = 3 e B = 8.

C = $\sqrt{A^2-B}$ = $\sqrt{3^2-8}$ = $\sqrt{9-8}$ = $\sqrt{1}$ = 1.

Sabemos que $\sqrt{A+\sqrt{B}} = \sqrt{\frac{A+C}{2}} + \sqrt{\frac{A-C}{2}}$. Logo, temos que:

$\sqrt{3+\sqrt{8}} = \sqrt{\frac{3+1}{2}} + \sqrt{\frac{3-1}{2}} = \sqrt{\frac{4}{2}} + \sqrt{\frac{2}{2}} = \sqrt{2} + \sqrt{1} = \sqrt{2} + 1.$

b) $\sqrt{4-\sqrt{12}}$

No radical duplo acima, temos que A = 4 e B = 12.

C = $\sqrt{A^2-B}$ = $\sqrt{4^2-12}$ = $\sqrt{16-12}$ = $\sqrt{4}$ = 2.

Sabemos que $\sqrt{A-\sqrt{B}} = \sqrt{\frac{A+C}{2}} - \sqrt{\frac{A-C}{2}}$. Logo, temos que:

$\sqrt{4-\sqrt{12}} = \sqrt{\frac{4+2}{2}} - \sqrt{\frac{4-2}{2}} = \sqrt{\frac{6}{2}} - \sqrt{\frac{2}{2}} = \sqrt{3} - \sqrt{1} = \sqrt{3} - 1.$

c) $\sqrt{11+6\sqrt{2}}$

Note que $\sqrt{11+6\sqrt{2}} = \sqrt{11+\sqrt{2\,.\,6^2}} = \sqrt{11+\sqrt{72}}$

No radical duplo acima, temos que A = 11 e B = 72.

C = $\sqrt{A^2-B}$ = $\sqrt{11^2-72}$ = $\sqrt{121-72}$ = $\sqrt{49}$ = 7.

Sabemos que $\sqrt{A+\sqrt{B}} = \sqrt{\frac{A+C}{2}} + \sqrt{\frac{A-C}{2}}$. Logo, temos que:

$\sqrt{11+\sqrt{72}} = \sqrt{\frac{11+7}{2}} + \sqrt{\frac{11-7}{2}} = \sqrt{\frac{18}{2}} + \sqrt{\frac{4}{2}} = \sqrt{9} + \sqrt{2} = 3 + \sqrt{2}$

EXERCÍCIOS

29) **(CFN)** Transforme o radical duplo na soma de dois radicais simples: $\sqrt{13+2\sqrt{30}}$

a) $2\sqrt{10} + 3\sqrt{3}$

b) $\sqrt{10} + \sqrt{3}$

c) $5\sqrt{3} + 2\sqrt{2}$

d) $\sqrt{3} + \sqrt{2}$

e) $\sqrt{3} + 2\sqrt{10}$

Resolução:

Sabemos que $\sqrt{13+2\sqrt{30}} = \sqrt{13+\sqrt{2^2\,.\,30}} = \sqrt{13+\sqrt{120}}$. Logo, A = 13 e B = 120.

Vamos calcular o valor de "C", ou seja, C = $\sqrt{A^2-B}$ = $\sqrt{13^2-120}$ = $\sqrt{169-120}$ = $\sqrt{49}$ = 7.

Agora vamos transformar o radical duplo na soma de dois radicais simples.

$$\sqrt{A+\sqrt{B}} = \sqrt{\frac{A+C}{2}} + \sqrt{\frac{A-C}{2}}$$

$$\sqrt{13+\sqrt{120}} = \sqrt{\frac{13+7}{2}} + \sqrt{\frac{13-7}{2}} = \sqrt{\frac{20}{2}} + \sqrt{\frac{6}{2}} = \sqrt{10} + \sqrt{3}$$

GABARITO: B

30) Transforme $\sqrt[3]{10+\sqrt{108}}$ numa soma de radicais simples.

Resolução:

$\sqrt[3]{10+\sqrt{108}} = \sqrt[3]{10+\sqrt{36\,.\,3}} = \sqrt[3]{10+6\sqrt{3}}$

Seja $\sqrt[3]{10+6\sqrt{3}} = x + \sqrt{y}$. Assim, temos o seguinte:

$\left(\sqrt[3]{10+6\sqrt{3}}\right)^3 = \left(x+\sqrt{y}\right)^3$

$10 + 6\sqrt{3} = x^3 + 3x^2\sqrt{y} + 3xy + \left(\sqrt{y}\right)^3$

$10 + 6\sqrt{3} = x^3 + 3x^2\sqrt{y} + 3xy + y\sqrt{y}$

$10 + 6\sqrt{3} = x^3 + 3xy + 3x^2\sqrt{y} + y\sqrt{y}$

$10 + \underbrace{6}\sqrt{\underline{3}} = x^3 + 3xy + \left(\underbrace{3x^2+y}\right)\sqrt{\underline{y}}$

Observando a igualdade acima é possível calcular os valores de x e y da seguinte forma:

1º) y = 3, pois ambos são radicandos.

2º) $3x^2 + y = 6$

$3x^2 + 3 = 6$

$3x^2 = 6 - 3$

$3x^2 = 3$

$x^2 = \frac{3}{3}$

$x^2 = 1$

$x = \pm\sqrt{1}$

$x = \pm 1$

Logo, $\sqrt[3]{10+6\sqrt{3}} = x + \sqrt{y} = 1 + \sqrt{3}$

GABARITO: $1 + \sqrt{3}$

A seguir, faremos uma bateria de exercícios de todo conteúdo estudado neste capítulo.

EXERCÍCIOS

31) **(ASPERHS)** Qual das expressões abaixo não é possível no conjunto dos números reais ?

a) $\sqrt{4+5}$ b) $\sqrt{32\,.\,2}$ c) $\sqrt{-3\,.\,3}$ d) $-x^2 = -9$ e) $x = \sqrt{\frac{16}{25}}$

32) Considere as afirmações:

I) $\sqrt{-4}\,.\,\sqrt{-16} = \sqrt{(-4)\,.\,(-16)}$

II) $\sqrt{(-4)\,.\,(-16)} = \sqrt{64}$

III) $\sqrt{64} = 8$

São falsas:

a) nenhuma

b) I somente

c) II somente

d) III somente

e) I e III somente

33) **(CN)** São dadas as afirmativas abaixo no conjunto dos números reais:

(1) $\sqrt{(-2)^2} = -2$

(2) $\frac{\sqrt{-4}}{\sqrt{-9}} = \frac{\sqrt{(-1)\,.\,(4)}}{\sqrt{(-1)\,.\,(9)}} = \frac{\sqrt{-1}\,.\,\sqrt{4}}{\sqrt{-1}\,.\,\sqrt{9}} = \frac{\sqrt{4}}{\sqrt{9}} = \frac{2}{3}$

(3) $\left(\sqrt{-2}\right)^2 = -2$

(4) $\sqrt{3+2} = \sqrt{3} + \sqrt{2}$

Assinale a alternativa correta:

a) Todas as afirmativas são falsas

b) Somente (2) é verdadeira

c) (1) e (2) são verdadeiras

d) (1), (2) e (3) são verdadeiras

e) Todas as afirmativas são verdadeiras

34) **(CN)** Analise as afirmativas abaixo, onde **a** e **b** são números reais.

I. $\sqrt{a^2} + \sqrt{b^2} = \sqrt{(a+b)^2}$ II. $\sqrt{a^2}\,.\,\sqrt{b^2} = \sqrt{(\mathbf{a}\,.\,\mathbf{b})^2}$ III. $\frac{\sqrt{a^2}}{\sqrt{b^2}} = \sqrt{(\mathbf{a} : \mathbf{b})^2}$, $b \neq 0$

Assinale a alternativa correta.

a) As afirmativas I, II e III são sempre verdadeiras

b) Apenas a afirmativa I é sempre verdadeira

c) Apenas as afirmativas I e II são sempre verdadeiras

d) Apenas as afirmativas I e III são sempre verdadeiras

e) Apenas as afirmativas II e III são sempre verdadeiras

35) **(EsSA)** O radical $\sqrt[6]{2^4}$ é equivalente a:

a) $\sqrt[3]{2}$ b) $\sqrt{2}$ c) $\sqrt{2^3}$ d) $\sqrt[3]{4}$

36) **(EAM)** $\sqrt{75}$ é equivalente a:

a) 37,5 b) 75 c) $5\sqrt{5}$ d) $3\sqrt{5}$ e) $5\sqrt{3}$

37) **(OBJETIVA)** O número $\sqrt{243}$ é igual a:

a) $3\sqrt{3}$ b) $9\sqrt{3}$ c) $18\sqrt{3}$ d) $27\sqrt{3}$

38) **(EEAR)** Sabendo que $\sqrt{3}$ = 1,73, podemos dizer que $\sqrt{1200}$ é:

a) 17,30 b) 34,60 c) 69,20 d) 103,80

39) **(CFN)** Seja $\sqrt{13^2 - 12^2}$ = $\sqrt[n]{125}$, qual o valor de "n" ?

a) 1 b) 2 c) 3 d) 4 e) 5

40) **(CONSESP)** Calcule $\sqrt[4]{625}$:

a) 100 b) 20 c) 50 d) 5

41) **(MGA)** $\left(\sqrt{5}\right)^3$ é igual a:

a) $2\sqrt{5}$ b) $3\sqrt{5}$ c) $5\sqrt{5}$ d) $5\sqrt{15}$

42) **(CN)** A raiz cúbica de um número N, é 6,25. Calcular a raiz sexta desse número N.

a) $\frac{2\sqrt{5}}{5}$ b) 2,05 c) $2\sqrt{5}$ d) 2,5 e) 1,5

43) **(CN)** O número $\sqrt{1 + \sqrt[3]{4} + \sqrt[3]{16}}$ está situado entre

a) 1 e 1,5

b) 1,5 e 2

c) 2 e 2,5

d) 2,5 e 3

e) 3,5 e 4

44) **(CM – RJ)** Você sabe elevar números naturais terminados em 5 ao quadrado de forma rápida? Observe o método:

Considere o número N5, sendo N natural. Então $(N5)^2$ vale M25, sendo M = N . (N + 1).

<u>Exemplos</u>:

Utilizando o método temos:

45^2 = 2025, pois, para N = 4, teremos M = 4 . 5 = 20.

105^2 = 11025, pois, para N = 10, teremos M = 10 . 11 = 110.

Baseado nessa ideia, qual dos números abaixo gera, nos naturais, uma raiz quadrada exata?

a) 100625 b) 308425 c) 403525 d) 416025 e) 500625

45) **(CN)** Quantas vezes inteiras a raiz quadrada de 0,5 cabe na raiz cúbica de 10?

a) Uma b) Duas c) Três d) Quatro e) Cinco

46) **(CFN)** Simplifique o radical $\frac{1}{xy}\sqrt{12x^3\,y^5}$

a) $6x\sqrt{2xy}$ b) $3y\sqrt{3xy}$ c) $2x\sqrt{6xy}$ d) $2y\sqrt{3xy}$ e) $x\sqrt{3xy}$

47) **(EsSA)** Calculando-se o valor da expressão $\sqrt{a\sqrt{a\sqrt{a\sqrt{a}}}}$, obtemos:

a) a^{16} b) a^{-16} c) a^{-15} d) $a^{-15/16}$ e) $a^{15/16}$

48) **(EsSA)** Simplificando a expressão $\sqrt{x^2\,\sqrt[3]{x\sqrt{x^4}}}$, sendo x ≥ 0, obtemos:

a) x^2 b) $\sqrt[3]{x}$ c) $x\,\sqrt[3]{x}$ d) $\sqrt[6]{x}$ e) $x\sqrt{x}$

49) **(EEAR)** Os valores de $\left(\sqrt{\sqrt[3]{5\sqrt{5}}}\right)^8$ e de $2^{-3/4}$ são, respectivamente

a) 25 e $\frac{\sqrt[4]{2}}{2}$ b) 5 e $\frac{\sqrt[4]{2}}{2}$ c) 5 e $\sqrt[4]{8}$ d) 25 e $\sqrt[4]{8}$

50) **(MOURA MELO)** Colocando-se os radicais $\sqrt[3]{\sqrt{\sqrt[3]{a^{20}}}}$ sob um único radical, obtém-se:

a) $a\,\sqrt[9]{a}$ b) $a\,\sqrt[18]{a}$ c) $a\,\sqrt[3]{a^2}$ d) $a\,\sqrt[36]{a}$

51) **(CM – RJ)** A forma de potência mais simples do radical $\sqrt[3]{11^{29}.\sqrt[4]{11^{28}.\sqrt[5]{11^{27}.\sqrt[6]{11^{26}.\sqrt[7]{11^{25}}}}}}$ é

a) $11^{3509/280}$ b) $11^{1131/56}$ c) $11^{504/125}$ d) $11^{27/5}$ e) $11^{3/56}$

52) **(CM – RECIFE)** Simplificando a expressão abaixo, obtém-se

$$\frac{\left(\sqrt[5]{31+\sqrt[6]{10-\sqrt{83-\sqrt{4}}}}\right)^2}{\left(\sqrt[3]{\sqrt[6]{2^9}}\right)^4 \cdot \left(\sqrt[6]{\sqrt[3]{2^9}}\right)^4}$$

a) $(-2)^{-2}$ b) -2^{-2} c) -2^2 d) $(-2)^2$ e) 1

53) **(CEFET)** Simplificando o radical $\sqrt[4]{a^2-2ab+b^2}$:

a) (a + b)(a – b)

b) $(a-b)^2$

c) $\sqrt{a-b}$

d) (a – b)2ab

e) (a + b) – 2ab

54) **(EEAR)** Simplificando-se $\sqrt[a]{\frac{3^{1+a}}{3^{1-a}}}$, para a ∈ $\mathbb{N}^*$, obtém-se

a) 1 b) $\sqrt{3}$ c) 3 d) 9

55) **(EsSA)** Efetuando $\sqrt{9}+\sqrt{4}$, encontramos:

a) $\sqrt{13}$ b) 6 c) 5 d) 9/4

56) **(UNIUV)** Efetuando $\sqrt{8}+\sqrt{32}$, temos:

a) $\sqrt{40}$ b) $2\sqrt{20}$ c) $6\sqrt{2}$ d) $20\sqrt{2}$ e) 40

57) **(METTA)** Encontre a solução de $\sqrt{27}+\sqrt{75}$:

a) $\sqrt{102}$ b) $\sqrt{3}$ c) $8\sqrt{3}$ d) $\sqrt{3}+8$ e) $3\sqrt{2}$

58) **(EsSA)** Simplificando $\sqrt{20}+\sqrt{45}$, encontramos:

a) $5\sqrt{2}+5\sqrt{3}$ b) $10\sqrt{6}$ c) $5\sqrt{5}$ d) $6\sqrt{5}$ e) $-\sqrt{5}$

59) **(EAM)** Qual é o valor de Y = $\sqrt{32} - \sqrt{8}$?

a) 1 b) $\sqrt{2}$ c) $6\sqrt{2}$ d) $2\sqrt{6}$ e) $2\sqrt{2}$

60) **(CONSULPLAN)** A expressão $\sqrt{28} + \sqrt{175}$ é igual a:

a) $7\sqrt{7}$ b) $5\sqrt{7}$ c) $7\sqrt{2}$ d) $5\sqrt{2}$ e) nra

61) **(EsSA)** O resultado da operação $\sqrt{27} - \sqrt{3} - \sqrt{12}$ é:

a) 0 b) 6 c) $2\sqrt{3}$ d) $3\sqrt{3}$

62) **(EsSA)** O valor da expressão $\sqrt{8} - \sqrt{2} + \sqrt{18}$ é:

a) 0 b) $\sqrt{24}$ c) $4\sqrt{2}$ d) $2\sqrt{3}$

63) **(EsSA)** O valor de $\sqrt{8} - \sqrt{18} + \sqrt{2}$ é:

a) $-\sqrt{2}$ b) 0 c) $\sqrt{2}$ d) $2\sqrt{2}$ e) $6\sqrt{2}$

64) **(EsSA)** Efetuando $\sqrt{32} + \sqrt{8} - 6\sqrt{2}$, encontramos:

a) zero b) $\sqrt{2}$ c) $\sqrt{28}$ d) 14

65) **(EsSA)** Efetuando $\sqrt{50} + \sqrt{18} - \sqrt{8}$, encontramos:

a) $\sqrt{60}$ b) 30 c) $15\sqrt{2}$ d) $6\sqrt{2}$

66) **(EEAR)** A expressão $\sqrt{98} - \sqrt{32} + \sqrt{50} - \sqrt{18}$ é equivalente a

a) $3\sqrt{2}$ b) $5\sqrt{2}$ c) $7\sqrt{2}$ d) $9\sqrt{2}$

67) **(EsSA)** Simplificando $2\sqrt{8} - 4\sqrt{18} + \sqrt{32}$, obtemos:

a) $+\sqrt{2}$ b) $-\sqrt{8}$ c) $+\sqrt{8}$ d) $-4\sqrt{2}$ e) $-2\sqrt{8}$

68) **(EsSA)** O resultado simplificado da expressão $\sqrt{9x + 18} + \sqrt{4x + 8} - \sqrt[4]{x^2 - 4x + 4}$ é:

a) $\sqrt{13x + 26} - (x + 2)$

b) $5\sqrt{x + 2}$

c) $\sqrt{12x + 24}$

d) $4\sqrt{x + 2}$

69) **(CONSULPLAN)** Simplificando-se a expressão $5\sqrt{2} - 2\sqrt{5} + \sqrt{50} - 2\sqrt{20} + \sqrt{500}$ obtém-se:

a) $10\sqrt{2} + 4\sqrt{5}$
b) $14\sqrt{7}$
c) $5\sqrt{577}$
d) $4\sqrt{2} + 10\sqrt{5}$
e) $2\sqrt{10} + 5\sqrt{4}$

70) **(FCC)** A soma S é dada por: $S = \sqrt{2} + \sqrt{8} + 2\sqrt{2} + 2\sqrt{8} + 3\sqrt{2} + 3\sqrt{8} + 4\sqrt{2} + 4\sqrt{8} + 5\sqrt{2} + 5\sqrt{8}$
Dessa forma, S é igual a

a) $\sqrt{90}$ b) $\sqrt{405}$ c) $\sqrt{900}$ d) $\sqrt{4050}$ e) $\sqrt{9000}$

71) **(EEAR)** Efetuando-se $3 \,.\, 50^{1/2} + 2 \,.\, 2^{1/2} + 18^{1/2}$, obtém-se

a) $40^{1/2}$ b) $80^{1/2}$ c) $600^{1/2}$ d) $800^{1/2}$

72) **(EEAR)** Efetuando a adição $2\sqrt{3} + \frac{\sqrt{12}}{2} + 3\sqrt{27}$, obtém-se

a) $\frac{5\sqrt{2}}{2}$ b) $\frac{13\sqrt{3}}{2}$ c) $12\sqrt{3}$ d) 36

73) **(EEAR)** Simplificando-se $\frac{\sqrt{12} + \sqrt{75}}{2\sqrt{147}}$, obtém-se

a) $\frac{1}{2}$ b) $\frac{\sqrt{2}}{2}$ c) $\frac{\sqrt{3}}{3}$ d) $\frac{\sqrt{87}}{2\sqrt{147}}$

74) **(EsSA)** O maior dos radicais $\sqrt{2}$, $\sqrt[3]{3}$, $\sqrt[4]{5}$, $\sqrt[6]{10}$ é:

a) $\sqrt[6]{10}$ b) $\sqrt[4]{5}$ c) $\sqrt[3]{3}$ d) $\sqrt{2}$

75) **(CAP CONSULTORIA)** Qual a ordem crescente dos números $\sqrt{3}$, $\sqrt[3]{5}$ e $\sqrt[4]{7}$?

a) $\sqrt{3}$, $\sqrt[3]{5}$, $\sqrt[4]{7}$
b) $\sqrt[3]{5}$, $\sqrt{3}$, $\sqrt[4]{7}$
c) $\sqrt[3]{5}$, $\sqrt[4]{7}$, $\sqrt{3}$
d) $\sqrt[4]{7}$, $\sqrt[3]{5}$, $\sqrt{3}$
e) $\sqrt[4]{7}$, $\sqrt{3}$, $\sqrt[3]{5}$

76) **(FJG)** Os valores $\sqrt[2]{4}$, $\sqrt[6]{8}$ e $\sqrt[3]{16}$, quando ordenados de modo decrescente, têm a seguinte apresentação:

a) $\sqrt[2]{4} > \sqrt[3]{16} > \sqrt[6]{8}$
b) $\sqrt[2]{4} > \sqrt[6]{8} > \sqrt[3]{16}$
c) $\sqrt[3]{16} > \sqrt[2]{4} > \sqrt[6]{8}$
d) $\sqrt[6]{8} > \sqrt[2]{4} > \sqrt[3]{16}$

77) **(EPCAR)** Se A = $\sqrt{3}$, B = $\sqrt[4]{5}$ e C = $\sqrt[3]{4}$ então será verdadeiro afirmar:

a) C < B < A
b) C < A < B
c) B < A < C
d) A < B < C
e) A > C > B

78) **(EAM)** Simplificando a expressão E = $\left(\sqrt{2+\sqrt{3}}\right).\left(\sqrt{2-\sqrt{3}}\right)$, que valor obtém-se para E?

a) 4 b) 3 c) 2 d) 1 e) 0

79) **(EAM)** Se A = $\sqrt{\sqrt{6}-2}\,.\,\sqrt{2+\sqrt{6}}$, então o valor de A^2 é:

a) 1 b) 2 c) 4 d) 6 e) 36

80) Efetuando $\sqrt{5}\,.\left(\sqrt{5+\sqrt{5}}\right).\left(\sqrt{5-\sqrt{5}}\right)$ obtém-se:

a) 10 b) $\sqrt{5}$ c) $\sqrt{10}$ d) 5 e) 1

81) **(CM – RJ)** Reduzindo $\dfrac{\sqrt[3]{\frac{a^{-2}}{b^{-1}}\sqrt{\frac{b^{-2}}{a^{-1}}}}}{\sqrt[4]{\frac{a}{b}\sqrt{\frac{a^{-3}}{b^{-5}}}}}$ x $\sqrt{\sqrt{\sqrt{\frac{a^{-1}}{b}}}}$ à expressão mais simples, encontramos:

a) $\sqrt{\frac{a}{b}}$ b) $\sqrt{\frac{b}{a}}$ c) $\sqrt{\frac{1}{ab}}$ d) $\sqrt{ab}$ e) $\sqrt{\frac{a^2}{b}}$

82) **(EEAR)** Supondo definida em $\mathbb{R}$ a fração $\dfrac{\sqrt{a}\,.\,\sqrt{a+\sqrt{a}}\,.\,\sqrt{a-\sqrt{a}}\,.\,\sqrt{a+1}}{\sqrt{a^2-1}}$, o seu valor é

a) $\sqrt{a+1}$ b) a + 1 c) a – 1 d) a

83) O valor de $\sqrt{2}\,.\,\sqrt{2+\sqrt{2}}\,.\,\sqrt{2+\sqrt{2+\sqrt{2}}}\,.\,\sqrt{2-\sqrt{2+\sqrt{2}}}$ é:

a) 0 b) 1 c) 2 d) 3 e) 4

84) O valor de $(\sqrt{a+b-c}+\sqrt{a-b+c}).(\sqrt{a+b-c}-\sqrt{a-b+c})$ é:

a) a b) b c) c d) 1 e) 2b – 2c

85) **(EsSA)** O resultado de $\sqrt{3}\,.\,\sqrt[3]{3}$ é:

a) $\sqrt[4]{3}$ b) $\sqrt[6]{3^5}$ c) $\sqrt[6]{3}$ d) $\sqrt[5]{3}$

86) **(CM – RECIFE)** Efetuando a operação $\sqrt[3]{10}\ .\ \sqrt[5]{10}$, encontraremos o seguinte resultado simplificado de

a) $\sqrt[15]{100}$ b) $\sqrt[15]{10}$ c) $\sqrt[15]{10^8}$ d) $\sqrt[8]{100}$

87) **(EsSA)** A única sentença verdadeira é:

a) $\sqrt[3]{\sqrt{a}} = \sqrt[5]{a}$

b) $\sqrt{a^2 + b^2} = a + b$

c) $\sqrt{a}\ .\ \sqrt{a} = a$

d) $\sqrt[3]{a}\ .\ \sqrt[3]{a} = \sqrt[3]{2a}$

88) **(FAEPESUL)** Considere as proposições:

I. $\sqrt[4]{32} = 2\sqrt{2}$ II. $\sqrt{\sqrt{\sqrt[3]{4096}}} = 2$ III. $\sqrt[11]{-1} = -1$ IV. $\left(\frac{3}{4}\right)^{-2} = \frac{9}{16}$

Assinale a alternativa que apresenta a quantidade de proposição (ões) CORRETA(S):

a) 3 b) 0 c) 1 d) 2 e) 4

89) **(CFN)** Transforme em uma única raiz:

$$\left\{\frac{\sqrt[6]{4}\ .\ \sqrt{\sqrt[3]{10}}}{\sqrt[6]{120}}\right.$$

a) $\sqrt[2]{\frac{1}{3}}$ b) $\sqrt[6]{\frac{1}{3}}$ c) $\sqrt[3]{2}$ d) $\sqrt[3]{\frac{1}{3}}$ e) $\sqrt[6]{2}$

90) **(CONCSEL)** Qual a forma mais simples de se escrever a expressão $\sqrt{\frac{a\sqrt{b}}{\sqrt{ab}}}\ .\ \sqrt[4]{b}$, considerando *a* e *b* dois números reais positivos?

a) $\sqrt[4]{ab}$ b) $\sqrt[4]{\frac{a}{b}}$ c) $\sqrt[4]{\frac{b}{a}}$ d) $\sqrt{a\ .\ b}$

91) **(CN)** O valor de $\sqrt[3]{16\sqrt{8}}\ .\ \sqrt[6]{0{,}125}$ é:

a) $2\sqrt{8}$

b) $4\sqrt[3]{4}$

c) $4\sqrt{2}$

d) $2\sqrt[3]{2}$

e) $4\sqrt[6]{2}$

92) **(EEAR)** Comparando

I) $\sqrt[3]{(0,1)^4} > \sqrt[3]{0,001}$

II) $\sqrt[3]{4} < \sqrt[4]{8}$

III) $\sqrt[5]{3^3} > \sqrt[8]{27^2}$

Pode-se afirmar que

a) II e III são falsos

b) I e II são verdadeiros

c) I e III são verdadeiros

d) somente o II é verdadeiro

93) **(EEAR)** Efetuando a divisão $\frac{a}{b}\sqrt{\frac{x}{y}} : \frac{3a}{5b}\sqrt{\frac{2x}{3y}}$ e simplificando, obtém-se

a) 5 b) $\frac{5\sqrt{3}}{6}$ c) $\frac{5\sqrt{2}}{3}$ d) $\frac{5\sqrt{6}}{6}$

94) **(EsSA)** Sendo $a \in \mathbb{R}^*$, o valor da expressão $\frac{\sqrt[3]{a^2}}{\sqrt{a}}$ é:

a) $\sqrt[3]{a}$ b) a c) $\sqrt[6]{a}$ d) $a\sqrt{a}$ e) a^2

95) **(EEAR)** O quociente de $\frac{\sqrt[7]{3^5} \cdot \sqrt[6]{3^5}}{\sqrt[21]{3^8}}$ é igual a

a) $\sqrt[3]{3}$ b) $\sqrt[6]{3}$ c) $3\sqrt[3]{3}$ d) $3\sqrt[6]{3}$

96) **(EEAR)** Efetuando $\sqrt[3]{k^2 + 6k + 9} \div \sqrt[4]{k + 3}$, obtemos

a) $\sqrt{k+3}$ b) $\sqrt[6]{k+3}$ c) $\sqrt[12]{(k+3)^5}$ d) $\sqrt[12]{k+3}$

97) Simplifique a expressão:

$\left(\sqrt{1-x} + \frac{1}{\sqrt{1+x}}\right) : \left(1 + \frac{1}{\sqrt{1-x^2}}\right)$

a) 1 – x b) x c) $\sqrt{1-x}$ d) 1 + x e) 1

98) **(EPCAR)** Simplificando a expressão abaixo, obtém-se

$$\frac{\left(\sqrt[5]{31 + \sqrt[6]{10 - \sqrt{83 - \sqrt{4}}}}\right)^2}{\left(\sqrt[3]{\sqrt[6]{2^9}}\right)^4 \cdot \left(\sqrt[6]{\sqrt[3]{2^9}}\right)^4}$$

a) $(-2)^{-2}$ b) -2^{-2} c) -2^2 d) $(-2)^2$

99) **(EAM)** Sendo a = $\sqrt{6} + 1$ e b = $\frac{1}{\sqrt{2}} + \sqrt{3}$, qual o valor de $a^2 + b^2$?

a) $\frac{21}{2} + 3\sqrt{6}$ b) $\frac{21+3\sqrt{6}}{2}$ c) $\frac{11}{2} + 3\sqrt{6}$ d) $11 + 3\sqrt{6}$ e) $\frac{11}{2}$

100) **(EEAR)** Se k = $\sqrt{3} + \sqrt{5}$, então $\sqrt{15}$ é igual a

a) $\frac{k^2 - 8}{2}$ b) $\frac{k^2}{2}$ c) $k^2 - 8$ d) k^2

101) O valor da expressão $(3 + 2\sqrt{5})^2 - (3\sqrt{3} - 2\sqrt{5})^2 + (3\sqrt{2})^2 - \sqrt{720} + \sqrt{2.160}$ é:

a) 0 b) 1 c) $\sqrt{15}$ d) $10\sqrt{15}$ e) $24\sqrt{15}$

102) **(EPCAR)** Marque a alternativa **FALSA**

a) $\sqrt{x^2} = x$ somente se $x \geq 0$

b) $\frac{a\sqrt[3]{a^2\sqrt{a^3}}}{\sqrt[3]{a\sqrt{a\sqrt{a}}}} = a\sqrt[12]{a^7}$, $(a \in \mathbb{R}_+^*)$

c) $\sqrt{x^2 + 2x + 1} = x + 1$, $\forall x \in \mathbb{R}$

d) $\left(\frac{2}{3}\right)^{1/2} + \left(\frac{2}{3}\right)^{-1/2} = \frac{5\sqrt{6}}{6}$

103) **(FCC)** Sendo A = $\sqrt{14}$, B = $\sqrt{7}$ e C = $\sqrt{2}$, o valor da expressão numérica $\frac{A\ .\ B}{C}$ é igual a

a) $\frac{\sqrt{98}}{2}$ b) $\frac{\sqrt{7}}{7}$ c) 7 d) $2\sqrt{7}$ e) 24,5

104) **(EsSA)** Racionalizando o denominador da expressão $\frac{9}{2\sqrt{3}}$, obtemos:

a) $4\sqrt{3}$ b) $\frac{\sqrt{3}}{2}$ c) $\sqrt{3}$ d) $\frac{3\sqrt{3}}{2}$

105) **(EEAR)** Simplificando-se a expressão $\sqrt{\frac{2}{3}} + \sqrt{\frac{3}{2}}$, obtém-se:

a) 1 b) $\sqrt{\frac{13}{6}}$ c) $\sqrt{\frac{5}{6}}$ d) $\frac{5\sqrt{6}}{6}$

106) **(EEAR)** Resolvendo a expressão $\sqrt[6]{512} - \left(\frac{1}{\sqrt{50}}\right)^{-1} + \frac{\sqrt{18}}{\sqrt{2} - 1}$, obtém-se

a) 3 b) $3\sqrt{2}$ c) 6 d) $6(\sqrt{2} - 1)$

107) **(EEAR)** O valor da expressão $\frac{2x}{\sqrt{1 - x^2}} - \frac{\sqrt{1 - x^2}}{2x}$, para x = $\frac{\sqrt{2}}{2}$, é igual a

a) ½ b) 1 c) 3/2 d) 2

108) **(NCE/UFRJ)** O valor da expressão $\frac{(\sqrt{5}+\sqrt{3})^2-(\sqrt{5}-\sqrt{3})^2}{\sqrt{45}}$ é igual a:

a) $\frac{3\sqrt{3}}{4}$ b) $\frac{3\sqrt{5}}{4}$ c) $\frac{4\sqrt{3}}{3}$ d) $\frac{4\sqrt{5}}{3}$ e) $\sqrt{5}+\sqrt{3}$

109) **(CESPE)** Depois das simplificações possíveis, o número z = $\frac{(20+\sqrt{2})^2-(20-\sqrt{2})^2}{\sqrt{2}}$ será igual a

a) 3 b) 40 c) 80 d) 400 e) 566

110) **(EEAR)** Sejam x = $\frac{2+(\sqrt{2}+1)}{\sqrt{2}}$ e y = $\frac{2-(\sqrt{2}-1)}{\sqrt{3}}$, o valor de $2x^2 - 3y^2$ é

a) 0 b) 4 c) 11 d) $12\sqrt{2}$

111) **(EPCAR)** Se $\frac{\sqrt{5}+\sqrt{2}}{\sqrt{5}}$ = k (5 + $\sqrt{10}$), então k = ...

a) $\frac{\sqrt{5}}{5}$ b) 5 c) $\frac{1}{5}$ d) $5\sqrt{2}$ e) $\frac{\sqrt{2}}{2}$

112) **(EEAR)** Para racionalizar o denominador da fração $\frac{2}{\sqrt[3]{x^2}}$, usa-se o fator racionalizante:

a) 1/3 b) $x^{1/3}$ c) $x^{2/3}$ d) $\frac{1}{x^{2/3}}$

113) **(Prefeitura do Rio de Janeiro/RJ)** Se $\sqrt[6]{16}$ = n, o valor da fração $\frac{6}{\sqrt[3]{2}}$ corresponde a:

a) n^3 b) 3n c) $\sqrt[3]{n}$ d) 3/n

114) **(EsSA)** Racionalizando-se a expressão $\frac{\sqrt[n]{a^m}}{\sqrt[n]{a^{n-2}}}$, obtemos:

a) $\sqrt[n]{a^{m+n-2}}$

b) $\frac{\sqrt[n]{a^{m+2}}}{a}$

c) $\sqrt[n]{a^{m-n+2}}$

d) m + n – 2

e) m – n – 2

115) **(CN)** A expressão $\frac{\sqrt[3]{0{,}25}-\sqrt[3]{2}}{\sqrt[3]{2}}$ é equivalente a:

a) $\sqrt[3]{-2}$

b) $\frac{\sqrt[3]{2}}{4}$

c) – 1

d) – ½

e) $\sqrt[3]{0{,}5}$

116) **(EsSA)** Racionalizando $\frac{1}{\sqrt{3}+\sqrt{2}}$, encontramos:

a) $\frac{\sqrt{3}-\sqrt{2}}{5}$ b) $\frac{\sqrt{3}+\sqrt{2}}{5}$ c) $\sqrt{3}-\sqrt{2}$ d) $\sqrt{3}+\sqrt{2}$

117) **(EsSA)** A expressão $\frac{1}{2+\sqrt{5}}$, depois de racionalizado o denominador, equivale a:

a) $\sqrt{5}-2$ b) $\sqrt{5}$ c) $2-\sqrt{5}$ d) $2+\sqrt{5}$

118) **(EsSA)** Racionalizando $\frac{2}{3+\sqrt{2}}$, obtemos:

a) $\frac{6-2\sqrt{3}}{5}$ b) $\frac{6-2\sqrt{2}}{7}$ c) $\frac{2+\sqrt{2}}{7}$ d) $\frac{4-\sqrt{2}}{11}$

119) **(EsSA)** Racionalizando a fração $\frac{5}{\sqrt{3}+2}$, obtemos:

a) $10+5\sqrt{3}$ b) $5\sqrt{3}-10$ c) $5\sqrt{3}$ d) $-5\sqrt{3}$ e) $10-5\sqrt{3}$

120) **(ASPERHS)** Sejam a = 2; b = 3 e c = $\sqrt{7}$ três números reais. O valor numérico da expressão $\frac{a}{b-c}$ é:

a) $3+\sqrt{7}$ b) $6+2\sqrt{7}$ c) $3+2\sqrt{7}$ d) $6+\sqrt{7}$ e) $5+3\sqrt{7}$

121) **(EAM)** Se $A = 2+\sqrt{3}$ e $B = \frac{2}{\sqrt{3}-1}$, o valor de A – B é igual a

a) $-\sqrt{3}$ b) -1 c) 1 d) $\sqrt{3}$ e) 3

122) **(CM – RECIFE)** Racionalizando o denominador da fração $\frac{3}{\sqrt{5}+\sqrt{2}}$ obtemos

a) $\sqrt{5}+\sqrt{2}$ b) $3\sqrt{5}+3\sqrt{2}$ c) $\sqrt{5}-\sqrt{2}$ d) $3\sqrt{5}-3\sqrt{2}$ e) $\frac{\sqrt{5}-\sqrt{3}}{2}$

123) **(EsSA)** Racionalizando o denominador da fração $\frac{\sqrt{3}}{2+\sqrt{3}}$, obtemos:

a) 3/5 b) $2\sqrt{3}-3$ c) $2\sqrt{3}+3$ d) ½

124) **(EsSA)** Racionalizando o denominador da expressão $\frac{\sqrt{6}}{\sqrt{3}-\sqrt{6}}$, obtemos:

a) $3\sqrt{2}+6$ b) $2+\sqrt{2}$ c) $-\frac{\sqrt{3}}{3}$ d) $\sqrt{3}+\sqrt{6}$ e) $-(\sqrt{2}+2)$

125) **(EAM)** Sabendo que a fração $\frac{y}{4}$ é proporcional à fração $\frac{3}{6-2\sqrt{3}}$, é correto afirmar que y é igual a:

a) $1 - 2\sqrt{3}$ b) $6 + 3\sqrt{3}$ c) $2 - \sqrt{3}$ d) $4 + 3\sqrt{3}$ e) $3 + \sqrt{3}$

126) **(EEAR)** Racionalizando $\frac{45}{\sqrt{3}+3\sqrt{2}}$, obtemos:

a) $3\sqrt{2} + \sqrt{3}$ b) $9\sqrt{2} - 6\sqrt{3}$ c) $5(\sqrt{3} + \sqrt{2})$ d) $3(3\sqrt{2} - \sqrt{3})$

127) **(EEAR)** Simplificando-se a fração $\frac{3\sqrt{3}}{\sqrt{3}+4\sqrt{\frac{1}{3}}}$, obtém-se

a) $\frac{3}{7}$ b) $\frac{9}{7}$ c) $\frac{12\sqrt{3}-9}{13}$ d) $\frac{12\sqrt{3}+9}{13}$

128) **(EsSA)** Racionalizando o denominador de $\frac{3+\sqrt{3}}{3-\sqrt{3}}$, obtém – se:

a) $12 + \sqrt{3}$ b) $2 + \sqrt{3}$ c) $2 - \sqrt{3}$ d) $2 + 6\sqrt{3}$

129) **(EsSA)** A expressão mais simples de $\frac{2-\sqrt{2}}{2-\sqrt{8}}$ é:

a) $-\sqrt{2}$ b) $-\frac{\sqrt{2}}{2}$ c) -2 d) $\sqrt{2}$

130) **(EEAR)** O valor da expressão $\frac{2-\sqrt{2}}{\sqrt{2}-1}$ é igual a

a) 2 b) 1/2 c) $\sqrt{2}$ d) $1 + \sqrt{2}$

131) **(MOURA MELO)** O valor da expressão $\frac{\sqrt{3}-1}{1+\sqrt{3}}$:

a) $2 + \sqrt{3}$ b) $2\sqrt{3} - 1$ c) $2 - \sqrt{3}$ d) $2\sqrt{3} + 2$

132) **(CM – RECIFE)** O valor da expressão $\frac{2-\sqrt{2}}{\sqrt{2}-1}$ equivale a:

a) $-\sqrt{2}$ b) 1 c) $\sqrt{2}$ d) 2 e) $\frac{\sqrt{2}}{2}$

133) **(EAM)** Se $A = 3 - \sqrt{3}$ e $B = -1 + \sqrt{3}$, o valor de $\frac{A}{B}$ é igual a

a) $-\sqrt{3}$ b) $\sqrt{3}$ c) $\frac{\sqrt{3}}{2}$ d) $\frac{3+2\sqrt{3}}{2}$ e) $\frac{3+\sqrt{3}}{2}$

134) **(EsSA)** Racionalizando o denominador da expressão $\frac{\sqrt{3}-\sqrt{2}}{\sqrt{3}+\sqrt{2}}$, obtemos:

a) $3\sqrt{6}$ b) $-2\sqrt{6}+5$ c) $\frac{2\sqrt{3}\ +\ 3\sqrt{2}}{4}$ d) $2+\sqrt{3}$ e) $3+\sqrt{6}$

135) **(CM – RECIFE)** O valor da expressão $\frac{6}{\sqrt{8}+\sqrt{2}}$ é igual a

a) $\sqrt{6}$ b) $\frac{6}{\sqrt{10}}$ c) $\sqrt{2}$ d) $\frac{3\sqrt{6}}{5}$

136) **(EEAR)** A forma mais simples de se escrever a expressão $\frac{3+\sqrt{6}}{5\sqrt{3}-2\sqrt{12}-\sqrt{32}+\sqrt{50}}$ é:

a) $\frac{\sqrt{3}-4\sqrt{2}}{5}$ b) $\frac{\sqrt{3}-\sqrt{2}}{3}$ c) $\sqrt{3}$ d) $5\sqrt{3}$

137) **(CESPE)** O número $\frac{100 \text{ x } (\sqrt{18}+1)}{\sqrt{2}-1}$ é

a) superior a 1.000 e inferior a 1.500

b) superior a 1.500 e inferior a 2.000

c) superior a 2.000

d) inferior a 500

e) superior a 500 e inferior a 1.000

138) **(EPCAR)** Analisando as proposições abaixo,

I. a expressão $\frac{x-\sqrt{x}}{\sqrt{x}-1}$ quando x = 2 é igual a $\sqrt{2}$

II. se $E = \left(\frac{2}{3}\right)^{1/2} + \left(\frac{2}{3}\right)^{-1/2}$, então $E = \frac{\sqrt{13}}{\sqrt{6}}$

III. o valor da expressão $\left[\left(\frac{1}{2}\right)^3 - 169^{0,5}\ .\ 128^{-1/7}\right]$. 0,002 é $(-12{,}750\ .\ 10^{-6})$

Tem-se

a) todas falsas

b) todas verdadeiras

c) apenas duas verdadeiras

d) apenas uma verdadeira

139) **(EPCAR)** Considere os números X e Y, expressos por:

$X = \frac{(0,\overline{12})\,.\,(4,125)}{(7,\overline{36})\,.\,\left(\frac{11}{324}\right)}$ e $Y = \frac{1}{2+\sqrt{2}} + \frac{\sqrt{2}}{2} - 4$

Marque a alternativa verdadeira.

a) X é um número racional não inteiro positivo

b) X . Y é um número inteiro e negativo

c) X + Y é um número irracional

d) $\frac{Y}{X}$ é um número racional não inteiro e positivo

140) **(CN)** Simplificar a expressão $\frac{A\sqrt{A} - 3\sqrt{3}}{\sqrt{A} - \sqrt{3}}$

a) $A - 9 + A\sqrt{3}$

b) $A + 3 + \sqrt{3A}$

c) $A - 3 + \sqrt{A}$

d) $3 - A + \sqrt{3}$

e) $9 + \sqrt{A}$

141) **(EEAR)** Racionalizando o denominador de $\frac{1}{\sqrt{\frac{2}{a}} + \sqrt{\frac{1}{b}}}$, onde **a** e **b** são primos, obtém-se

a) $\frac{b\sqrt{2a} - a\sqrt{b}}{2b - a}$

b) $\frac{2b\sqrt{a} - a}{2b - a}$

c) $\frac{2b\sqrt{a} - a\sqrt{b}}{2b - a}$

d) $\frac{b\sqrt{a} - a\sqrt{b}}{2b - a}$

142) Simplifique a expressão $\frac{\sqrt{\frac{x}{3}}}{\sqrt{\frac{x}{3}} + \sqrt{\frac{3}{x}}}$

a) x + 3

b) 1

c) $\frac{x}{x - 3}$

d) $\frac{x}{3}$

e) $\frac{x}{x+3}$

143) Racionalizando $\frac{2}{\sqrt{a+1} - \sqrt{a-1}}$, obtemos:

a) $\sqrt{a+1}$

b) $\sqrt{a-1}$

c) 1

d) $\sqrt{a+1} + \sqrt{a-1}$

e) $\sqrt{a+1} - \sqrt{a-1}$

144) **(EFOMM)** A expressão mais simples equivalente a fração $\frac{\sqrt{x}}{\sqrt{x} + \sqrt{x+1}}$ é:

a) $x - \sqrt{x^2 + x}$

b) $\sqrt{x^2 + x} - x$

c) $\sqrt{x^2 + 1} - x$

d) $2x - x^2$

e) $\sqrt{x^2 + 1} + x$

145) **(EEAR)** Para x ≠ 0 e y ≠ 0, a expressão $\frac{(x-y)}{\left(\sqrt{\frac{x}{y}}-\sqrt{\frac{y}{x}}\right)}$ é igual a

a) – 2xy b) $\frac{1}{2xy}$ c) $(xy)^{1/2}$ d) $\frac{1}{xy}$

146) **(EEAR)** Simplificando-se a expressão $\frac{\sqrt{\frac{a}{b}}-\sqrt{\frac{b}{a}}}{\sqrt{\frac{1}{b}}-\sqrt{\frac{1}{a}}}$, obtém-se:

a) $\sqrt{a}-\sqrt{b}$ b) $\sqrt{a}+\sqrt{b}$ c) $\frac{ab}{a+b}$ d) $\frac{\sqrt{b}-\sqrt{a}}{ab}$

147) **(ESPCEX)** Racionalizar o denominador da expressão $\frac{\sqrt{a+b}-\sqrt{a-b}}{\sqrt{a+b}+\sqrt{a-b}}$

a) $\frac{a-\sqrt{a^2-b^2}}{b}$ b) $\sqrt{a+b}$ c) $\sqrt{a-b}$ d) $a\sqrt{a-b}$ e) $\frac{b\sqrt{a-b}}{2}$

148) **(FAEPESUL)** Simplificando a expressão: $\frac{2}{\sqrt{3}-1}-\frac{3}{\sqrt{3}}$ obtemos:

a) 1 b) – 1 c) $\sqrt{3}$ d) $-\sqrt{3}$ e) $\frac{\sqrt{3}}{3}$

149) **(FAEPESUL)** Acerca das propriedades de radiciação, assinale a alternativa INCORRETA.

a) $\sqrt{3\sqrt{81}} = 27$

b) $\sqrt[3]{5+\sqrt[4]{81}} = 2$

c) $\frac{2}{\sqrt{5}-\sqrt{3}} = \sqrt{5}+\sqrt{3}$

d) $\sqrt{\sqrt[3]{729}} = 3$

e) $\frac{3}{\sqrt[3]{5}} = \frac{3\sqrt[3]{25}}{5}$

150) **(EEAR)** O valor da expressão $\frac{1}{1-\sqrt{2}}-\frac{1}{\sqrt{2}-1}$ é igual a

a) $2\sqrt{2}$ b) $-2\sqrt{2}$ c) $2(1+\sqrt{2})$ d) $-2(1+\sqrt{2})$

151) **(CM – RECIFE)** Simplificando a expressão $\frac{1}{\sqrt{3}-\sqrt{2}}-\frac{1}{\sqrt{3}+\sqrt{2}}$ obtemos:

a) $\sqrt{18}$ b) $\sqrt{2}$ c) $\sqrt{8}$ d) $\sqrt{12}$ e) $\sqrt{5}$

152) **(EPCAR)** Considere os números **p**, **q** e **r** abaixo:

p = $\frac{\sqrt{180} + 2\sqrt{20} - 2\sqrt{605}}{4\sqrt{80} - \sqrt{500}}$

q = $\left[\left(9^{0,\bar{6}}\right)^{0,5}\right]^{-3}$

r = $0,\overline{18} \cdot \left(\frac{\sqrt{0,25} \cdot \left(\frac{1}{2}\right)^{-4}}{\left(\frac{1}{3}\right)^{-2} - 225^{0,5}}\right)$

Se **x** é o número obtido pelo produto entre **p**, **q** e **r**, então **x** é um número

a) irracional positivo
b) irracional negativo
c) racional negativo
d) racional positivo

153) **(CEPERJ)** Sabe-se que $\frac{4+\sqrt{2}}{1+\sqrt{2}} = x + \sqrt{y}$. O valor de $(x+y)^2$ é:

a) 0 b) 1 c) 16 d) 256 e) 525

154) **(CEPERJ)** Considere a igualdade $\frac{5-\sqrt{3}}{2-\sqrt{3}} = a + \sqrt{b}$. O valor de a + b é:

a) 10 b) 15 c) 21 d) 27 e) 34

155) **(ESAF)** Sabe-se que os números x, y e z são números racionais. Sabe-se, também, que $z = \frac{x - 2\sqrt{3}}{3 - y\sqrt{3}}$

Com essas informações, conclui-se que:

a) x . y = – 6 b) x + y = 6 c) x . y = 0 d) x/y = 6 e) x . y = 6

156) **(CM – RJ)** Se **x**, **y** e **z** são números racionais e $z = \frac{2 + x\sqrt{3}}{y - \sqrt{3}}$, então:

a) $x = y^2$ b) x + y = 3 c) $\frac{x}{y} = 2$ d) x – y = 1 e) xy = – 2

157) **(FUMARC)** O valor da expressão $M = \frac{1}{\sqrt{5}+\sqrt{3}} + \frac{3}{\sqrt{5}-\sqrt{3}} - \frac{3\sqrt{5}+\sqrt{3}}{2}$ é:

a) $\sqrt{3} + \sqrt{5}$ b) $\sqrt{5} - \sqrt{3}$ c) $\frac{\sqrt{3} - \sqrt{5}}{2}$ d) $\frac{\sqrt{5} + \sqrt{3}}{2}$

158) **(EFOMM)** O resultado mais simples possível da operação $\frac{2(2+\sqrt{3})}{3\sqrt{2}+\sqrt{6}} + \frac{2(2-\sqrt{3})}{3\sqrt{2}-\sqrt{6}}$ é

a) zero b) $\frac{\sqrt{2}}{2}$ c) $2\sqrt{2}$ d) $\sqrt{2}$ e) $6\sqrt{2}$

159) **(CM – RJ)** Simplificando $\frac{\sqrt{a^2+1}+\sqrt{a^2-1}}{\sqrt{a^2+1}-\sqrt{a^2-1}}+\frac{\sqrt{a^2+1}-\sqrt{a^2-1}}{\sqrt{a^2+1}+\sqrt{a^2-1}}$, encontramos:

a) 0 b) 1 c) $2a^2$ d) $\sqrt{a^2-1}$ e) $\sqrt{a^2+1}$

160) **(EPCAR)** Considere as expressões abaixo em que $a \neq b$.

$P = \frac{a^3-b^3}{a^2\sqrt{a}-\sqrt{b}\,a^2+ba\sqrt{a}-b\sqrt{b}\,a+b^2\sqrt{a}-b^2\sqrt{b}}$ $Q = \frac{a^4-b^4}{a^3+a^2b+ab^2+b^3}$

Assim, tem-se $\frac{Q}{P}$ igual a

a) $\frac{1}{\sqrt{a}-\sqrt{b}}$ b) $\frac{1}{\sqrt{a}+\sqrt{b}}$ c) $\sqrt{a}+\sqrt{b}$ d) $\sqrt{a}-\sqrt{b}$

161) **(CN)** $\frac{2}{\sqrt{5}-\sqrt{3}}-\frac{2}{\sqrt[3]{2}}$ é um número que está entre:

a) 0 e 2 b) 2 e 4 c) 4 e 6 d) 6 e 8 e) 8 e 10

162) **(CN)** O valor da expressão $\frac{1}{1+\sqrt{2}}+\frac{1}{\sqrt{2}+\sqrt{3}}+\frac{1}{\sqrt{3}+2}+\ldots+\frac{1}{\sqrt{99}+10}$, é:

a) – 10 b) – 9 c) 1/9 d) 9 e) 10

163) **(EPCAR)** O valor da soma $S=\sqrt{4}+\frac{1}{\sqrt{2}+1}+\frac{1}{\sqrt{3}+\sqrt{2}}+\frac{1}{\sqrt{4}+\sqrt{3}}+\ldots+\frac{1}{\sqrt{196}+\sqrt{195}}$ é um número

a) natural menor que 10

b) natural maior que 10

c) racional não inteiro

d) irracional

164) **(CN)** O valor de $\frac{3(\sqrt{2}+\sqrt{3}+\sqrt{5}+2)}{2\left[(\sqrt{2}+\sqrt{3}+\sqrt{5}+1)^2-1\right]}-\frac{1}{\sqrt{2}+\sqrt{3}+\sqrt{5}}$ é:

a) $\frac{\sqrt{3}+4\sqrt{2}-\sqrt{15}}{12}$

b) $\frac{2\sqrt{3}-3\sqrt{2}-\sqrt{30}}{24}$

c) $\frac{2\sqrt{3}+3\sqrt{2}+4\sqrt{30}}{24}$

d) $\frac{\sqrt{2}+\sqrt{3}+\sqrt{5}}{12}$

e) $\frac{2\sqrt{3}+3\sqrt{2}-\sqrt{30}}{24}$

165) **(CN)** Sabendo que $A=\frac{3+\sqrt{6}}{5\sqrt{3}-2\sqrt{12}-\sqrt{32}+\sqrt{50}}$, qual é o valor de $\frac{A^2}{\sqrt[6]{A^7}}$?

a) $\sqrt[5]{3^4}$ b) $\sqrt[7]{3^6}$ c) $\sqrt[8]{3^5}$ d) $\sqrt[10]{3^7}$ e) $\sqrt[12]{3^5}$

166) O valor de $\frac{1}{\sqrt[3]{2}-1}$ é:

a) $\sqrt[3]{2}+1$ b) $\sqrt[3]{2}+\sqrt[3]{4}+1$ c) $\sqrt[3]{4}-\sqrt[3]{2}+1$ d) $\sqrt[3]{2}$ e) 1

167) **(CM – PORTO ALEGRE)** Racionalizando o denominador da razão $\frac{8}{\sqrt[3]{5}-1}$, obtemos como resultado $\sqrt[3]{a} + \sqrt[3]{b} + \sqrt[3]{c}$, onde **a**, **b** e **c** são números reais tais que **a > b > c**. O valor de $\frac{ac}{b}$ é igual a

a) 200 b) 160 c) 80 d) 40 e) 20

168) O resultado de $\frac{\sqrt[3]{9}-1}{\sqrt[3]{3}-1}$ é:

a) 1 b) $\sqrt[3]{3} + 1$ c) $\sqrt[3]{3} - 1$ d) $\sqrt[3]{9} + 1$ e) $\sqrt[3]{9} - 1$

169) O valor de $\frac{\sqrt[3]{4}-1}{\sqrt[3]{2}-1}$ é:

a) $1 + \sqrt[3]{2}$ b) $1 - \sqrt[3]{2}$ c) $1 + \sqrt[3]{4}$ d) $1 - \sqrt[3]{4}$ e) 1

170) O resultado de $\frac{1+\sqrt[3]{2}}{1+\sqrt[3]{2}+\sqrt[3]{4}}$ é:

a) $\sqrt[3]{2} - 1$ b) $\sqrt[3]{2} + 1$ c) $\sqrt[3]{4} - 1$ d) $\sqrt[3]{4} + 1$ e) 1

171) **(CM – RJ)** Considere as expressões $M = \frac{1+\sqrt[3]{2}}{1+\sqrt[3]{2}+\sqrt[3]{4}}$ e $N = \frac{\sqrt[3]{16}-1}{\sqrt[3]{4}+1}$. O valor de $\frac{M}{N}$ é:

a) 1
b) $\sqrt[3]{2} + 1$
c) $\sqrt[3]{4} - 1$
d) $\sqrt[3]{16} + \sqrt[3]{4} + \sqrt[3]{2}$
e) $\sqrt[3]{2} - 1$

172) **(EFOMM)** Um fator racionalizante de $\sqrt[4]{x} + y$ é:

a) $(\sqrt[4]{x} - \sqrt{y}).(\sqrt{x} + y)$
b) $\sqrt[4]{x} - \sqrt{y}$
c) $(\sqrt{x} + \sqrt{y}).(\sqrt[4]{x} - \sqrt[4]{y})$
d) $(\sqrt{x} - \sqrt{y}).(x - y)$
e) $(\sqrt{x} + y^2).(\sqrt[4]{x} - y)$

173) **(CM – RJ)** Racionalizando o denominador da fração $\frac{5}{\sqrt[6]{16}+\sqrt[6]{196}+\sqrt[3]{49}}$, obtemos:

a) $3 + \sqrt[3]{2}$ b) $3 - \sqrt[3]{2}$ c) $\sqrt[3]{7} - \sqrt[3]{2}$ d) $5 + \sqrt[3]{5}$ e) $7 + \sqrt[3]{2}$

174) **(CN)** O denominador racionalizado de $\frac{1}{\sqrt{3}+\sqrt[4]{12}+1}$ é:

a) 10 b) 8 c) 4 d) 3 e) 2

175) **(EPCAR)** A expressão $\sqrt{6 - 2\sqrt{5}}$ é equivalente a:

a) $\sqrt{2} - 1$ b) $\sqrt{3} - 1$ c) $\sqrt{5} - 1$ d) $\sqrt{6} - 1$ e) $\sqrt{7} - 1$

176) A expressão $\sqrt{7 - 2\sqrt{6}}$ é equivalente a:

a) $\sqrt{7}$ b) $\sqrt{6}$ c) 1 d) $\sqrt{6} - 1$ e) $\sqrt{7} - 1$

177) **(CEFET – RJ)** Qual, dentre as opções abaixo, equivale a $\sqrt{3 + 2\sqrt{2}}$?

a) $-3 + \sqrt{2}$ b) $-1,5 + \sqrt{2}$ c) $1 + \sqrt{2}$ d) $2 + \sqrt{2}$

178) A expressão $\sqrt{7 + 4\sqrt{3}}$ é equivalente a:

a) $\sqrt{7}$ b) $\sqrt{3}$ c) $-3 + \sqrt{2}$ d) $2 + \sqrt{3}$ e) $\sqrt{3} - 1$

179) **(CM – RECIFE)** Sendo E = $\sqrt{(3 - \sqrt{11})^2} - \sqrt{11} + 7$, encontramos para E simplificada um valor igual a:

a) $7 - 2\sqrt{11}$ b) 7 c) 4 d) $10 - 2\sqrt{11}$ e) 10

180) **(CICE)** O número $\sqrt{7 + 4\sqrt{3}} + \sqrt{7 - 4\sqrt{3}}$ é:

a) Irracional

b) Inteiro

c) Uma potência inteira de 7

d) Imaginário

e) Racional não inteiro

181) **(ELETROBRAS)** São valores de a e b que realizam a igualdade $\sqrt{9 - 4\sqrt{5}} = a + b\sqrt{5}$

a) a = 3 e b = – 2

b) a = 3 e b = 2

c) a = – 2 e b = 1

d) a = 2 e b = – 1

e) a = – 3 e b = 2

182) **(CEPERJ)** A expressão $\sqrt{24 + 8\sqrt{5}} - \sqrt{24 - 8\sqrt{5}}$ é equivalente ao seguinte número:

a) 0 b) 2 c) 4 d) $\sqrt{5}$ e) $8\sqrt{5}$

183) **(CM – RECIFE)** Qual o inteiro mais próximo de $\sqrt{11 + 6\sqrt{2}} + \sqrt{11 - 6\sqrt{2}}$?

a) 4 b) 3 c) 6 d) 5 e) 1

184) **(CN)** $\sqrt{3+2\sqrt[3]{2\sqrt{2}}} - \sqrt{3-2\sqrt[3]{2\sqrt{2}}}$, é igual a:

a) 1 b) 2 c) 3 d) 4 e) 5

185) **(CM – RJ)** Sendo A = $\sqrt{17-2\sqrt{30}} - \sqrt{17+2\sqrt{30}}$, o valor de $\left(A+2\sqrt{2}\right)^{2007}$ é:

a) 0 b) 1 c) 2 d) 3 e) 4

186) **(EPCAR)** Considere os números reais **x**, **y** e **z**, tais que:

x = $\sqrt{2+\sqrt{3}}$

y = $\sqrt{2+\sqrt{2+\sqrt{3}}}$

z = $\sqrt{\left(2+\sqrt{2+\sqrt{2+\sqrt{3}}}\right).\left(2-\sqrt{2+\sqrt{2+\sqrt{3}}}\right)}$

Simplificando a expressão $(x\,.\,y\,.\,z)^{-1}\,.\,\frac{1}{2-\sqrt{3}}$, obtém-se

a) $2-\sqrt{3}$ b) 1 c) $2+\sqrt{3}$ d) $2\sqrt{3}$

187) **(CN)** Se 2 < x < 3, então $\sqrt{x+2\sqrt{x-1}} - \sqrt{x-2\sqrt{x-1}}$ é igual a:

a) 2 b) $\sqrt{x}$ c) $2\sqrt{x-1}$ d) $2\sqrt{x}$ e) 3

188) **(CN)** Se a = $\sqrt{4-\sqrt{10+2\sqrt{5}}}$ e b = $\sqrt{4+\sqrt{10+2\sqrt{5}}}$, então a + b é igual a:

a) $\sqrt{10}$ b) 4 c) $2\sqrt{2}$ d) $\sqrt{5}+1$ e) $\sqrt{3}+2$

189) **(CN)** O resultado mais simples para a expressão $\sqrt[4]{\left(\sqrt{48}+7\right)^2} + \sqrt[4]{\left(\sqrt{48}-7\right)^2}$ é

a) $2\sqrt{3}$

b) $4\sqrt[4]{3}$

c) 4

d) $2\sqrt{7}$

e) $\sqrt{4\sqrt{3}+7} + \sqrt{4\sqrt{3}-7}$

190) **(CN)** Efetuando $\sqrt{\frac{2+\sqrt{3}}{2-\sqrt{3}}} + \sqrt{\frac{2-\sqrt{3}}{2+\sqrt{3}}}$, obtém-se:

a) 4 b) $\sqrt{3}$ c) $\sqrt{2}$ d) 2/3 e) 1

191) **(EPCAR)** Depois de racionalizar $\sqrt{\frac{\sqrt{10}+1}{\sqrt{10}-1}} - \sqrt{\frac{\sqrt{10}-1}{\sqrt{10}+1}}$, obtém-se

a) 1/3 b) 4/3 c) 5/3 d) 2/3 e) 1

192) Racionalizando o denominador da fração $\frac{1}{\sqrt{2+\sqrt{3}}}$, obtemos o seguinte resultado:

a) 1 b) $\sqrt{2}$ c) $\sqrt{3}$ d) $\sqrt{2-\sqrt{3}}$ e) $\sqrt{2+\sqrt{3}}$

193) **(EPCAR)** Sejam A e B os valores das expressões numéricas a seguir:

$A = \frac{\sqrt{6+2\sqrt{5}}\ .\ \sqrt{6-2\sqrt{5}}}{\sqrt{7+4\sqrt{3}}+\sqrt{7-4\sqrt{3}}}$ $\qquad$ $B = \frac{(0{,}00001)^2\ .\ (0{,}01)^{-3}}{\frac{\left(\frac{1}{4}\right)^{-1}}{\left(\frac{1}{25}\right)^{-1}}\ .\ \left(\frac{1}{10}\right)^2}$

Cada um desses valores pode ser colocado em uma das caixas a seguir, conforme a especificação de cada uma, a saber:

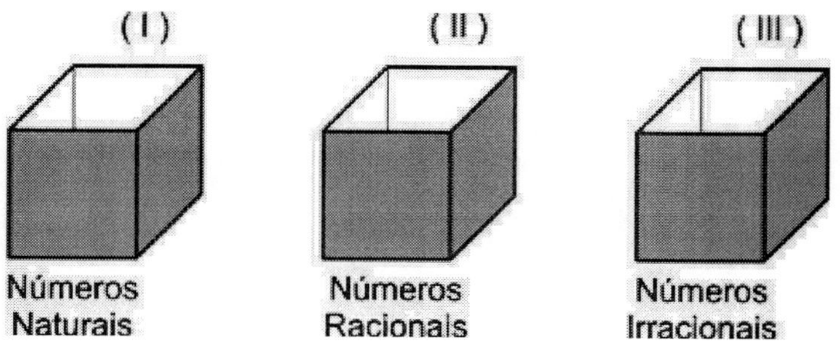

Dessa forma, podemos afirmar que uma combinação correta para os valores A e B e as caixas (I), (II) e (III) é, respectivamente,

a) A (II) e B (I) b) A (I) e B (III) c) A (III) e B (II) d) A (I) e B (II)

194) **(CN)** Um aluno resolvendo uma questão de múltipla escolha chegou ao seguinte resultado $\sqrt[4]{49+20\sqrt{6}}$, no entanto as opções estavam em números decimais e pedia-se a mais próxima do valor encontrado para resultado, e, assim sendo, procurou simplificar esse resultado, a fim de melhor estimar a resposta. Percebendo que o radicando da raiz de índice 4 é quarta potência de uma soma de dois radicais simples, concluiu, com maior facilidade, que a opção para a resposta foi

a) 3,00 b) 3,05 c) 3,15 d) 3,25 e) 3,35

195) **(CN)** O número real $\sqrt[3]{26 - 15\sqrt{3}}$ é igual a

a) $5 - \sqrt{3}$ b) $\sqrt{7 - 4\sqrt{3}}$ c) $3 - \sqrt{2}$ d) $\sqrt{13 - 3\sqrt{3}}$ e) 2

196) **(CM – RJ)** O número irracional $\frac{1}{\sqrt[4]{49 + 20\sqrt{6}}}$ é igual a:

a) $\sqrt{7} - \sqrt{2}$ b) $\sqrt{3} + \sqrt{2}$ c) $\sqrt{7} - 2$ d) $\sqrt[4]{\sqrt{7} - \sqrt{2}}$ e) $\sqrt{3} - \sqrt{2}$

197) **(CN)** O número $\frac{1}{\sqrt[4]{2\sqrt{2} + 3}}$ é:

a) $\sqrt{\sqrt{2} + 1}$ b) $\sqrt{\sqrt{2} + 2}$ c) $\sqrt{\sqrt{2} - 1}$ d) $\sqrt{\sqrt{2} - 2}$ e) $\sqrt{1 - \sqrt{2}}$

198) A expressão $\sqrt{a + b + 2\sqrt{ab}}$ é equivalente a:

a) $\sqrt{a}$ b) $\sqrt{b}$ c) $\sqrt{ab}$ d) $\sqrt{a} + \sqrt{b}$ e) $\sqrt{a} - \sqrt{b}$

199) A expressão $\sqrt{a^2 + b + 2a\sqrt{b}}$ equivale a:

a) a b) b c) a + b d) $\sqrt{a}$ + b e) a + $\sqrt{b}$

200) **(CN)** O denominador da fração irredutível, resultante da racionalização de $\frac{1}{6\sqrt{50 - 5\sqrt{75}} - \sqrt{128 - 16\sqrt{48}}}$, é

a) 11 b) 22 c) 33 d) 44 e) 55

201) A expressão $\sqrt[3]{7 + 5\sqrt{2}}$ é equivalente a:

a) 1 b) 2 c) 5 + $\sqrt{2}$ d) 1 + $\sqrt{2}$ e) 1 – $\sqrt{2}$

202) **(CM – SALVADOR)** Há muitas situações em que números escritos na forma $\sqrt[3]{a + b\sqrt{2}}$ equivalem a números escritos na forma c + d$\sqrt{2}$. Uma técnica para estabelecer essa equivalência é elevar ambas as formas ao cubo e igualar os resultados. O número 2 – 3$\sqrt{2}$ equivale à raiz cúbica de

a) 116 – 90$\sqrt{2}$ b) 116 + 90$\sqrt{2}$ c) 8 + 36$\sqrt{2}$ d) 8 – 54$\sqrt{2}$ e) 8 + 54$\sqrt{2}$

203) **(CN)** $\sqrt[3]{10 + 6\sqrt{3}}$ é igual a:

a) 1 + $\sqrt{7}$ b) 1 + $\sqrt{6}$ c) 1 + $\sqrt{5}$ d) 1 + $\sqrt{3}$ e) 1 + $\sqrt{2}$

204) **(CM – SANTA MARIA)** Quando se fala sobre a origem do símbolo $\sqrt{1}$ (radical), as opiniões são bastante controversas. Alguns atribuem essa descoberta aos árabes, e o seu primeiro uso a Al-Qalasadi, matemático do século XIV. Para compreendermos o significado real da palavra radical, é necessário que saibamos também o que significa raiz. Em termos de um dicionário convencional, raiz é o número que é elevado a certa potência.

Fonte: adaptada de http://www.infoescola.com/matematica/radiciacao

Simplificando as raízes $\sqrt[3]{4-2\sqrt{2}}\ .\ \sqrt[3]{4+2\sqrt{2}}$, obtemos:

a) $2\sqrt{2}$ b) $\sqrt{2}$ c) $2\sqrt[3]{2}$ d) $\sqrt{\sqrt{2}}$ e) 2

205) **(CN)** O valor de $\frac{\sqrt{\sqrt[4]{8}+\sqrt{\sqrt{2}-1}}-\sqrt{\sqrt[4]{8}-\sqrt{\sqrt{2}-1}}}{\sqrt{\sqrt[4]{8}-\sqrt{\sqrt{2}+1}}}$ é:

a) 1 b) $\sqrt{2}$ c) 2 d) $2\sqrt{2}$ e) $3\sqrt{2}$

GABARITOS

1) C	2) A	3) B	4) C	5) B	6) B	7) E
8) A	9) A	10) A	11) B	12) C	13) D	14) A
15) D	16) D	17) C	18) C	19) $2xy\sqrt{xy}$	20) D	21) 2
22) $\sqrt[3]{ab}$	23) D	24) E	25) A	26) D	27) $3\sqrt{10}$	28) $\sqrt[6]{x^5}$
29) B	30) $1 + \sqrt{3}$	31) C	32) B	33) A	34) E	35) D
36) E	37) B	38) B	39) C	40) D	41) C	42) D
43) C	44) D	45) C	46) D	47) E	48) E	49) A
50) A	51) A	52) A	53) C	54) D	55) C	56) C
57) C	58) C	59) E	60) A	61) A	62) C	63) B
64) A	65) D	66) B	67) D	68) D	69) A	70) D
71) D	72) C	73) A	74) B	75) D	76) C	77) E
78) D	79) B	80) A	81) C	82) D	83) C	84) E
85) B	86) C	87) C	88) D	89) B	90) A	91) D
92) D	93) D	94) C	95) D	96) C	97) C	98) A
99) A	100) A	101) E	102) C	103) C	104) D	105) D
106) C	107) C	108) C	109) C	110) D	111) C	112) B
113) B	114) B	115) D	116) C	117) A	118) B	119) E
120) A	121) C	122) C	123) B	124) E	125) E	126) D
127) B	128) B	129) B	130) C	131) C	132) C	133) B
134) B	135) C	136) C	137) A	138) D	139) B	140) B
141) A	142) E	143) D	144) B	145) C	146) B	147) A
148) A	149) A	150) D	151) C	152) D	153) D	154) E
155) E	156) E	157) D	158) D	159) C	160) D	161) B
162) D	163) B	164) E	165) E	166) B	167) D	168) B
169) A	170) C	171) A	172) E	173) C	174) C	175) C
176) D	177) C	178) D	179) C	180) B	181) C	182) C
183) C	184) B	185) A	186) C	187) A	188) D	189) C
190) A	191) D	192) D	193) D	194) C	195) B	196) E
197) C	198) D	199) E	200) B	201) D	202) A	203) D
204) E	205) B					

Capítulo 08

Equação Biquadrada

I) Introdução

- A equação biquadrada possui a forma $\boxed{ax^4 + bx^2 + c = 0}$, sendo a, b, c $\in \mathbb{R}$ e $a \neq 0$.
- Na equação biquadrada $\underline{x}$ é chamada de incógnita.
- Na equação biquadrada os números $\underline{a}$, $\underline{b}$ e $\underline{c}$ são chamados de coeficientes.
- Na equação biquadrada os expoentes da incógnita são números pares.
- A equação biquadrada é do 4º grau, ou seja, o maior expoente da incógnita é igual a 4.
- A equação biquadrada terá, no máximo, quatro raízes reais.

Exemplos: Determine os coeficientes **a**, **b** e **c** nas equações biquadradas abaixo:

a) $x^4 - 5x^2 + 4 = 0 \begin{cases} a = 1 \\ b = -5 \\ c = 4 \end{cases}$

b) $4x^4 + 3x^2 - 1 = 0 \begin{cases} a = 4 \\ b = 3 \\ c = -1 \end{cases}$

c) $x^4 - 81x^2 = 0 \begin{cases} a = 1 \\ b = -81 \\ c = 0 \end{cases}$

II) Resolução da equação biquadrada

- Para resolver uma equação biquadrada, basta proceder da seguinte forma:

1º) Utilizar a incógnita auxiliar "y" e substituir x^2 por y e x^4 por y^2, ou seja, $x^2 = y$ e $x^4 = y^2$;

2º) Calcular o(s) valor(es) de y através da resolução da **equação do 2º grau (equação resolvente)**;

3º) Calcular o(s) valor(es) de x e escrever o conjunto solução da equação biquadrada. O conjunto solução da equação biquadrada é representado pela letra "S".

EXERCÍCIOS

1) Resolva a equação biquadrada $x^4 - 13x^2 + 36 = 0$, sendo $U = \mathbb{R}$.

Resolução:

$x^4 - 13x^2 + 36 = 0$

Utilizar a incógnita auxiliar "y" e substituir x^2 por y e x^4 por y^2, ou seja, $x^2 = y$ e $x^4 = y^2$. Assim, encontraremos a equação resolvente $y^2 - 13y + 36 = 0$ $\begin{cases} a = 1 \\ b = -13 \\ c = 36 \end{cases}$

$y = \frac{-(-13) \pm \sqrt{(-13)^2 - 4 . 1 . 36}}{2 . 1}$

$y = \frac{13 \pm \sqrt{169 - 144}}{2}$

$y = \frac{13 \pm \sqrt{25}}{2}$

$y = \frac{13 \pm 5}{2} \rightarrow \begin{cases} y' = \frac{13 + 5}{2} = 9 \\ y'' = \frac{13 - 5}{2} = 4 \end{cases}$

Cálculo do valor de x.

1º) Vamos calcular o valor de x̲ para y = 9

Sabemos que $x^2 = y$, então temos o seguinte:

$x^2 = 9$

$x = \pm \sqrt{9}$

$x = \pm 3$

2º) Vamos calcular o valor de x̲ para y = 4

Sabemos que $x^2 = y$, então temos o seguinte:

$x^2 = 4$

$x = \pm \sqrt{4}$

$x = \pm 2$

Logo, $S = \{-3, -2, 2, 3\}$

GABARITO: S = {– 3, – 2, 2, 3}

2) Resolva a equação biquadrada $4x^4 + 3x^2 - 1 = 0$, sendo $U = \mathbb{R}$.

Resolução:

$4x^4 + 3x^2 - 1 = 0$

Utilizar a incógnita auxiliar "y" e substituir x^2 por y e x^4 por y^2, ou seja, $x^2 = y$ e $x^4 = y^2$. Assim, encontraremos a equação resolvente $4y^2 + 3y - 1 = 0$ $\begin{cases} a = 4 \\ b = 3 \\ c = -1 \end{cases}$

$y = \frac{-3 \pm \sqrt{3^2 - 4 \,.\, 4 \,.\, (-1)}}{2 \,.\, 4}$

$y = \frac{-3 \pm \sqrt{9 + 16}}{8}$

$y = \frac{-3 \pm \sqrt{25}}{8}$

$y = \frac{-3 \pm 5}{8} \rightarrow \begin{cases} y' = \frac{-3+5}{8} = \frac{2}{8} = \frac{1}{4} \\ y'' = \frac{-3-5}{8} = \frac{-8}{8} = -1 \end{cases}$

Cálculo do valor de x.

1º) Vamos calcular o valor de x̲ para y = 1/4

Sabemos que $x^2 = y$, então temos o seguinte:

$x^2 = \frac{1}{4}$

$x = \pm \sqrt{\frac{1}{4}}$

$x = \pm \frac{1}{2}$

2º) Vamos calcular o valor de x̲ para y = – 1

Sabemos que $x^2 = y$, então temos o seguinte:

$x^2 = -1$

$x = \pm \sqrt{-1} \notin \mathbb{R}$

Como $\sqrt{-1} \notin \mathbb{R}$, então – 1 não é raiz da equação.

Logo, $S = \{-\frac{1}{2}, \frac{1}{2}\}$

GABARITO: $S = \{-\frac{1}{2}, \frac{1}{2}\}$

3) Resolva a equação biquadrada $x^4 + 5x^2 + 4 = 0$, sendo $U = \mathbb{R}$.

Resolução:

$x^4 + 5x^2 + 4 = 0$

Utilizar a incógnita auxiliar "y" e substituir x^2 por y e x^4 por y^2, ou seja, $x^2 = y$ e $x^4 = y^2$. Logo, encontraremos a equação resolvente $y^2 + 5y + 4 = 0 \begin{cases} a = 1 \\ b = 5 \\ c = 4 \end{cases}$

$y = \frac{-5 \pm \sqrt{5^2 - 4 . 1 . 4}}{2 . 1}$

$y = \frac{-5 \pm \sqrt{25 - 16}}{2}$

$y = \frac{-5 \pm \sqrt{9}}{2}$

$y = \frac{-5 \pm 3}{2} \rightarrow \begin{cases} y' = \frac{-5+3}{2} = \frac{-2}{2} = -1 \\ y'' = \frac{-5-3}{2} = \frac{-8}{2} = -4 \end{cases}$

Cálculo do valor de x.

1º) Vamos calcular o valor de x para y = – 1

Sabemos que $x^2 = y$, então temos o seguinte:

$x^2 = -1$

$x = \pm \sqrt{-1} \notin \mathbb{R}$

Como $\sqrt{-1} \notin \mathbb{R}$, então – 1 não é raiz da equação.

2º) Vamos calcular o valor de x para y = – 4

Sabemos que $x^2 = y$, então temos o seguinte:

$x^2 = -4$

$x = \pm \sqrt{-4} \notin \mathbb{R}$

Como $\sqrt{-4} \notin \mathbb{R}$, então – 4 não é raiz da equação.

A equação não possui raízes reais. Logo, o seu conjunto solução é vazio.

GABARITO: S = ∅

4) **(EEAR)** A alternativa onde todos os números são raízes da equação $x^4 - 81x^2 = 0$ é

a) 0; – 9; 9 b) 0; 3; – 3 c) 0; – 9; 3 d) 0; – 9; – 3

Resolução:

$x^4 - 81x^2 = 0$

Sendo $x^2 = y$ e $x^4 = y^2$, temos:

$y^2 - 81y = 0$

$y.(y - 81) = 0 \begin{cases} y = 0 \\ y - 81 = 0 \rightarrow y = 81 \end{cases}$

Cálculo do valor de x.

1º) Vamos calcular o valor de x para y = 0

Sabemos que $x^2 = y$, então temos o seguinte:

$x^2 = 0$

$x = \sqrt{0}$

$x = 0$

2º) Vamos calcular o valor de x para y = 81

Sabemos que $x^2 = y$, então temos o seguinte:

$x^2 = 81$

$x = \pm\sqrt{81}$

$x = \pm 9$

Logo, S = {0, – 9, 9}

GABARITO: A

5) Resolva a equação $x^6 + 117x^3 - 1000 = 0$, sendo U = ℝ.

Resolução:

A equação $x^6 + 117x^3 - 1000 = 0$ não é biquadrada, mas também pode ser resolvida utilizando a incógnita auxiliar "y".

Sendo $x^3 = y$ e $x^6 = y^2$, temos:

$$y^2 + 117y - 1000 = 0 \begin{cases} a = 1 \\ b = 117 \\ c = -1000 \end{cases}$$

$$y = \frac{-117 \pm \sqrt{117^2 - 4\ .\ 1\ .\ (-1000)}}{2\ .\ 1}$$

$$y = \frac{-117 \pm \sqrt{13689 + 4000}}{2}$$

$$y = \frac{-117 \pm \sqrt{17689}}{2}$$

$$y = \frac{-117 \pm 133}{2} \rightarrow \begin{cases} y' = \dfrac{-117 + 133}{2} = \dfrac{16}{2} = 8 \\ y'' = \dfrac{-117 - 133}{2} = \dfrac{-250}{2} = -125 \end{cases}$$

Cálculo do valor de x.

1º) Vamos calcular o valor de x para y = 8

Sabemos que $x^3 = y$, então temos o seguinte:

$x^3 = 8$

$x = \sqrt[3]{8}$

$x = 2$

2º) Vamos calcular o valor de x para y = – 125

Sabemos que $x^3 = y$, então temos o seguinte:

$x^3 = -125$

$x = \sqrt[3]{-125}$

$x = -5$

Logo, S = {2, – 5}

GABARITO: S = {2, – 5}

6) Determine o conjunto solução da equação $x^4 - 52a^2x^2 + 576a^4 = 0$, para $U = \mathbb{R}$.

Resolução:

$x^4 - 52a^2x^2 + 576a^4 = 0$

Sendo $x^2 = y$ e $x^4 = y^2$, temos:

$$y^2 - 52a^2y + 576a^4 = 0 \begin{cases} a = 1 \\ b = -52a^2 \\ c = 576a^4 \end{cases}$$

$$y = \frac{-(-52a^2) \pm \sqrt{(-52a^2)^2 - 4 \,.\, 1 \,.\, 576a^4}}{2 \,.\, 1}$$

$$y = \frac{52a^2 \pm \sqrt{2704a^4 - 2304a^4}}{2}$$

$$y = \frac{52a^2 \pm \sqrt{400a^4}}{2}$$

$$y = \frac{52a^2 \pm 20a^2}{2} \rightarrow \begin{cases} y' = \dfrac{52a^2 + 20a^2}{2} = \dfrac{72a^2}{2} = 36a^2 \\ y'' = \dfrac{52a^2 - 20a^2}{2} = \dfrac{32a^2}{2} = 16a^2 \end{cases}$$

Cálculo do valor de x.

1º) Vamos calcular o valor de x para y = $36a^2$

Sabemos que $x^2 = y$, então temos o seguinte:

$x^2 = 36a^2$

$x = \pm\sqrt{36a^2}$

$x = \pm 6a$

2º) Vamos calcular o valor de x para y = $16a^2$

Sabemos que $x^2 = y$, então temos o seguinte:

$x^2 = 16a^2$

$x = \pm\sqrt{16a^2}$

$x = \pm 4a$

Logo, S = {– 6a, – 4a, 4a, 6a}

GABARITO: S = {– 6a, – 4a, 4a, 6a}

III) Soma das raízes da equação biquadrada

- A soma de todas as raízes da equação biquadrada é igual a zero.

EXERCÍCIOS

7) **(EEAR)** A soma das raízes da equação $x^4 - 5x^2 + 4 = 0$ é igual a:

a) – 5 b) 0 c) 5 d) 6

Resolução:

A soma de todas as raízes da equação biquadrada vale zero.

GABARITO: B

IV) Soma dos quadrados das raízes positivas ou negativas da equação biquadrada (S)

- Soma dos quadrados das raízes positivas ou negativas da equação biquadrada (S) → $\boxed{S = -\frac{b}{a}}$

EXERCÍCIOS

8) Calcule a soma dos quadrados das raízes positivas da equação $x^4 - 13x^2 + 36 = 0$

Resolução:

Na equação biquadrada $x^4 - 13x^2 + 36 = 0$ temos que a = 1, b = – 13 e c = 36.

Soma dos quadrados das raízes positivas (S) = $-\frac{b}{a} = -\frac{(-13)}{1} = 13$

GABARITO: S = 13

V) Produto dos quadrados das raízes positivas ou negativas da equação biquadrada (P)

- Produto dos quadrados das raízes positivas ou negativas da equação biquadrada (P) → $\boxed{P = \frac{c}{a}}$

EXERCÍCIOS

9) Calcule o produto dos quadrados das raízes positivas da equação $x^4 - 25x^2 + 144 = 0$

Resolução:

Na equação biquadrada $x^4 - 25x^2 + 144 = 0$ temos que a = 1, b = – 25 e c = 144.

Produto dos quadrados das raízes positivas (P) = $\frac{c}{a} = \frac{144}{1} = 144$

GABARITO: P = 144

VI) Composição da equação biquadrada

- Uma equação biquadrada pode ser obtida através da seguinte fórmula:

$$x^4 - Sx^2 + P = 0$$

$$\begin{cases} S \rightarrow \text{soma dos quadrados das raízes positivas} \\ P \rightarrow \text{produto dos quadrados das raízes positivas} \end{cases}$$

EXERCÍCIOS

10) Obtenha a equação biquadrada de raízes ± 5 e ± 6 e assinale a alternativa correta.

a) $x^4 - 61x^2 + 900 = 0$

b) $x^4 - x^2 + 10 = 0$

c) $x^4 - 25x^2 + 418 = 0$

d) $x^4 + x^2 + 1 = 0$

e) $x^4 + 12x^2 - 17 = 0$

Resolução:

As raízes positivas são 5 e 6.
Soma dos quadrados das raízes positivas = $5^2 + 6^2 = 25 + 36 = 61$
Produto dos quadrados das raízes positivas = $5^2 \times 6^2 = 25 \times 36 = 900$
Agora vamos substituir os valores obtidos na fórmula $x^4 - Sx^2 + P = 0$.
Assim, temos a equação biquadrada $x^4 - 61x^2 + 900 = 0$.
GABARITO: A

VII) Discussão das raízes da equação biquadrada incompleta

1º CASO: *Equação biquadrada incompleta em **b** e **c** (**a ≠ 0, b = 0, c = 0**)*

- A equação biquadrada possui a forma $ax^4 = 0$.

- Característica: Quando **b = 0** e **c = 0**, então a equação biquadrada possui todas as raízes nulas.

2º CASO: *Equação biquadrada incompleta em **b** (**a ≠ 0, b = 0, c ≠ 0**)*

- A equação biquadrada possui a forma $ax^4 + c = 0$

- Característica: quando **b = 0**, então temos o seguinte:

I) Se $\frac{c}{a} < 0$, a equação biquadrada possui duas raízes reais simétricas e duas raízes imaginárias simétricas.

II) Se $\frac{c}{a} > 0$, a equação biquadrada não possui raízes reais (raízes imaginárias).

***3º CASO**: Equação biquadrada incompleta em **c** ($a \neq 0$, $b \neq 0$, $c = 0$)*

- A equação biquadrada possui a forma $ax^4 + bx^2 = 0$

- Característica: quando **c = 0**, então temos o seguinte:

I) Se $\frac{b}{a} < 0$, a equação biquadrada possui uma raiz nula e duas raízes reais simétricas.

II) Se $\frac{b}{a} > 0$, a equação biquadrada possui uma raiz nula e duas raízes não reais simétricas (raízes imaginárias simétricas).

EXERCÍCIOS

11) Determine m, n e p para que a equação biquadrada $mx^4 + (n - 4)x^2 + p + 5 = 0$ tenha raízes nulas.

Resolução:

Coeficientes da equação biquadrada → $a = m$, $b = n - 4$ e $c = p + 5$

Para que a equação tenha raízes nulas, devemos ter $a \neq 0$, $b = 0$ e $c = 0$. Assim, temos o seguinte:

$m \neq 0$

$n - 4 = 0 \rightarrow n = 4$

$p + 5 = 0 \rightarrow p = -5$

GABARITO: $m \neq 0$, $n = 4$ e $p = -5$

12) Determine m e p para que a equação $mx^4 + (p + 1)x^2 + m^2 + m = 0$ tenha todas as raízes nulas.

Resolução:

Coeficientes da equação biquadrada → $a = m$, $b = p + 1$ e $c = m^2 + m$

Para que a equação tenha raízes nulas, devemos ter $a \neq 0$, $b = 0$ e $c = 0$. Assim, temos o seguinte:

$m \neq 0$

$p + 1 = 0 \rightarrow p = -1$

$m^2 + m = 0 \rightarrow m\,.\,(m + 1) = 0 \begin{cases} m = 0 \\ m + 1 = 0 \rightarrow m = -1 \end{cases}$

Observe que em relação aos valores de m, temos que $m \neq 0$, $m = 0$ e $m = -1$. Como m não pode ser igual a zero, então $m = -1$.

GABARITO: $m = p = -1$

13) Determine o valor de p para que a equação $x^4 - 2x^2 + p - 7 = 0$ tenha uma raiz nula e duas raízes reais e simétricas.

Resolução:

Coeficientes da equação biquadrada → $a = 1$, $b = -2$ e $c = p - 7$

Para que a equação tenha raízes nulas, devemos ter a ≠ 0, $\frac{b}{a} < 0$ e c = 0

Como a = 1, então a ≠ 0

Se a = 1 e b = – 2, então $\frac{b}{a} = \frac{(-2)}{1} = -2$. Logo, $\frac{b}{a} < 0$

Como c = 0, então p – 7 = 0 ∴ p = 7

<u>GABARITO</u>: p = 7

14) Determine o valor de n para que a equação $2x^4 + 3x^2 + n + 5 = 0$ tenha uma raiz nula e duas raízes imaginárias.

<u>Resolução</u>:

Coeficientes da equação biquadrada → a = 2, b = 3 e c = n + 5

Para que a equação tenha raízes nulas, devemos ter a ≠ 0, $\frac{b}{a} > 0$ e c = 0

Como a = 2, então a ≠ 0

Se a = 2 e b = 3, então $\frac{b}{a} = \frac{3}{2} = 1{,}5$. Logo, $\frac{b}{a} > 0$

Como c = 0, então n + 5 = 0 ∴ n = – 5

<u>GABARITO</u>: n = – 5

VIII) <u>Discussão das raízes da equação biquadrada completa</u>

<u>1º CASO</u>: Δ > 0

- Se $\frac{c}{a} < 0$, então a equação biquadrada terá duas raízes reais simétricas e duas raízes imaginárias simétricas.

- Se $\frac{c}{a} > 0$ e $\frac{b}{a} > 0$, então a equação biquadrada não terá raízes reais (raízes imaginárias).

- Se $\frac{c}{a} > 0$ e $\frac{b}{a} < 0$, então a equação biquadrada terá 4 raízes reais, simétricas duas a duas.

<u>2º CASO</u>: Δ = 0

- Se $\frac{b}{a} < 0$, então a equação biquadrada terá duas raízes reais e simétricas.

- Se $\frac{b}{a} > 0$, então a equação biquadrada não terá raízes reais (raízes imaginárias).

<u>3º CASO</u>: Δ < 0

- A equação biquadrada não terá raízes reais (raízes imaginárias).

A seguir, faremos uma bateria de exercícios de todo conteúdo estudado neste capítulo.

EXERCÍCIOS

15) **(EAM)** Encontre o conjunto solução da equação $y^4 - 10y^2 + 9 = 0$.

a) {3, 1, – 3, – 1}
b) {1, 0, – 1, 0}
c) {1, – 8, – 1, – 3}
d) {– 2, – 1, 1, 2}

16) **(EAM)** O conjunto solução da equação $x^4 - 5x^2 + 4 = 0$ é:

a) {– 3, – 2, 2, 3}
b) {– 4, – 1, 1, 4}
c) {1, 2, 3, 5}
d) {– 2, – 1, 1, 2}

17) **(COVEST)** Indique a alternativa que represente o conjunto solução, em $\mathbb{R}$, para a equação:
$x^4 + 13x^2 + 36 = 0$

a) S = {– 2, 2, – 3, 3}
b) conjunto vazio
c) S = {– 2, 3}
d) S = {2, 3}
e) S = {– 2, – 3, – 1, 1}

18) Assinale a alternativa que apresenta o conjunto solução, em $\mathbb{R}$, da equação $x^4 - 5x^2 + 10 = 0$.

a) {1, 2, 3, 4}
b) {– 1, 1}
c) {– 2, 2}
d) {– 2, – 1, 1, 2}
e) ∅

19) As raízes reais da equação $x^4 - 3x^2 - 40 = 0$ são:

a) $-\sqrt{5}$ e $\sqrt{5}$
b) $-2\sqrt{2}$ e $2\sqrt{2}$
c) $2\sqrt{2}$ e 5
d) $-2\sqrt{2}$, $-\sqrt{5}$, $\sqrt{5}$ e $2\sqrt{2}$
e) 5 e – 5

20) V = {– 5, + 5} é o conjunto verdade da equação:

a) $(x^2 + 10)(x^2 - 3) = 330$
b) $(x^2 - 10)(x^2 + 3) = 330$
c) $(x^2 + 10)(x^2 + 3) = 330$
d) $(x^2 - 10)(x^2 - 3) = 330$
e) $(x^2 - 10)(x^2 - 5) = 330$

21) **(CM – RECIFE)** As raízes da equação $x^4 - 10x^2 + 9 = 0$ são x_1, x_2, x_3 e x_4, então $|x_1| + |x_2| + |x_3| + |x_4|$ é igual a

a) 0
b) 4
c) 8
d) 16
e) 32

22) **(EEAR)** A menor das raízes da equação $x^4 - 13x^2 + 36 = 0$ é

a) – 4 b) – 3 c) – 2 d) – 1

23) A menor raiz real da equação $(x^2 - 10)(x^2 - 3) = 330$ é igual a:

a) – 5 b) – 4 c) 0 d) 4 e) 5

24) A maior raiz da equação $4x^4 - 13x^2 + 3 = 0$, em $\mathbb{R}$, é:

a) $\sqrt{3}$ b) $\sqrt{2}$ c) $-\sqrt{3}$ d) ½ e) – ½

25) **(EEAR)** A maior e a menor das raízes da equação $x^4 - 10x^2 + 9 = 0$ são:

a) 1 e – 1 b) – 3 e 1 c) 3 e – 3 d) – 1 e 3

26) **(ESPP)** A soma das raízes negativas da equação $4x^4 - 17x^2 = -4$ é igual a:

a) – 3 b) – 3,5 c) – 2 d) – 2,5

27) **(EPCAR)** Sejam r_1, r_2, r_3, r_4 as raízes da equação $u^4 - 13u^2 = -36$. Calculando-se os módulos das raízes e efetuando-se a soma deles, obtemos:

a) 8 b) 9 c) 10 d) 13 e) 36

28) **(UGF – RJ)** A diferença entre a maior e a menor raiz da equação $x^4 - 13x^2 + 36 = 0$ é:

a) 3 b) 4 c) 5 d) 6

29) **(CESGRANRIO)** Sejam *a* e *b*, respectivamente, a maior e a menor das raízes de $x^4 - 10x^2 + 9 = 0$. A diferença $a - b$ vale:

a) 6 b) 5 c) 4 d) 3 e) 2

30) **(CESPE)** Se x_1 e x_2, em que $x_1 < x_2$, são as raízes positivas da equação $x^4 - 164x^2 + 6400 = 0$, então a diferença $x_2 - x_1$ é igual a

a) 2

b) 1

c) 36

d) 18

e) 4

31) **(CM – RJ)** Dada a equação $x^4 + 4x^2 - 45 = 0$, podemos afirmar que:

a) tal equação possui 4 raízes reais

b) duas de suas raízes são números racionais

c) a soma das suas raízes reais é igual a – 4

d) o produto das suas raízes reais é igual a – 5

e) o produto das suas raízes reais é igual a – 45

32) **(UNIRIO)** O produto das raízes positivas de $x^4 - 11x^2 + 18 = 0$ vale:

a) $2\sqrt{3}$ b) $3\sqrt{2}$ c) $4\sqrt{2}$ d) $5\sqrt{3}$

33) **(SELECON)** Um aluno determinou corretamente as quatro raízes x_1, x_2, x_3 e x_4 da equação biquadrada $4x^4 - 17x^2 + 4 = 0$. Se $x_1 < x_2 < x_3 < x_4$, o produto de $x_3 . x_4$ é igual a:

a) 4 b) 3 c) 2 d) 1

34) **(CESPE)** A quantidade de raízes reais e distintas da equação $x^4 - 5x^2 = 0$ é igual a

a) 0 b) 1 c) 2 d) 3 e) 4

35) **(EEAR)** Quantos elementos têm o conjunto verdade da equação $x^4 - 9x^2 = 0$?

a) 4 b) 3 c) 2 d) 1

36) A quantidade de raízes reais da equação $x^4 - 81 = 0$ é:

a) 0 b) 1 c) 2 d) 3 e) 4

37) **(EEAR)** O número de soluções reais da equação $5x^4 + x^2 + 3 = 0$ é

a) 0 b) 1 c) 2 d) 3

38) O número de raízes da equação $2x^4 - 5x^2 + 2 = 0$ é:

a) 0 b) 1 c) 2 d) 3 e) 4

39) **(FEI)** O número de raízes reais da equação $5x^4 + x^2 - 3 = 0$ é:

a) 1

b) 2

c) 3

d) 4

e) nra

40) A equação $4x^4 - 5x^2 - 9 = 0$, sobre o universo $\mathbb{R}$:

a) admite quatro raízes reais

b) admite apenas duas raízes reais

c) admite apenas uma raiz real

d) não admite raízes reais

41) A equação $x^4 - 3x^2 + 2 = 0$

a) admite quatro raízes irracionais

b) admite duas raízes irracionais

c) não admite raízes reais

d) não admite raízes irracionais

42) **(CM – CURITIBA)** A soma dos quadrados das raízes reais da equação $x^4 - 26x^2 + 25 = 0$ é

a) 0 b) 26 c) 52 d) 54 e) 144

43) **(ETQ)** Dada a equação biquadrada $x^4 - 45x^2 + 324 = 0$, podemos afirmar que:

a) A soma dos inversos dos quadrados das raízes é igual a 5/18

b) A soma das raízes é diferente de zero

c) A soma dos inversos das raízes é igual a 5/36

d) A soma dos módulos das raízes é igual a 9

44) Na equação $2004x^4 + 2005x^2 + 2006 = 0$, a média aritmética das suas raízes é igual a:

a) 0 b) $-\frac{2003}{4002}$ c) $-\left(\frac{2003}{4004}\right)^2$ d) $\left(\frac{2003}{4004}\right)^2$ e) $\frac{1002}{1001}$

45) **(CM – PORTO ALEGRE)** Calculando o valor da média geométrica entre as raízes positivas da equação $x^4 - 4x^2 + 1 = 0$, obtém-se

a) 4 b) 3 c) 2 d) 1 e) 0

46) A média geométrica das raízes da equação $x^4 + x^2 + 81 = 0$ é igual a:

a) 0

b) 1

c) 2

d) 3

e) 4

47) **(CM – RJ)** Há situações em que equações de grau superior a 2 podem ser resolvidas com o auxílio de uma técnica denominada "mudança de variável", que nos permite diminuir o grau da equação, transformando-a em uma equação de 2º grau.

Um exemplo desse uso pode ser visto aqui:

Seja a equação $x^4 - 7x^2 - 18 = 0$ **(I)** Admita que $y = x^2$ **(II)** Substituindo **(II)** em **(I)**, obtemos $y^2 - 7y - 18 = 0$ Resolvendo a equação do 2º grau, temos $y_1 = 9$ e $y_2 = -2$ Atribua $x^2 = 9 \rightarrow x_1 = 3$ e $x_2 = -3$ e, ainda, $x^2 = -2 \rightarrow$ neste caso, não há raízes reais.

A soma dos cubos das raízes reais da equação $(x^2 - 2x + 1)^2 = 5x^2 - 10x + 1$ é igual a

a) 36 b) 34 c) 18 d) – 18 e) – 34

48) A maior raiz real da equação $x^6 - 7x^3 - 8 = 0$, sendo $U = \mathbb{R}$, é:

a) 1 b) 2 c) 3 d) 4 e) 5

49) O produto das raízes reais da equação $x^8 - 2x^4 + 1 = 0$, em $\mathbb{R}$, é:

a) 0 b) 1 c) – 1 d) 2 e) – 2

50) **(EEAR)** É verdadeira a afirmação:

A equação $x^8 - 13x^4 + 36 = 0$

a) admite 4 raízes reais irracionais

b) admite 4 raízes reais racionais positivas

c) não admite raízes reais

d) admite 4 raízes reais inteiras

51) A soma das raízes da equação $32x^{10} - 31x^5 - 1 = 0$, sendo $U = \mathbb{R}$, é:

a) 0 b) 1 c) 31 d) – ½ e) ½

52) **(UFRRJ)** Ao resolvermos a equação $x^{10} + 32 = 33x^5$, encontramos 10 raízes. A soma das raízes reais desta equação se encontra no intervalo

a)]1, 2] b)]2, 3] c)]3, 4] d)]4, 5] e)]5, 6]

53) A menor raiz da equação $2x^{12} + x^6 - 3 = 0$, em $\mathbb{R}$, é:

a) 0 b) 1 c) – 1 d) 2 e) – 2

54) **(CN)** Resolver a equação biquadrada $x^4 - 29m^2x^2 + 100m^4 = 0$.

a) ± 2m b) ± 2m e ± 5m c) $4m^2$ e $25m^2$ d) 2m e 5m e) ± 5m

55) **(EPCAR)** Em $\mathbb{R}$, o produto dos elementos do conjunto verdade da equação $x^4 - 5a^2x^2 + 4a^4 = 0$ na variável x, em que **a** $\in \mathbb{R}_+^*$, é

a) $-4a^4$ b) $16a^8$ c) $4a^4$ d) $2a^4$

56) O conjunto solução da equação $c^4x^4 + c^2(a^2 - b^2)x^2 - a^2b^2 = 0$ é igual a:

a) {c, – c} b) {a, – a} c) {b, – b} d) $\left\{\frac{a}{c}, -\frac{a}{c}\right\}$ e) $\left\{\frac{b}{c}, -\frac{b}{c}\right\}$

57) **(EEAR)** No conjunto $\mathbb{R}^*$, a equação $\frac{6}{x^2} + x^2 = 5$

a) não tem raízes reais

b) tem duas raízes reais

c) tem quatro raízes positivas

d) tem quatro raízes diferentes

58) Qual o produto das únicas duas soluções reais da equação $5x^{-4} - 2x^{-2} - 3 = 0$?

a) – 2 b) 0 c) – 1 d) – 3 e) 1

59) O conjunto verdade da equação $a^2\left(\frac{x^4}{a^5} + 1\right) = x^2\left(\frac{1}{a} + 1\right)$ é:

a) V = $\{-a\sqrt{a}, -2a\}$

b) V = $\{-a, 2a\}$

c) V = $\{-\sqrt{a}, -a, a, \sqrt{a}\}$

d) V = $\{-2a, -\sqrt{a}, \sqrt{a}, 2a\}$

e) V = $\{-a\sqrt{a}, -a, a, a\sqrt{a}\}$

60) No conjunto $\mathbb{R} - \{0\}$, o conjunto verdade da equação $\frac{x^2 - 2}{5} + \frac{3x^2}{5} - \frac{1}{x^2} = -\frac{3}{5x^2}$ é:

a) V = $\{-1, 1\}$

b) V = $\left\{-\frac{1}{2}, 1\right\}$

c) V = $\left\{-1, -\frac{1}{2}, \frac{1}{2}, 1\right\}$

d) V = $\left\{-1, -\frac{1}{4}, \frac{1}{4}, 1\right\}$

e) $\left\{\frac{1}{2}, -1\right\}$

61) As raízes da equação $x^2 + \frac{2}{x^2 - 4} = \frac{3x^2 - 4}{2}$ são:

a) $\sqrt{3}$, $\sqrt{5}$, $-\sqrt{5}$, $-\sqrt{3}$

b) $\sqrt{2}$, $\sqrt{5}$, $-\sqrt{2}$, $-\sqrt{5}$

c) $\sqrt{2}$, $\sqrt{6}$, $-\sqrt{2}$, $-\sqrt{6}$

d) 1, 2, 3, 4

e) $\sqrt{5}$, $\sqrt{6}$, $-\sqrt{5}$, $-\sqrt{6}$

62) **(CM – BRASÍLIA)** O conjunto solução da equação abaixo, para x ≠ 0, x ≠ – 1 ou x ≠ 1 é:

$\frac{x^2+1}{x^2} - \frac{1}{x^2 - 1} = \frac{11}{12}$

a) {– 2, 2}
b) {– 3, 3}
c) {– 4, 4}
d) {– 5, 5}
e) ∅

63) O conjunto solução da equação $\frac{x^2 - 5}{x^2 + 2} - \frac{2}{x^2 - 2} = \frac{2x^2 - 12}{x^4 - 4}$ é:

a) {– 2, 2}

b) {– 3, 3}

c) $\{-\sqrt{2}, \sqrt{2}\}$

d) $\{-2, \sqrt{2}\}$

e) $\{-\sqrt{2}, \sqrt{2}, -3, 3\}$

64) **(EEAR)** A equação $x^4 = 23x^2 + 50$, em $\mathbb{R}$,

a) não tem raiz real

b) tem raízes cuja soma é zero

c) tem quatro raízes distintas

d) tem raízes cujo produto é – 10

65) **(EAM)** É correto afirmar que o valor da soma das raízes reais da equação $x^4 = 7x^2 + 18$ é um número:

a) primo

b) divisor de 36

c) múltiplo de 3

d) divisor de 16

e) divisor de 25

66) A equação biquadrada $ax^4 + bx^2 + c = 0$ possui raízes ± 4 e ± 5. O valor de b é:

a) 1
b) 41
c) 400
d) – 41
e) – 400

67) **(EEAR)** A equação cujas raízes são $-\sqrt{2}$, $+\sqrt{2}$, $-\sqrt{5}$ e $+\sqrt{5}$, é $x^4 + ax^2 + b = 0$. O valor de $|a + b|$ é

a) 2
b) 3
c) 4
d) 5

68) **(CM – BRASÍLIA)** Considere 2, – 2, 3 e – 3 como raízes de uma equação biquadrada. Substituindo a variável por – 1, na equação que gerou tais raízes, obtém-se:

a) 48 b) 22 c) 50 d) 24 e) – 22

69) Obtenha a equação biquadrada cujas raízes são $\pm\sqrt{2+\sqrt{2}}$ e $\pm\sqrt{2-\sqrt{2}}$.

a) $x^4 + x^2 + 1 = 0$
b) $x^4 - 25x^2 + 144 = 0$
c) $5x^4 - 9x - 11 = 0$
d) $2x^4 - x^2 - 6 = 0$
e) $x^4 - 4x^2 + 2 = 0$

70) **(CN)** Uma equação biquadrada tem duas raízes respectivamente iguais a $\sqrt{2}$ e 3. O valor do coeficiente do termo de 2º grau dessa equação é:

a) 7 b) – 7 c) 11 d) – 11 e) 1

71) **(CN)** Duas das raízes da equação biquadrada $x^4 + bx^2 + c = 0$ são 0,2333... e 30/7. O valor de c é:

a) 1 b) 3 c) 5 d) 7 e) 11

72) **(CN)** A soma das raízes da equação de raízes reais $mx^4 + nx^2 + p = 0$, $m \neq 0$, é:

a) 0 b) $-\frac{n}{m}$ c) $-\frac{2n}{m}$ d) $\frac{p}{m}$ e) $-\frac{p}{m}$

73) **(CN)** Uma equação biquadrada de coeficientes inteiros, cuja soma desses coeficientes é zero, tem uma das raízes igual a $\sqrt{3}$. O produto das raízes dessa equação é:

a) 2 b) 3 c) 4 d) 5 e) 6

74) **(CN)** O número de soluções inteiras da equação $4x^5 + 11x^3 - 3x = 0$ é

a) 5 b) 3 c) 2 d) 1 e) 0

75) **(CN)** Dada a equação $(x^2+1)^2 + (x^2+3x-17)^2 = 0$, pode-se afirmar que, no universo dos números reais, o seu conjunto solução

a) é vazio
b) tem apenas um elemento
c) tem apenas dois elementos
d) tem apenas três elementos
e) tem apenas quatro elementos

76) **(CN)** Resolva a equação $\left(\frac{x}{x-1}\right)^2 + \left(\frac{x}{x+1}\right)^2 = \frac{10}{9}$ e calcule o conjunto solução para o universo $\mathbb{R}$.

a) $\{\pm 5\}$ b) $\{\pm \sqrt{5}\}$ c) $\{1/2\}$ d) $\left\{\pm \frac{1}{2}\right\}$ e) $\{\sqrt{-5}\}$

77) **(CN)** A equação $x^4 - 8x^2 + k^2 - 5 = 0$, onde k é um número inteiro, tem 4 raízes reais. A soma dos valores absolutos de k é:

a) 13 b) 14 c) 15 d) 16 e) 17

78) **(CN)** A equação $x^4 - (a - 6)x^2 + (9 - a) = 0$, na variável x, tem quatro raízes reais e distintas, se e somente se:

a) $a > 8$ b) $6 < a < 8$ c) $8 < a < 9$ d) $6 < a < 9$ e) $a > 9$

79) **(CN)** Se a equação $x^4 - 4(m + 2)x^2 + m^2 = 0$ admite quatro raízes reais, então

a) o maior valor inteiro de m é – 3

b) a soma dos três menores valores inteiros de m é zero

c) a soma dos três maiores valores inteiros de m é – 12

d) só existem valores inteiros e positivos para m

e) só existem valores negativos para m

80) **(CN)** Os números reais positivos **a** e **b** satisfazem a igualdade: $a\sqrt{(a^2 + 2b^2)} = b\sqrt{(9a^2 - b^2)}$. Um valor possível para $\frac{a}{b}$ é

a) $\frac{5+2\sqrt{5}}{2}$ b) $\frac{5+\sqrt{3}}{2}$ c) $\frac{3+2\sqrt{3}}{2}$ d) $\frac{3+\sqrt{3}}{2}$ e) $\frac{3+\sqrt{5}}{2}$

81) **(CN)** Considere a soma de n parcelas $S = n^{15} + n^{15} + ... + n^{15}$. Sobre as raízes positivas da equação $\sqrt[4]{S} = 13n^2 - 36$, pode-se afirmar que:

a) seu produto é – 36.

b) sua soma é nula

c) sua soma é 5

d) seu produto é 18

e) seu produto é 36

GABARITOS

1) S = {– 3, – 2, 2, 3}	2) S = { – ½, ½ }	3) S = ∅	4) A	5) S = { 2, – 5 }	6) S = {– 6a , – 4a , 4a , 6a}
7) B	8) S = 13	9) P = 144	10) A	11) m ≠ 0, n = 4 e p = – 5	12) m = p = – 1
13) p = 7	14) n = – 5	15) A	16) D	17) B	18) E
19) B	20) D	21) C	22) B	23) A	24) A
25) C	26) D	27) D	28) D	29) A	30) A
31) D	32) B	33) D	34) D	35) B	36) C
37) A	38) E	39) B	40) B	41) B	42) C
43) A	44) A	45) D	46) D	47) B	48) B
49) C	50) A	51) E	52) B	53) C	54) B
55) C	56) E	57) D	58) C	59) E	60) A
61) C	62) A	63) B	64) B	65) C	66) D
67) B	68) D	69) E	70) D	71) A	72) A
73) B	74) D	75) A	76) D	77) B	78) C
79) B	80) E	81) C			

Capítulo 09

Equações Irracionais

I) Introdução

- Uma equação é dita irracional quando apresenta incógnita sob radical ou incógnita elevada a expoente fracionário.

Exemplos:

a) $\sqrt{x+1} = 4$

b) $x^{1/3} = 2$

c) $x + \sqrt{x+5} = 7$

d) $(3x+1)^{1/2} + x = 13$

II) Resolução da equação irracional

- Para resolver uma equação irracional devemos proceder da seguinte forma:

1º) Eliminar os radicais;

2º) Resolver a equação obtida;

3º) Fazer a verificação;

4º) Obter o conjunto solução da equação irracional, que é representado pela letra S.

EXERCÍCIOS

1) Resolva a equação irracional $\sqrt{2x+1} = 11$, sendo $U = \mathbb{R}$

Resolução:

Observe que o índice do radical vale 2. Assim, para eliminarmos o radical devemos elevar ambos os membros da equação ao quadrado.

$\left(\sqrt{2x+1}\right)^2 = 11^2$

$2x + 1 = 121$

$2x = 121 - 1$

$2x = 120$

$x = \frac{120}{2}$

$x = 60$

Agora faremos a verificação, ou seja, devemos substituir a valor de x encontrado na equação.

$\sqrt{2x + 1} = 11$

$\sqrt{2 . 60 + 1} = 11$

$\sqrt{120 + 1} = 11$

$\sqrt{121} = 11$

11 = 11 **(VERDADEIRO)**

Como o resultado é verdadeiro, então 60 é raiz da equação.

GABARITO: S = {60}

2) Resolva a equação irracional $\sqrt[3]{9x - 1} = 2$, sendo U = $\mathbb{R}$

Resolução:

Observe que o índice do radical é igual a 3. Assim, para eliminarmos o radical devemos elevar ambos os membros da equação ao cubo.

$\left(\sqrt[3]{9x - 1}\right)^3 = 2^3$

9x – 1 = 8

9x = 8 + 1

9x = 9

$x = \frac{9}{9}$

x = 1

Agora faremos a verificação, ou seja, devemos substituir a valor de x encontrado na equação.

$\sqrt[3]{9x - 1} = 2$

$\sqrt[3]{9 . 1 - 1} = 2$

$\sqrt[3]{9 - 1} = 2$

$\sqrt[3]{8} = 2$

2 = 2 **(VERDADEIRO)**

Como o resultado é verdadeiro, então 1 é raiz da equação.

GABARITO: S = {1}

3) **(EAM)** Resolvendo a equação irracional $\sqrt{5x - 4} = \sqrt{x + 8}$, obtém-se para valor de x:

a) 1 b) 2 c) 3 d) 5 e) 8

Resolução:

Observe que os índices dos radicais são iguais a 2. Assim, para eliminarmos os radicais devemos elevar ambos os membros da equação ao quadrado.

$\sqrt{5x-4} = \sqrt{x+8}$

$\left(\sqrt{5x-4}\right)^2 = \left(\sqrt{x+8}\right)^2$

$5x - 4 = x + 8$

$5x - x = 8 + 4$

$4x = 12$

$x = \frac{12}{4}$

$x = 3$

Agora faremos a verificação, ou seja, devemos substituir a valor de x encontrado na equação.

$\sqrt{5x-4} = \sqrt{x+8}$

$\sqrt{5\,.\,3-4} = \sqrt{3+8}$

$\sqrt{15-4} = \sqrt{3+8}$

$\sqrt{11} = \sqrt{11}$ **(VERDADEIRO)**

Como o resultado é verdadeiro, então 3 é raiz da equação.

GABARITO: C

4) Resolva a equação irracional $\frac{\sqrt{x+2}+\sqrt{x-2}}{\sqrt{x+2}-\sqrt{x-2}} = 3$, sendo $U = \mathbb{R}$

Resolução:

$\frac{\sqrt{x+2}+\sqrt{x-2}}{\sqrt{x+2}-\sqrt{x-2}} = 3$

$\frac{\sqrt{x+2}+\sqrt{x-2}}{\sqrt{x+2}-\sqrt{x-2}} = \frac{3}{1}$

$3(\sqrt{x+2} - \sqrt{x-2}) = 1(\sqrt{x+2} + \sqrt{x-2})$

$3\sqrt{x+2} - 3\sqrt{x-2} = \sqrt{x+2} + \sqrt{x-2}$

$3\sqrt{x+2} - \sqrt{x+2} = \sqrt{x-2} + 3\sqrt{x-2}$

$2\sqrt{x+2} = 4\sqrt{x-2}$: 2 (dividir a equação por 2)

$\sqrt{x+2} = 2\sqrt{x-2}$

$\left(\sqrt{x+2}\right)^2 = \left(2\sqrt{x-2}\right)^2$

$x + 2 = 4(x - 2)$

$x + 2 = 4x - 8$

$x - 4x = -8 - 2$

– 3x = – 10   x (– 1)

3x = 10

x = $\frac{10}{3}$

Agora faremos a verificação, ou seja, substituir x = $\frac{10}{3}$ na equação.

$$\frac{\sqrt{x+2}+\sqrt{x-2}}{\sqrt{x+2}-\sqrt{x-2}} = 3$$

$$\frac{\sqrt{\frac{10}{3}+2}+\sqrt{\frac{10}{3}-2}}{\sqrt{\frac{10}{3}+2}-\sqrt{\frac{10}{3}-2}} = 3$$

$$\frac{\sqrt{\frac{16}{3}}+\sqrt{\frac{4}{3}}}{\sqrt{\frac{16}{3}}-\sqrt{\frac{4}{3}}} = 3$$

$$\frac{\frac{4}{\sqrt{3}}+\frac{2}{\sqrt{3}}}{\frac{4}{\sqrt{3}}-\frac{2}{\sqrt{3}}} = 3$$

$$\frac{\frac{6}{\sqrt{3}}}{\frac{2}{\sqrt{3}}} = 3$$

3 = 3 **(VERDADEIRO)**

Como o resultado é verdadeiro, então $\frac{10}{3}$ é raiz da equação.

GABARITO: **S =** $\left\{\frac{10}{3}\right\}$

5) Resolva a equação irracional x + $\sqrt{x+5}$ = 7, sendo U = $\mathbb{R}$

Resolução:

Inicialmente, devemos isolar o radical em um dos membros da equação.

$\sqrt{x+5}$ = 7 – x

Observe que o índice do radical vale 2. Assim, para eliminarmos o radical devemos elevar ambos os membros da equação ao quadrado.

$\left(\sqrt{x+5}\right)^2 = (7-x)^2$

x + 5 = 49 – 14x + x^2

x^2 – 14x – x + 49 – 5 = 0

$x^2 - 15x + 44 = 0 \begin{cases} a = 1 \\ b = -15 \\ c = 44 \end{cases}$

$$x = \frac{-(-15) \pm \sqrt{(-15)^2 - 4\,.\,1\,.\,44}}{2\,.\,1}$$

$$x = \frac{15 \pm \sqrt{225 - 176}}{2}$$

$x = \frac{15 \pm \sqrt{49}}{2}$

$x = \frac{15 \pm 7}{2} \begin{cases} x' = \frac{15+7}{2} = 11 \\ x'' = \frac{15-7}{2} = 4 \end{cases}$

Vamos fazer a verificação para cada um dos valores encontrados de x.

• Para x = 11, temos que:

$x + \sqrt{x+5} = 7$

$11 + \sqrt{11+5} = 7$

$11 + \sqrt{16} = 7$

$11 + 4 = 7$

15 = 7 **(FALSO)**

Logo, 11 não é raiz da equação.

• Para x = 4, temos que:

$x + \sqrt{x+5} = 7$

$4 + \sqrt{4+5} = 7$

$4 + \sqrt{9} = 7$

$4 + 3 = 7$

7 = 7 **(VERDADEIRO)**

Logo, 4 é raiz da equação.

GABARITO: S = {4}

6) **(CFN)** Determine o valor real de **x** para que se tenha.

$\sqrt{x + \sqrt{x-1}} = \sqrt{2x-3}$

a) 10 b) (2, 5) c) 5 d) (7, 5) e) 1

Resolução:

Observe que os índices dos radicais são iguais a 2. Assim, para eliminar os radicais devemos elevar ambos os membros da equação ao quadrado.

$\sqrt{x + \sqrt{x-1}} = \sqrt{2x-3}$

$\left(\sqrt{x + \sqrt{x-1}}\right)^2 = \left(\sqrt{2x-3}\right)^2$

$x + \sqrt{x-1} = 2x - 3$

$\sqrt{x-1} = 2x - 3 - x$

$\sqrt{x-1} = x - 3$

Vamos elevar ao quadrado ambos os membros da equação para eliminar o radical.

$\left(\sqrt{x-1}\right)^2 = (x-3)^2$

$x - 1 = x^2 - 6x + 9$

$x^2 - 6x + 9 - x + 1 = 0$

$x^2 - 7x + 10 = 0 \begin{cases} a = 1 \\ b = -7 \\ c = 10 \end{cases}$

$x = \frac{-(-7) \pm \sqrt{(-7)^2 - 4\,.\,1\,.\,10}}{2\,.\,1}$

$x = \frac{7 \pm \sqrt{49-40}}{2}$

$x = \frac{7 \pm \sqrt{9}}{2}$

$x = \frac{15 \pm 7}{2} \begin{cases} x' = \frac{7+3}{2} = 5 \\ x'' = \frac{7-3}{2} = 2 \end{cases}$

Vamos fazer a verificação para cada um dos valores encontrados de x.

• Para x = 5, temos que:

$\sqrt{x + \sqrt{x-1}} = \sqrt{2x-3}$

$\sqrt{5 + \sqrt{5-1}} = \sqrt{2\,.\,5-3}$

$\sqrt{5 + \sqrt{4}} = \sqrt{10-3}$

$\sqrt{5+2} = \sqrt{10-3}$

$\sqrt{7} = \sqrt{7}$ **(VERDADEIRO)**

Logo, 5 é raiz da equação.

• Para x = 2, temos que:

$\sqrt{x + \sqrt{x-1}} = \sqrt{2x-3}$

$\sqrt{2 + \sqrt{2-1}} = \sqrt{2\,.\,2-3}$

$\sqrt{2 + \sqrt{1}} = \sqrt{4-3}$

$\sqrt{2+1} = \sqrt{4-3}$

$\sqrt{3} = \sqrt{1}$

$\sqrt{3} = 1$ **(FALSO)**

Logo, 2 não é raiz da equação.

GABARITO: C

7) Resolva a equação irracional $\sqrt{x} + \sqrt{\frac{1}{x}} = 2$, sendo U = $\mathbb{R}$

Resolução:

$\sqrt{x} + \sqrt{\frac{1}{x}} = 2$

$\sqrt{x} + \frac{1}{\sqrt{x}} = 2$

Para facilitar os cálculos, vamos substituir $\sqrt{x}$ por y, ou seja, $\sqrt{x}$ = y. Assim, temos o seguinte:

$y + \frac{1}{y} = 2$

$\frac{y}{1/y} + \frac{1}{y/1} = \frac{2}{1/y}$

$y^2 + 1 = 2y$

$y^2 - 2y + 1 = 0 \begin{cases} a = 1 \\ b = -2 \\ c = 1 \end{cases}$

$y = \frac{-(-2) \pm \sqrt{(-2)^2 - 4.1.1}}{2.1}$

$y = \frac{2 \pm \sqrt{4-4}}{2}$

$y = \frac{2 \pm \sqrt{0}}{2}$

$y = \frac{2 \pm 0}{2} \begin{cases} y' = \frac{2+0}{2} = 1 \\ y'' = \frac{2-0}{2} = 1 \end{cases}$

Como y = 1, então devemos encontrar o valor de x.

$\sqrt{x} = y$

$\sqrt{x} = 1$

$(\sqrt{x})^2 = 1^2$

x = 1

Vamos fazer a verificação na equação $\sqrt{x} + \sqrt{\frac{1}{x}} = 2$ para x = 1.

• $\sqrt{x} + \sqrt{\frac{1}{x}} = 2$

$\sqrt{1} + \sqrt{\frac{1}{1}} = 2$

1 + 1 = 2

2 = 2 **(VERDADEIRO)**

Logo, 1 é raiz da equação.

GABARITO: S = {1}

8) Resolva a equação irracional $\frac{\sqrt{x}+16}{\sqrt{x}+4} = \frac{\sqrt{x}+32}{\sqrt{x}+12}$, sendo U = $\mathbb{R}$.

Resolução:

Para facilitar os cálculos, vamos substituir $\sqrt{x}$ por y, ou seja, $\sqrt{x}$ = y. Assim, temos o seguinte:

$$\frac{\sqrt{x}+16}{\sqrt{x}+4} = \frac{\sqrt{x}+32}{\sqrt{x}+12}$$

$$\frac{y+16}{y+4} = \frac{y+32}{y+12}$$

$(y + 16).(y + 12) = (y + 4).(y + 32)$

$y^2 + 12y + 16y + 192 = y^2 + 32y + 4y + 128$

$y^2 + 28y + 192 = y^2 + 36y + 128$

$y^2 + 28y - y^2 - 36y = 128 - 192$

$-8y = -64 \quad x(-1)$

$8y = 64$

$y = \frac{64}{8}$

$y = 8$

Como y = 8, então devemos encontrar o valor de x.

$\sqrt{x} = y$

$\sqrt{x} = 8$

$\left(\sqrt{x}\right)^2 = 8^2$

$x = 64$

Vamos fazer a verificação na equação $\frac{\sqrt{x}+16}{\sqrt{x}+4} = \frac{\sqrt{x}+32}{\sqrt{x}+12}$ para x = 64.

• $\frac{\sqrt{x}+16}{\sqrt{x}+4} = \frac{\sqrt{x}+32}{\sqrt{x}+12}$

$$\frac{\sqrt{64}+16}{\sqrt{64}+4} = \frac{\sqrt{64}+32}{\sqrt{64}+12}$$

$$\frac{8+16}{8+4} = \frac{8+32}{8+12}$$

$$\frac{24}{12} = \frac{40}{20}$$

2 = 2 **(VERDADEIRO)**

Logo, 64 é raiz da equação.

GABARITO: S = {64}

9) Resolva a equação irracional $\sqrt{x} - \sqrt[4]{x} = 6$, sendo U = $\mathbb{R}$.

Resolução:

Para resolver a equação irracional acima, seja $\sqrt[4]{x} = y$. Elevando ambos os membros ao quadrado, temos o seguinte:

$(\sqrt[4]{x})^2 = y^2 \rightarrow \sqrt{x} = y^2$

Logo, $\sqrt[4]{x} = y$ e $\sqrt{x} = y^2$

A equação $\sqrt{x} - \sqrt[4]{x} = 6$ pode ser escrita da seguinte forma:

$y^2 - y = 6$

$y^2 - y - 6 = 0 \begin{cases} a = 1 \\ b = -1 \\ c = -6 \end{cases}$

$y = \frac{-(-1) \pm \sqrt{(-1)^2 - 4 . 1 . (-6)}}{2 . 1}$

$y = \frac{1 \pm \sqrt{1 + 24}}{2}$

$y = \frac{1 \pm \sqrt{25}}{2}$

$y = \frac{1 \pm 5}{2} \begin{cases} y' = \frac{1+5}{2} = 3 \\ y'' = \frac{1-5}{2} = -2 \end{cases}$

Agora é necessário encontrar os valores de x.

1°) Para **y = 3** temos o seguinte:

$\sqrt[4]{x} = y$

$\sqrt[4]{x} = 3$

$(\sqrt[4]{x})^4 = 3^4$

$x = 81$

Vamos fazer a verificação na equação $\sqrt{x} - \sqrt[4]{x} = 6$ para x = 81

• $\sqrt{x} - \sqrt[4]{x} = 6$

$\sqrt{81} - \sqrt[4]{81} = 6$

$9 - 3 = 6$

6 = 6 **(VERDADEIRO)**

Logo, 81 é raiz da equação.

2º) Para **y = – 2** temos o seguinte:

$\sqrt[4]{x} = y$

$\sqrt[4]{x} = -2 \notin \mathbb{R}$

Assim, não é possível encontrar o valor de x.

Logo, 81 é a única raiz da equação.

<u>**GABARITO**</u>: **S = {81}**

10) Resolva a equação $\sqrt{x+7} = 5 - \sqrt{x+2}$, sendo U = $\mathbb{R}$.

<u>**Resolução**</u>**:**

Observe que os índices dos radicais são iguais a 2. Assim, devemos elevar ambos os membros da equação ao quadrado.

$\sqrt{x+7} = 5 - \sqrt{x+2}$

$\sqrt{x+7} + \sqrt{x+2} = 5$

$\left(\sqrt{x+7} + \sqrt{x+2}\right)^2 = 5^2$

$\left(\sqrt{x+7}\right)^2 + 2 \cdot \sqrt{x+7} \cdot \sqrt{x+2} + \left(\sqrt{x+2}\right)^2 = 25$

$x + 7 + 2 \cdot \sqrt{(x+7) \cdot (x+2)} + x + 2 = 25$

$2x + 9 + 2 \cdot \sqrt{(x+7) \cdot (x+2)} = 25$

$2 \cdot \sqrt{(x+7) \cdot (x+2)} = 25 - 2x - 9$

$2 \cdot \sqrt{x^2 + 2x + 7x + 14} = 16 - 2x$

$\sqrt{x^2 + 9x + 14} = \frac{16 - 2x}{2}$

$\sqrt{x^2 + 9x + 14} = 8 - x$

$\left(\sqrt{x^2 + 9x + 14}\right)^2 = (8 - x)^2$

$x^2 + 9x + 14 = 8^2 - 2 \cdot 8 \cdot x + x^2$

$x^2 + 9x + 14 = 64 - 16x + x^2$

$x^2 + 9x + 14 - 64 + 16x - x^2 = 0$

$x^2 - x^2 + 9x + 16x + 14 - 64 = 0$

$25x - 50 = 0$

$25x = 50$

$x = \frac{50}{25}$

$x = 2$

Vamos fazer a verificação do valor encontrado para x, ou seja, x = 2.

$\sqrt{x+7} = 5 - \sqrt{x+2}$

$\sqrt{2+7} = 5 - \sqrt{2+2}$

$\sqrt{9} = 5 - \sqrt{4}$

$3 = 5 - 2$

3 = 3 **(VERDADEIRO)**

Logo, 2 é raiz da equação.

GABARITO: S = {2}

11) Resolva a equação $\sqrt{x+3} + \sqrt{x-2} = \sqrt{3x+7}$, sendo U = $\mathbb{R}$.

Resolução:

Observe que os índices dos radicais são iguais a 2. Assim, devemos elevar ambos os membros da equação ao quadrado.

$\sqrt{x+3} + \sqrt{x-2} = \sqrt{3x+7}$

$(\sqrt{x+3} + \sqrt{x-2})^2 = (\sqrt{3x+7})^2$

$x + 3 + 2 \,.\, \sqrt{x+3} \,.\, \sqrt{x-2} + x - 2 = 3x + 7$

$x + 3 + x - 2 + 2 \,.\, \sqrt{x+3} \,.\, \sqrt{x-2} = 3x + 7$

$2x + 1 + 2 \,.\, \sqrt{x+3} \,.\, \sqrt{x-2} = 3x + 7$

$2 \,.\, \sqrt{(x+3)\,.\,(x-2)} = 3x + 7 - 2x - 1$

$2 \,.\, \sqrt{x^2 - 2x + 3x - 6} = x + 6$

$(2 \,.\, \sqrt{x^2 + x - 6}\,)^2 = (x+6)^2$

$4 \,.\, (x^2 + x - 6) = x^2 + 2 \,.\, x \,.\, 6 + 6^2$

$4x^2 + 4x - 24 = x^2 + 12x + 36$

$4x^2 - x^2 + 4x - 12x - 24 - 36 = 0$

$3x^2 - 8x - 60 = 0 \begin{cases} a = 3 \\ b = -8 \\ c = -60 \end{cases}$

$x = \frac{-(-8) \pm \sqrt{(-8)^2 - 4\,.\,3\,.\,(-60)}}{2\,.\,3}$

$x = \frac{8 \pm \sqrt{64 + 720}}{6}$

$x = \frac{8 \pm \sqrt{784}}{6}$

$x = \frac{8 \pm 28}{6} \begin{cases} x' = \frac{8+28}{6} = 6 \\ x'' = \frac{8-28}{6} = -\frac{10}{3} \end{cases}$

Vamos fazer a verificação para cada um dos valores encontrados de x.

• Para x = 6, temos que:

$\sqrt{x+3} + \sqrt{x-2} = \sqrt{3x+7}$

$\sqrt{6+3} + \sqrt{6-2} = \sqrt{3.6+7}$

$\sqrt{9} + \sqrt{4} = \sqrt{25}$

3 + 2 = 5

5 = 5 **(VERDADEIRO)**

Logo, 6 é raiz da equação.

• Para x = $-\frac{10}{3}$, temos que:

$\sqrt{-\frac{10}{3}+3} + \sqrt{-\frac{10}{3}-2} = \sqrt{3.\left(-\frac{10}{7}\right)+7}$

$\sqrt{-\frac{10}{3/_1}+\frac{3}{1/_3}} + \sqrt{-\frac{10}{3/_1}-\frac{2}{1/_3}} = \sqrt{-\frac{30}{7/_1}+\frac{7}{1/_7}}$

$\sqrt{\frac{-10+9}{3}} + \sqrt{\frac{-10-6}{3}} = \sqrt{\frac{-30+49}{7}}$

$\sqrt{\frac{-1}{3}} + \sqrt{\frac{-16}{3}} = \sqrt{\frac{19}{7}}$ **(FALSO)**

Logo, $-\frac{10}{3}$ não é raiz da equação.

<u>GABARITO</u>: S = {6}

A seguir, faremos uma bateria de exercícios de todo conteúdo estudado neste capítulo.

<u>EXERCÍCIOS</u>

12) **(EEAR)** Qual das equações abaixo é irracional?

a) x + 3 = $\sqrt{2a}$ b) 2x – $\sqrt{2}$ = 0   c) $\sqrt{2x-1}$ = 1   d) 4x + $\sqrt{5b}$ = 3

13) **(EEAR)** A raiz da equação $\sqrt[3]{16\sqrt{x}}$ = 4 está entre:

a) 1 e 20   b) 20 e 4   c) 40 e 60   d) 60 e 100

14) **(EPCAR)** A raiz da equação $\frac{\sqrt{x}}{5} - \frac{2\sqrt{4x}}{3} + \frac{34}{3}$ = 0 é:

a) par   b) primo   c) ímpar   d) fracionário

15) **(EEAR)** A equação $\sqrt{3x+1} - 1 = 4$ tem como raiz um número múltiplo de

a) 2 b) 3 c) 5 d) 7

16) **(PUC – RJ)** Se $\sqrt{x+2} = 2$, então $(x+2)^2$ equivale a:

a) 2 b) – 2 c) 8 d) 16

17) **(CM – BELO HORIZONTE)** O conjunto solução S, em $\mathbb{R}$, da equação $\sqrt{3x^2+1} - 3 = 0$ é:

a) $S = \left\{-\frac{2\sqrt{6}}{3}, \frac{2\sqrt{6}}{3}\right\}$

b) $S = \left\{-\frac{2}{3}, \frac{2}{3}\right\}$

c) $S = \{-2\sqrt{6}, 2\sqrt{6}\}$

d) $S = \left\{-\frac{2\sqrt{2}}{3}, \frac{2\sqrt{2}}{3}\right\}$

e) $S = \{-2\sqrt{3}, 2\sqrt{3}\}$

18) **(EEAR)** O produto das raízes da equação $1 + \sqrt{x^2-6} = 3$ é igual a

a) – 14 b) – 10 c) 10 d) 14

19) As raízes reais da equação $\sqrt{x^2+3x+2} = 2\sqrt{3}$ são:

a) 2 e 5 b) 2 e – 5 c) – 2 e 5 d) – 2 e – 5 e) ½ e 1/5

20) **(CN)** Assinale a opção que apresenta o conjunto solução da equação $\frac{(-3)}{\sqrt{x^2-4}} - 1 = 0$, no conjunto dos números reais

a) $\{-\sqrt{13}, \sqrt{13}\}$ b) $\{\sqrt{13}\}$ c) $\{-\sqrt{13}\}$ d) {0} e) ∅

21) **(CN)** Seja "A" o conjunto das soluções reais da equação $\sqrt{(x^2-5x+6)^4} = \frac{1}{16}$. A quantidade de elementos do conjunto "A" é:

a) 0 b) 1 c) 2 d) 3 e) 4

22) **(CONSESP)** Resolva a equação irracional em $\mathbb{R}$ $\sqrt{2x-3} - \sqrt{x+11} = 0$

a) V = {12} b) V = {14} c) V = {11} d) V = {9} e) V = {16}

23) **(EEAR)** O produto das raízes da equação irracional $\sqrt{x^2-9} - \sqrt{x+11} = 0$, é:

a) – 9 b) + 9 c) + 20 d) – 20

24) **(EsSA)** O conjunto verdade da equação $\sqrt[3]{3x-1} = \sqrt[3]{x+5}$ é:

a) V = {1/3} b) V = {– 5} c) V = {– 3} d) V = {3}

25) **(EEAR)** O valor de "a" na equação $\frac{1}{2-\sqrt{a}} = \frac{2}{1+\sqrt{a}}$, para a ≥ 0, é um número compreendido entre:

a) 0 e 3 b) 3 e 5 c) 5 e 8 d) 8 e 12

26) **(CM – JUIZ DE FORA)** Dada a equação $\frac{1}{\sqrt{x+2}+\sqrt{x+1}} = 2$, com $x \neq -2$ e $x \neq -1$, podemos afirmar que x, em $\mathbb{R}$:

a) não torna verdadeira a equação

b) pertence ao intervalo $1 \leq x \leq 3$

c) é um número irracional

d) é um decimal finito

27) **(EPCAR)** Resolvendo-se a equação $\frac{\sqrt{x+4}+\sqrt{x-4}}{\sqrt{x+4}-\sqrt{x-4}} = 2$, encontra-se um número

a) par b) primo c) divisor de 81 d) múltiplo de 7

28) **(CM – RJ)** A respeito da equação $\sqrt{x+1} = x$, é verdadeiro afirmar que:

a) possui uma só raiz real, que pertence ao intervalo]0, 2[

b) possui uma só raiz real, que pertence ao intervalo [2, +∞[

c) possui duas raízes reais, cuja soma é 1

d) possui duas raízes reais, cujo produto é um número racional

e) possui duas raízes reais simétricas

29) **(CN)** Quantas raízes reais tem a equação $\sqrt{x+20} = x$?

a) Nenhuma

b) Uma

c) Duas, as quais são positivas

d) Duas, as quais são negativas

e) Duas, as quais têm sinais opostos

30) **(CN)** Qual é a solução, no conjunto dos números reais, da equação $\sqrt{\frac{1-x}{2}} = x$?

a) x = ½

b) x = – 1

c) x = 1

d) x = – 1 ou x = ½

e) x = – 1/2

31) **(CM – FORTALEZA)** Sobre a equação $4x + \sqrt{16x} = 3$, podemos afirmar que:

a) admite $\frac{9}{4}$ como solução

b) possui uma única solução que é um número inteiro

c) admite um número racional como solução

d) não admite soluções reais

e) possui duas soluções reais

32) **(EPCAR)** O conjunto solução da equação $\sqrt{x} - x = -a$ quando a = 2 coincide com

a) {2a} b) $\left\{\frac{a}{2}\right\}$ c) $\left\{2a, \frac{a}{2}\right\}$ d) $\left\{a, \frac{a}{2}\right\}$

33) **(CM – FORTALEZA)** Sabendo-se que x_1 é raiz da equação $x + \sqrt{x} = \frac{14}{25}$, então o valor de $3x_1 + \frac{13}{25}$ é:

a) 0 b) 1 c) 2 d) 3 e) 4

34) **(CTUR)** O conjunto solução da equação $\sqrt{x-2} = x - 8$ é:

a) {11} b) {6, 11} c) { } d) {– 6} e) {6}

35) **(EEAR)** A equação $\sqrt{3x+10} = x + 4$, quando racionalizada apresenta-se na forma:

a) $x^2 + 5x + 6 = 0$

b) $x^2 + 5x - 26 = 0$

c) $x^2 + 5x + 26 = 0$

d) $x^2 + 11x + 6 = 0$

36) **(EEAR)** Resolvendo-se a equação $\sqrt{x+8} = x + 2$, obtém-se

a) – 4 b) – 1 c) 1 d) 4

37) A soma das raízes da equação $\sqrt{4x+13} = 2x - 1$ é:

a) 2 b) 3 c) – 1 d) 4 e) – 2

38) **(EsSA)** O conjunto solução da equação $\sqrt{4+3x} - x = 0$ é:

a) {0, 4, – 1} b) {4, – 1} c) {4} d) {– 1} e) ∅

39) **(CONCSEL)** Se **x** é um número real, tal que $x + \sqrt{x-1} = 1$, então o valor da potência x^x é:

a) 1 ou 2 b) – 1 ou – 2 c) 1 d) 0

40) **(METTA)** Determine a solução da equação x – $\sqrt{2x+2}$ = 3

a) 1 b) 3 c) 5 d) 7 e) 9

41) **(CONSULPLAN)** A solução da equação x + $\sqrt{3x+15}$ = 13 é um número:

a) Quadrado perfeito
b) Primo
c) Irracional
d) Múltiplo de 3
e) Divisor de 12

42) A equação $\sqrt{x+7}$ + 5 = x tem como solução:

a) uma raiz inteira negativa
b) uma raiz natural
c) duas raízes reais
d) uma raiz fracionária

43) **(CM – SANTA MARIA)** Quando resolvemos uma equação irracional não podemos nos esquecer de verificar se os resultados encontrados satisfazem a equação pois a raiz quadrada de um número negativo não é um número real. Calcule a soma das raízes da equação abaixo.

x – 5 + $\sqrt{x-3}$ = 0

a) 11 b) 3 c) 4 d) 2 e) 13

44) **(EsSA)** A equação x + $(3x+7)^{1/2}$ = 1 possui uma raiz:

a) par
b) múltipla de 5
c) negativa
d) maior que 7
e) irracional

45) **(CM – MANAUS)** A solução da equação x – $\sqrt{2x+2}$ = 3 é:

a) 1 b) – 1 c) 2 d) 3 e) 7

46) **(CN)** O conjunto-solução da equação x – $\sqrt{x+4}$ = 2 , é

a) unitário de elemento par
b) unitário de elemento ímpar e primo
c) unitário de elemento ímpar não primo
d) binário
e) vazio

47) **(EPCAR)** A equação $(3x + 1)^{1/2} + x = 13$ tem conjunto verdade:

a) {8, 21} b) {21} c) {– 8} d) {8} e) {5, 8}

48) **(EAM)** A solução da equação irracional $\sqrt{1 + 4x} + x - 1 = 0$ é

a) {0} b) {6} c) {0, 4} d) {0, 5} e) {0, 6}

49) **(CM – JUIZ DE FORA)** O conjunto verdade da equação $4 - x = \sqrt{x + 2}$ pertencerá ao seguinte intervalo real:

a) $\{x \in \mathbb{R} \,/\, x \le -2\}$

b) $\{x \in \mathbb{R} \,/\, -2 < x \le 4\}$

c) $\{x \in \mathbb{R} \,/\, 4 < x < 8\}$

d) $\{x \in \mathbb{R} \,/\, x \ge 8\}$

50) **(EPCAR)** O conjunto solução da equação $-x + \sqrt{7 + \frac{x}{2}} = -14$ está contido em

a) $\{x \in \mathbb{R} \,/\, 10 < x < 18\}$

b) $\{x \in \mathbb{R} \,/\, 17 < x < 25\}$

c) $\{x \in \mathbb{R} \,/\, 24 < x < 32\}$

d) $\{x \in \mathbb{R} \,/\, 31 < x < 39\}$

51) **(CM – BELO HORIZONTE)** Sobre as raízes reais da equação $\sqrt[3]{8 + x} + x = 2$, é correto afirmar que a equação:

a) não possui raízes reais

b) possui apenas uma raiz real

c) suas 3 raízes são números consecutivos

d) possui duas raízes reais e simétricas

e) possui duas raízes reais e inversas

52) **(UFV)** Sobre a equação irracional $\sqrt{x^2 + 1} = x - 1$ é correto afirmar que:

a) possui apenas uma raiz real

b) é equivalente a uma equação do 2º grau

c) possui duas raízes reais distintas

d) não possui raízes reais

e) é equivalente a uma equação do 1º grau

53) **(EPCAR)** Resolvendo em $\mathbb{R}$ a equação $(1 + x)(1 - x) = \sqrt{1 - x^2}$, tem-se que o conjunto solução S

a) é subconjunto dos naturais

b) apresenta algum número irracional

c) possui duas de suas raízes opostas

d) tem raízes cujo produto é igual a 1

54) **(EPCAR)** O produto das raízes da equação $7 + \sqrt{x^2 - 1} = x^2$ é

a) – 50 b) – 10 c) – 5 d) 50

55) **(ETFQ)** Determine o valor de x que satisfaça a equação $2 + \sqrt{x^2 - 21} = x + 5$.

a) – 5 b) ∅ c) 5 d) 14 e) 15

56) Resolva a equação irracional abaixo, em $\mathbb{R}$, e assinale a alternativa correta.

$\sqrt{2x^2 + x - 6} = x + 2$

a) S = {1}

b) S = {2, 5}

c) S = {– 2, 5}

d) S = {2, – 5}

e) S = {– 2, – 5}

57) **(EEAR)** A soma das raízes da equação $\sqrt{4x^2 + 7x - 2} = x + 2$ é:

a) – 3 b) – 2 c) – 1 d) 1

58) Seja "S" o conjunto de todas as soluções reais da equação $\sqrt{x^2 + 2x + 1} = 1 + x$. Então:

a) S = ∅

b) S = $\mathbb{R}$

c) S = $\{x \in \mathbb{R} / x \leq -1\}$

d) S = $\{x \in \mathbb{R} / x \geq -1\}$

e) S = {0}

59) **(CEFET)** Quanto às raízes da equação $\sqrt{x^2 + 4x + 4} + \sqrt{x^2 - 6x + 9} = 2x - 8$, pode-se afirmar que:

a) é única e positiva

b) não existe

c) são infinitas

d) é única e negativa

e) são duas cuja soma é 10/3

60) **(CN)** A solução de $\sqrt{4x^2 - 4x + 1} = \sqrt[3]{-1 + 6x - 12x^2 + 8x^3}$ no campo dos reais é

a) o conjunto vazio

b) {½}

c) {– ½ , ½}

d) [½, +∞[

e)]– ∞, +∞[

61) **(CN)** Sobre o conjunto solução em $\mathbb{R}$ da equação $\sqrt{(2x + 1)^2} = x - 3$, podemos afirmar que:

a) é unitário cujo elemento é positivo

b) possui dois elementos em que um é racional e outro irracional

c) é vazio

d) é unitário cujo elemento é negativo

e) possui dois elementos irracionais

62) **(CN)** No conjunto dos números reais, o conjunto solução da equação $\sqrt[4]{(2x + 1)^4} = 3x + 2$

a) é vazio

b) é unitário

c) possui dois elementos

d) possui três elementos

e) possui quatro elementos

63) **(EPCAR)** Analise as proposições abaixo classificando-as em V (verdadeira) ou F (Falsa).

I. Considerando m ≤ – 1 ou m ≥ 1, ao resolver a equação $my^2 - (1 + m^2)y + m = 0$ encontra-se $y = m^{-1}$ ou $y = m$

II. Existem dois valores reais distintos de x que satisfazem a equação $3 + \sqrt{2x^2 - 4x + 9} = 2x$

III. A equação $\sqrt{\frac{x^4 - 1}{15}} = 1$ tem duas raízes reais cujo produto é – 4

Tem-se

a) V F V
b) V V V
c) F F F
d) F V F

64) **(EPCAR)** O número que expressa a medida da diagonal de um quadrado é a menor raiz positiva da equação $\sqrt{x^2 - 1} - 2x^2 + 2 = 0$. A área desse quadrado é, em unidade de área, igual a

a) 0,5
b) 1
c) 2
d) 2,5

65) **(CN)** A quantidade de soluções reais e distintas da equação $3x^3 - \sqrt{33x^3 + 97} = 5$ é

a) 1
b) 2
c) 3
d) 5
e) 6

66) **(EEAR)** O produto das raízes da equação 3a – x = $\sqrt{5a^2 - x^2}$, sendo x a variável, é

a) 4a b) 6a c) $2a^2$ d) $4a^2$

67) **(EPCAR)** Se m ∈ $\mathbb{N}^*$, então a maior raiz na equação 3m – x = $\sqrt{5m^2 - x^2}$ será:

a) $\frac{m}{2}$ b) m c) 2m d) 3m e) 4m

68) **(EAM)** A soma das raízes que satisfazem a equação $\sqrt{2 + \sqrt{x-5}} - \sqrt{13 - x} = 0$, em números reais ($\mathbb{R}$), é:

a) 9 b) 11 c) 14 d) 18 e) 23

69) **(EEAR)** Para que a expressão $\sqrt{5 + \sqrt{2p - 3}}$ seja igual a 4, o valor de p deve ser tal, que a soma dos valores absolutos de seus algarismos seja

a) 8 b) 7 c) 6 d) 9

70) O conjunto verdade da equação $\sqrt{x - 1 + \sqrt{2x - 2}} = 2$ é:

a) {3} b) {3, 9} c) {9} d) {– 3} e) ∅

71) **(ETF)** O conjunto solução da equação $\sqrt[4]{17 - \sqrt[3]{7x - 6}} = 2$ é:

a) ∅ b) {1} c) {1, 2} d) {– 2, 2}

72) **(CN)** Calcular o menor valor positivo de k, para que a raiz real da equação $\sqrt{4 - \sqrt[3]{x^3 - k}} = 1$ seja um número racional inteiro.

a) 1 b) 60 c) 27 d) 37 e) 40

73) **(EPCAR)** Se a ∈ $\mathbb{R}_+^*$ é raiz da equação na incógnita **y,** $\sqrt{1 - \sqrt{y^4 - y^2}} = y - 1$, então

a) 0 < a < 1

b) $1 < a < \frac{3}{2}$

c) $\frac{3}{2} < a < 2$

d) $2 < a < \frac{5}{2}$

74) **(EPCAR)** Sobre o conjunto solução, na variável **x**, $x \in \mathbb{R}$, da equação $x + 2 = \sqrt{x^2 + 2\sqrt{4x^2 + 8x + 2}}$, pode-se dizer que

a) é vazio

b) possui somente um elemento

c) possui dois elementos de sinais iguais

d) possui dois elementos de sinais opostos

75) **(CN)** O conjunto solução da equação $x + 1 = \sqrt{x^2 + \sqrt{4x^2 + 4x + 1}}$ em $\mathbb{R}$, conjunto dos números reais, é

a) $\mathbb{R}$ b) $[-1, \infty[$ c) $\mathbb{R} - [-1, \infty[$ d) $[0, \infty[$ e) $[-\frac{1}{2}, \infty[$

76) A raiz da equação $\frac{8}{\sqrt{x}} - \sqrt{x} = 2$, é:

a) múltiplo de 3

b) número primo

c) quadrado perfeito

d) múltiplo de 8

e) múltiplo de 5

77) O produto das soluções da equação $3\sqrt{x} + \frac{6}{\sqrt{x}} = 11$ é:

a) 4 b) 9 c) 1 d) 25 e) 16

78) Calcule a soma das raízes da equação $\sqrt{x^2 + 9} + \frac{15}{\sqrt{x^2+9}} = 8$

a) 8 b) 0 c) – 4 d) 8 e) – 6

79) **(EPCAR)** Sobre a equação $\frac{2}{x + \sqrt{2 - x^2}} + \frac{2}{x - \sqrt{2 - x^2}} = x$, respeitando sua validade no universo dos números reais, analise as afirmativas.

I. Possui duas raízes irracionais.

II. Não possui raízes negativas.

III. Possui conjunto solução com um único elemento.

Pode-se afirmar, então, que

a) todas são verdadeiras

b) apenas a I é falsa

c) todas são falsas

d) apenas a III é verdadeira

80) **(EPCAR)** a e b são raízes da equação $\frac{4 + \sqrt{2x^2 - 7}}{\sqrt{2x^2 - 7}} = \sqrt{2x^2 - 7} + 4$. Se $a > b$, então a^b vale

a) $\frac{1}{4}$ b) 4 c) – 4 d) $-\frac{1}{4}$ e) 1

81) **(CN)** A solução da equação $\sqrt{2+\sqrt[3]{3x-1}}+\sqrt[3]{3x-1}=4$ é:

a) divisor de 30

b) múltiplo de 5

c) fator de 40

d) múltiplo de 7

e) divisível por 9

82) **(CN)** A soma das raízes da equação $x^2-6x+9=4\sqrt{x^2-6x+6}$, é:

a) 6
b) – 12
c) 12
d) 0
e) – 6

83) **(CEFETEQ)** Obter o valor de x na equação seguinte:

$$\sqrt{13+\sqrt{7+\sqrt{3+\sqrt{1+\sqrt{x}}}}}=4$$

84) **(EEAR)** O valor de x tal que $\sqrt{2}+\sqrt{3}=\sqrt{5+2\sqrt{x}}$ é

a) 6
b) 5
c) 4
d) $\frac{3}{2}$

85) **(EEAR)** A raiz da equação $\sqrt{\sqrt{x}+\frac{1}{\sqrt{x}}}-\sqrt{2}=0$ é um número que está compreendido entre

a) 0 e 2
b) 1 e 3
c) 2 e 4
d) 3 e 5

86) **(CM – SANTA MARIA)** O número de pessoas que contraíram o Vírus Covid-19 em Santa Maria, RS, são dadas por "k", cujo modelo matemático é expresso por:

$$k = 100 . x + \frac{392}{56} . y$$

Para descobrir os valores de "x" e "y" é necessário resolver as expressões I e II, respectivamente, modeladas por:

$$\text{I) } \sqrt{x}=\sqrt{13+\sqrt{x-7}}$$

$$\text{II) } \sqrt{y^2+2y+\sqrt[3]{y^2+y-29}}=y+1$$

De acordo com as informações da questão, qual é o número de pessoas que contraíram o Covid-19 em Santa Maria, RS?

a) k = 1058
b) k = 1135
c) k = 1558
d) k = 1635
e) k = 1812

87) Sendo U = $\mathbb{R}_+$, calcule a soma das raízes da equação $x^{\sqrt{x}} = \sqrt{x^x}$.

a) 0 b) 1 c) 2 d) 4 e) 5

88) Sobre as raízes da equação $3\sqrt{x} - 5\sqrt[4]{x} = 12$ podemos afirmar que:

a) é um número menor que 20
b) está compreendido entre 1 e 10
c) não é quadrado perfeito
d) é um quadrado perfeito
e) é uma dízima periódica

89) **(ITA)** Sendo x_1 e x_2 as raízes de $x^{-1} - 4x^{-1/2} + 3 = 0$, temos

a) $x_1 = 1$, $x_2 = 1$
b) $x_1 = 1/3$, $x_2 = 1/3$
c) $x_1 = 3$, $x_2 = 3$
d) a equação não tem raízes reais
e) nra

90) **(CN)** Dar a soma das raízes da equação $\sqrt{2x-4} - 3\sqrt[4]{2x-4} = -2$

a) 12,5 b) 11,5 c) 7 d) 7,5 e) 0

91) **(CN)** A soma das raízes da equação $\frac{\sqrt[3]{54x-27}}{3} - \sqrt[6]{1458x-729} = -2$ é:

a) 20,5 b) 10,5 c) 33,5 d) 30,5 e) 23,5

92) **(CN)** A soma das soluções da equação $\sqrt{2x+1} - 4\sqrt[3]{2x+1} + 3\sqrt[6]{2x+1} = 0$ dá um número:

a) nulo
b) par entre 42 e 310
c) ímpar maior que 160
d) irracional
e) racional

93) **(CM – RJ)** A soma das raízes da equação $\frac{3}{\sqrt[6]{x+1}} - \frac{1}{\sqrt[3]{x+1}} = 2$ é:

a) $-\frac{3}{2}$ b) $-\frac{63}{64}$ c) 1 d) $\frac{3}{2}$ e) 3

94) **(CN)** O quociente entre a maior e a menor raiz da equação $\sqrt[9]{x} + \frac{\sqrt[9]{x^8}}{x} = \frac{17}{4}$ é:

a) 2^{27} b) 2^{32} c) 2^{36} d) 2^{45} e) 2^{54}

95) **(CN)** Se **r** é a menor raiz da equação $\sqrt{x^2} + \sqrt{x^4} = \sqrt{x^6}$, então

a) $r < -1$ b) $-1 < r < 0$ c) $r = 0$ d) $0 < r < 1$ e) $r > 1$

96) **(CN)** A solução real da equação $\sqrt{x+4} + \sqrt{x-1} = 5$ é:

a) múltiplo de 3

b) par e maior do que 17

c) ímpar e não primo

d) um divisor de 130

e) uma potência de 2

97) **(CM – RECIFE)** Resolva a seguinte equação irracional $\sqrt{2x+1} - \sqrt{x} = 1$.

98) A raiz da equação $\sqrt{x} + \sqrt{32+x} = 16$ é:

a) um número múltiplo de 3

b) um número múltiplo de 4

c) um número múltiplo de 5

d) um número múltiplo de 6

e) um número múltiplo de 7

99) **(CM – RECIFE)** O intervalo que contém a solução da equação $\sqrt{x+3} + \sqrt{2x+4} = 1$ é:

a) $3 \leq x < 6$ b) $-1 \leq x < 3$ c) $]-3, -1[$ d) $]-2, 6[$

100) **(EEAR)** A solução da equação $\sqrt{x+2} - \sqrt{2x+2} = -1$ é número

a) primo

b) divisor de 2

c) múltiplo de 3

d) múltiplo de 5

101) **(CN)** A equação $\sqrt{3x+1} - \sqrt{2x-1} = 1$ tem duas raízes cuja soma é:

a) 10 b) 4 c) 8 d) 5 e) 6

102) **(EEAR)** A equação $\sqrt{x+1} - \sqrt{x-4} = 1$

a) possui uma raiz real entre 0 e 1/8

b) possui uma raiz inteira entre 2 e 9

c) possui uma raiz real negativa

d) não possui raiz real

103) A solução, em $\mathbb{R}$, da equação irracional $\sqrt{1+x} + \sqrt{1-x} = 2$, é:

a) 0 b) 1 c) 2 d) 3 e) 4

104) **(CM – RECIFE)** O produto das raízes da equação irracional $\sqrt{3x+1} = 1 + \sqrt{2x-1}$ é

a) – 5 b) 5 c) 6 d) 9 e) 12

105) **(EPCAR)** A equação $\sqrt{2x+5}+1=\sqrt{3x+10}$ possui duas raízes reais compreendidas entre os números:

a) – 3 e 3 b) – 4 e 0 c) 0 e 4 d) – 1 e 1 e) – 5 e – 4

106) A raiz da equação $\sqrt{x-9}-\sqrt{x-18}=1$ é:

a) 10 b) 19 c) 25 d) 34 e) 36

107) **(EPCAR)** Considerando a equação $\sqrt{2x-1}-\sqrt{x+1}=1$, vale afirmar que a sua solução:

a) é um número par

b) são múltiplos de 3

c) são múltiplos de 5

d) é um número primo

e) é divisível por 4

108) **(PUC)** Determine as raízes de $\sqrt{28+2x}-\sqrt{21+x}=1$

a) – 12 e 4 b) – 4 e 12 c) – 12 d) 4 e) nra

109) O número de raízes reais da equação $\sqrt{2+x}+\sqrt{2-x}=\sqrt{2}$ é:

a) 1

b) 2

c) 3

d) 4

e) nenhuma

110) **(CN)** Uma das raízes da equação $\sqrt{2+x}-\sqrt{2-x}=\sqrt{2}$ é:

a) $\sqrt{2}$ b) $-\sqrt{5}$ c) $-\sqrt{3}$ d) $-\sqrt{2}$ e) $\sqrt{6}$

111) Se $\sqrt[3]{x+9}-\sqrt[3]{x-9}=3$, então, x^2 está compreendido entre

a) 55 e 65 b) 65 e 75 c) 75 e 85 d) 85 e 95 e) 95 e 105

112) Resolva $\sqrt[3]{3x-3x^2+x^3-1}=\sqrt{x}+5$

a) 4 b) 4 e 9 c) 2 d) 5 e) 9

113) **(CM – RJ)** A raiz da equação $\sqrt{x+1}+\sqrt{x}=\frac{1}{2\sqrt{x}}$ é:

a) uma dízima periódica

b) um número natural, quadrado perfeito

c) um número racional, cujo inverso tem quatro divisores positivos

d) um número irracional

e) inexistente, em $\mathbb{R}$

114) **(CN)** A solução da equação $\sqrt{x+1} - \sqrt{x} = \frac{1}{4\sqrt{x}}$ é:

a) uma dízima periódica

b) um número natural, quadrado perfeito

c) um número racional, cujo inverso tem quatro divisores positivos

d) um número irracional

e) inexistente, em $\mathbb{R}$

115) Quanto a raiz da equação $\sqrt{x+1} + \sqrt{2x+9} = \sqrt{7x+8}$. Podemos afirmar que:

a) é um número primo

b) é um número irracional

c) é um múltiplo de 5

d) é um múltiplo de 3

e) é uma potência de 2

116) **(EPCAR)** Sabendo-se que existem as raízes quadradas expressas na equação (I), de variável x, dada por $\sqrt{x+a} - \sqrt{x} = \sqrt{a}$, a $\in \mathbb{R}$, em que **a** é a menor raiz da equação (II) dada por $x^2 - x = 0$, então, pode-se afirmar que o conjunto solução da equação (I) é

a) $\mathbb{R}$ b) $\mathbb{R}_+$ c) $\mathbb{R}^*$ d) $\mathbb{R}_+^*$

117) **(EPCAR)** A média aritmética das raízes da equação $\sqrt{a+x} = \sqrt{a} + \sqrt{a-x}$, na incógnita **x**, a $\in \mathbb{R}_+^*$, é um número

a) irracional positivo

b) primo ímpar

c) múltiplo de 12

d) divisor par de 30

118) **(EPCAR)** Considere p $\in \mathbb{R}_+^*$ e a equação $\sqrt{x-p} - \sqrt{p} + \sqrt{2x-p} = 0$ na variável x. Sobre o conjunto solução dessa equação, pode-se afirmar que

a) possui um único elemento positivo

b) não possui elemento

c) possui dois elementos positivos

d) possui dois elementos de sinais opostos

119) **(EEAR)** A respeito do conjunto solução da equação $\sqrt{\frac{x^2+3}{x}} - \sqrt{\frac{x}{x^2+3}} = \frac{3}{2}$, em $\mathbb{R}^*$, pode-se afirmar que:

a) tem um elemento igual a zero

b) tem dois elementos

c) é unitário

d) é vazio

120) **(CM – PORTO ALEGRE)** Calculando-se a soma do triplo do simétrico de todas as raízes da equação $\sqrt{\frac{x^2-2x-2}{x^2+4x+2}}+\sqrt{\frac{x^2+4x+2}{x^2-2x-2}}=2$, obtém-se

a) 1 b) 2 c) 3 d) 4 e) 5

121) Resolver a equação $\frac{2}{x+\sqrt{2-x^2}}+\frac{2}{x-\sqrt{2-x^2}}=x$.

a) $S = \{0, \sqrt{3}, -\sqrt{3}\}$

b) $S = \{\sqrt{3}, -\sqrt{3}\}$

c) $S = \{0, 1\}$

d) $S = \{0\}$

e) $S = \{0, 1, \sqrt{3}, -\sqrt{3}\}$

122) A menor raiz da equação $\frac{6}{\sqrt{x-1}+\sqrt{x-4}}+\frac{1}{\sqrt{x-1}-\sqrt{x-4}}=3$ é:

a) 10 b) 13 c) 5 d) 7 e) 9

123) **(UFRJ)** Resolva a equação $\sqrt{x+\sqrt{x}}-\sqrt{x-\sqrt{x}}=2\sqrt{\frac{x}{x+\sqrt{x}}}$

124) **(CM – FORTALEZA)** Determine o valor de m na equação abaixo:

$$m\sqrt{m\sqrt{m\sqrt{m\sqrt{\ldots}}}}=10$$

a) 2 b) 5 c) 10 d) $\sqrt{5}$ e) $\sqrt{10}$

125) **(EPCAR)** Se $x=\sqrt{6+\sqrt{6+\sqrt{6+\sqrt{6+\cdots}}}}$, calcular o valor de x.

a) 2 b) 3 c) 4 d) 5 e) 6

126) **(EFOMM)** A equação $\sqrt[4]{x\,.\,\sqrt[3]{x}}=13+\sqrt{217-13\,.\,\sqrt[3]{x}}$ tem uma solução inteira positiva x_1. O número de divisores inteiros positivos de x_1 é

a) 10

b) 11

c) 12

d) 13

e) 14

127) **(EPCAR)** A equação $x = \sqrt{3x + a^2 + 3a}$, em que **x** é a incógnita e **a** $\in \mathbb{R}$, tal que $a < -3$, possui conjunto solução S, $S \subset \mathbb{R}$.

Sobre S tem-se as seguintes proposições:

I. Possui exatamente dois elementos.

II. Não possui elemento menor que 2.

III. Possui elemento maior que 3.

Sobre as proposições acima, são verdadeiras

a) apenas I e II

b) apenas I e III

c) apenas II e III

d) I, II e III

128) Com relação à equação $\sqrt{2x+3} + \sqrt{3x+2} - \sqrt{2x+5} = \sqrt{3x}$, vale afirmar que possui uma raiz:

a) inteira e negativa

b) não inteira e positiva

c) ímpar

d) par

e) irracional negativa e outra irracional positiva

129) O número de raízes da equação $\sqrt{x-2} + \sqrt{x-7} = \sqrt{x+5} + \sqrt{x-10}$, em $\mathbb{R}$, é:

a) 1

b) 2

c) 3

d) 4

e) 5

130) **(CN)** Se S é o conjunto solução da equação $\sqrt{x+2} + \sqrt{x+5} + \sqrt{x+8} = \sqrt{x+11}$ no campo dos números Reais e n(S) é a quantidade de elementos do conjunto S, é correto afirmar que n(S) é igual a:

a) 0

b) 1

c) 2

d) 4

e) 8

131) **(CM – SALVADOR)** Observe o padrão dos resultados obtidos com a soma dos cubos de números naturais consecutivos.

$$1^3 = 1^2$$

$$1^3 + 2^3 = (1+2)^2$$

$$1^3 + 2^3 + 3^3 = (1+2+3)^2$$

$$1^3 + 2^3 + 3^3 + 4^3 = (1+2+3+4)^2$$

....

Agora observe o padrão dos resultados obtidos com a soma dos números ímpares consecutivos.

$$1 = 1$$

$$1 + 3 = 4$$

$$1 + 3 + 5 = 9$$

$$1 + 3 + 5 + 7 = 16$$

....

Existe um valor para **x** que faz com que a expressão a seguir seja verdadeira.

$$\sqrt{1+3+5+\cdots+x} = \sqrt{1^3 + 2^3 + 3^3 + \cdots + 11^3}$$

A soma dos algarismos de **x** é

a) 15

b) 8

c) 7

d) 5

e) 3

GABARITOS

1) S = {60}	2) S = {1}	3) C	4) S = {10/3}	5) S = {4}	6) C	7) S = {1}
8) S = {64}	9) S = {81}	10) S = {2}	11) S = {6}	12) C	13) A	14) A
15) A	16) D	17) A	18) B	19) B	20) E	21) D
22) B	23) D	24) D	25) A	26) A	27) B	28) A
29) B	30) A	31) C	32) A	33) B	34) A	35) A
36) C	37) B	38) C	39) C	40) D	41) B	42) B
43) C	44) C	45) E	46) B	47) D	48) A	49) B
50) B	51) B	52) D	53) C	54) D	55) B	56) C
57) D	58) B	59) B	60) D	61) C	62) B	63) A
64) A	65) A	66) C	67) C	68) A	69) A	70) A
71) B	72) D	73) B	74) A	75) E	76) C	77) A
78) B	79) B	80) A	81) A	82) C	83) x = 0	84) A
85) A	86) D	87) E	88) D	89) E	90) A	91) C
92) E	93) B	94) C	95) A	96) D	97) S = {0,4}	98) E
99) C	100) A	101) E	102) B	103) A	104) B	105) A
106) D	107) D	108) D	109) E	110) C	111) C	112) E
113) C	114) C	115) E	116) B	117) C	118) A	119) B
120) B	121) D	122) C	123) x = 1	124) E	125) B	126) D
127) C	128) C	129) A	130) A	131) D		

Capítulo 10

Sistemas de Equações do 2º Grau

I) Introdução

- É o sistema formado por um conjunto de equações, sendo que pelo menos uma das equações é do 2º grau.

Exemplos:

a) $\begin{cases} x^2 + y^2 = 13 \\ x + y = 5 \end{cases}$

b) $\begin{cases} x \, . \, y = 21 \\ x - y = 4 \end{cases}$

c) $\begin{cases} x + y - \sqrt{xy} = 7 \\ x^2 + y^2 + xy = 133 \end{cases}$

II) Resolução de um sistema de equações do 2º grau

- A solução do sistema de equações do 2º grau é representada pela letra "**S**".

- A solução do sistema de equações do 2º grau é formada pelos pares ordenados (x,y) que satisfazem as equações do sistema.

EXERCÍCIOS

1) Resolva o sistema $\begin{cases} x \, . \, y = 21 \\ x - y = 4 \end{cases}$, sendo U = $\mathbb{R} \times \mathbb{R}$.

Resolução:

Resolveremos o sistema de equações do 2º grau através do método da substituição.

$\begin{cases} \mathbf{x} \, . \, y = 21 \;\; (I) \\ x - y = 4 \;\; (II) \end{cases}$

Vamos isolar x na equação (II):

$x - y = 4 \Rightarrow x = y + 4$

Substituindo x na equação (I), temos:

$x \, . \, y = 21$

$(4 + y) \, . \, y = 21$

$4y + y^2 = 21$

$y^2 + 4y - 21 = 0 \begin{cases} a = 1 \\ b = 4 \\ c = -21 \end{cases}$

$$\boxed{\Delta = b^2 - 4 \, . \, a \, . \, c}$$

$\Delta = 4^2 - 4 \, . \, 1 \, . \, (-21) = 16 + 84 = 100$

$$\boxed{Y = \frac{-b \pm \sqrt{\Delta}}{2 \, . \, a}}$$

$Y = \frac{-4 \pm \sqrt{100}}{2 \, . \, 1}$

$Y = \frac{-4 \pm 10}{2} \therefore \begin{cases} y_1 = \frac{-4 + 10}{2} = \frac{6}{2} = 3 \\ y_2 = \frac{-4 - 10}{2} = \frac{-14}{2} = -7 \end{cases}$

Vamos utilizar a equação x – y = 4 para encontrar o valor de x:

1º) Para y = 3, temos que:

x – y = 4 ⇒ x – 3 = 4 ⇒ x = 4 + 3 = 7

2º) Para y = – 7, temos que:

x – y = 4 ⇒ x – (– 7) = 4 ⇒ x + 7 = 4 ⇒ x = 4 – 7 = – 3

Assim, a solução do sistema é S = {(7, 3),(– 3, – 7)}

GABARITO: S = {(7, 3),(– 3, – 7)}

2) **(CEFETEQ)** Sendo (a, b) e (c, d) as soluções do sistema $\begin{cases} x^2 - 2xy = -15 \\ x - y = 1 \end{cases}$, determine b + d.

Resolução:

Vamos resolver o sistema do 2º grau através do método da substituição.

$\begin{cases} x^2 - 2xy = -15 \ \text{(I)} \\ x - y = 1 \ \text{(II)} \end{cases}$

Isolando x na equação (II), temos o seguinte:

x – y = 1 ⇒ x = 1 + y

Substituindo x = 1 + y na equação (I), temos o seguinte:

$x^2 - 2xy = -15$

$(1 + y)^2 - 2 \,.\, (1 + y) \,.\, y = -15$

$(1 + y)^2 - 2 \,.\, y \,.\, (1 + y) = -15$

$1^2 + 2 \,.\, 1 \,.\, y + y^2 - 2y - 2y^2 = -15$

$1 + 2y + y^2 - 2y - 2y^2 + 15 = 0$

$y^2 - 2y^2 + 2y - 2y + 1 + 15 = 0$

$-y^2 + 16 = 0$

$-y^2 = -16 \quad x\,(-1)$

$y^2 = 16$

$y = \pm\sqrt{16}$

$y = \pm 4$

Utilizaremos a equação x – y = 1 para encontrar o valor de x:

1º) Para y = 4, temos que:

$x - y = 1$

$x - 4 = 1$

$x = 1 + 4$

$x = 5$

2º) Para y = – 4, temos que:

$x - y = 1$

$x - (-4) = 1$

$x + 4 = 1$

$x = 1 - 4$

$x = -3$

A solução do sistema é S = {(5, 4),(– 3, – 4)}.

Logo, b + d = 4 + (– 4) = 0

GABARITO: b + d = 0

3) Resolva o sistema $\begin{cases} x^2 - y^2 = 8 \\ x + y = 4 \end{cases}$, sendo U = ℝ x ℝ.

Resolução:

No sistema abaixo temos as seguintes equações:

$$\begin{cases} x^2 - y^2 = 8 \quad (I) \\ x + y = 4 \quad (II) \end{cases}$$

Observe que temos uma diferença entre dois quadrados na equação (I). Assim, vamos escrever o sistema fatorando esta equação.

$$\begin{cases} x^2 - y^2 = 8\ (I) \\ x + y = 4\ (II) \end{cases}$$

$$\begin{cases} (x - y)(x + y) = 8\ (I) \\ x + y = 4 \quad (II) \end{cases}$$

Como x + y = 4, então é possível fazer a substituição na equação (I).

$$\begin{cases} (x - y).4 = 8 \\ x + y = 4 \end{cases}$$

$$\begin{cases} x - y = \frac{8}{4} \\ x + y = 4 \end{cases}$$

$$\begin{cases} x - y = 2 \\ x + y = 4 \end{cases} \quad + \text{(somar as duas equações)}$$

x + x = 2 + 4

2x = 6

x = $\frac{6}{2}$

x = 3

Vamos substituir x = 3 na equação (II) e achar o valor de y.

x + y = 4

$3 + y = 4$

y = 4 – 3

y = 1

Logo, a solução do sistema é S = {(3, 1)}

GABARITO: S = {(3, 1)}

4) Resolva o sistema $\begin{cases} x^2 + y^2 = 25 \\ x + y = 7 \end{cases}$, sendo U = ℝ x ℝ.

Resolução:

Vamos resolver o sistema do 2º grau através do método da substituição.

$$\begin{cases} x^2 + y^2 = 25 \quad (I) \\ x + y = 7 \quad (II) \end{cases}$$

Vamos isolar x na equação (II):

$x + y = 7 \Rightarrow x = 7 - y$

Substituindo x = 7 – y na equação (I), temos:

$x^2 + y^2 = 25$

$(7 - y)^2 + y^2 = 25$

$7^2 - 2 \cdot 7 \cdot y + y^2 + y^2 = 25$

$49 - 14y + y^2 + y^2 = 25$

$2y^2 - 14y + 49 - 25 = 0$

$2y^2 - 14y + 24 = 0$ **: 2 (dividir a equação por 2)**

$y^2 - 7y + 12 = 0 \begin{cases} a = 1 \\ b = -7 \\ c = 12 \end{cases}$

$\boxed{\Delta = b^2 - 4 \cdot a \cdot c}$

$\Delta = (-7)^2 - 4 \cdot 1 \cdot 12$

$\Delta = 49 - 48$

$\Delta = 1$

$\boxed{Y = \frac{-b \pm \sqrt{\Delta}}{2 \cdot a}}$

$Y = \frac{-(-7) \pm \sqrt{1}}{2 \cdot 1}$

$Y = \frac{7 \pm 1}{2} \therefore \begin{cases} y_1 = \frac{7+1}{2} = \frac{8}{2} = 4 \\ y_2 = \frac{7-1}{2} = \frac{6}{2} = 3 \end{cases}$

Utilizaremos a equação (II) para encontrar o valor de x:

1º) Para y = 4, temos que:

$x + y = 7$

$x + 4 = 7$

x = 7 – 4

x = 3

2º) Para y = 3, temos que:

x + y = 7

x + 3 = 7

x = 7 – 3

x = 4

Assim, a solução do sistema é S = {(3, 4),(4, 3)}

GABARITO: S = {(3, 4),(4, 3)}

5) Resolva o sistema $\begin{cases} 2x + y = 7 \\ x + \sqrt{y} = 4 \end{cases}$, sendo U = ℝ x ℝ.

Resolução:

Resolveremos o sistema do 2º grau utilizando do método da substituição.

$$\begin{cases} 2x + y = 7 \ \ (I) \\ x + \sqrt{y} = 4 \ \ (II) \end{cases}$$

Vamos isolar x na equação (II):

$x + \sqrt{y} = 4 \Rightarrow x = 4 - \sqrt{y}$

Substituindo $x = 4 - \sqrt{y}$ na equação (I), temos:

$2x + y = 7$

$2 . (4 - \sqrt{y}) + y = 7$

$8 - 2\sqrt{y} + y = 7$

$y - 2\sqrt{y} + 8 - 7 = 0$

$y - 2\sqrt{y} + 1 = 0$

Sejam $\sqrt{y}$ **= t** e **y =** t^2. Assim, temos o seguinte:

$y - 2\sqrt{y} + 1 = 0$

$t^2 - 2t + 1 = 0 \begin{cases} a = 1 \\ b = -2 \\ c = 1 \end{cases}$

$\boxed{\Delta = b^2 - 4 . a . c}$

$\Delta = (-2)^2 - 4 . 1 . 1$

$\Delta = 4 - 4$

$\Delta = 0$

$$Y = \frac{-b \pm \sqrt{\Delta}}{2 \cdot a}$$

$t = \frac{-(-2) \pm \sqrt{0}}{2 \cdot 1}$

$t = \frac{2 \pm 0}{2} \therefore \begin{cases} t_1 = \frac{2+0}{2} = \frac{2}{2} = 1 \\ t_2 = \frac{2-0}{2} = \frac{2}{2} = 1 \end{cases}$

Substituindo t = 1 na equação $y = t^2$, é possível encontrar o valor de y.

$y = t^2$

$y = 1^2$

y = 1

Agora encontraremos o valor de x, substituindo y = 1 na equação $x = 4 - \sqrt{y}$ (II).

$x = 4 - \sqrt{y}$

$x = 4 - \sqrt{1}$

x = 4 – 1

x = 3

Logo, a solução do sistema é S = {(3, 1)}.

GABARITO: S = {(3, 1)}

6) Resolva o sistema $\begin{cases} x^2 + y^2 = 20 \\ xy = 8 \end{cases}$, sendo U = ℝ x ℝ.

Resolução:

Vamos resolver o sistema do 2º grau através do método da substituição.

$\begin{cases} x^2 + y^2 = 20 \ \text{(I)} \\ xy = 8 \ \text{(II)} \end{cases}$

Vamos isolar x na equação (II):

$xy = 8 \rightarrow x = \frac{8}{y}$

Substituindo $x = \frac{8}{y}$ na equação (I), temos:

$x^2 + y^2 = 20$

$\left(\frac{8}{y}\right)^2 + y^2 = 20$

$\frac{64}{y^2} + y^2 = 20$

$\frac{64}{y^2/_1} + \frac{y^2}{1/_{y^2}} = \frac{20}{1/_{y^2}}$

$64 + y^4 = 20y^2$

$y^4 - 20y^2 + 64 = 0$

Sejam $\boxed{\mathbf{y^4 = z^2 \text{ e } y^2 = z}}$. Assim, temos a seguinte equação do 2º grau:

$$z^2 - 20z + 64 = 0 \begin{cases} a = 1 \\ b = -20 \\ c = 64 \end{cases}$$

$\Delta = b^2 - 4 \,.\, a \,.\, c$

$\Delta = (-20)^2 - 4 \,.\, 1 \,.\, 64$

$\Delta = 400 - 256$

$\Delta = 144$

$$\boxed{z = \frac{-b \pm \sqrt{\Delta}}{2 \,.\, a}}$$

$z = \frac{-(-20) \pm \sqrt{144}}{2 \,.\, 1}$

$$z = \frac{20 \pm 12}{2} \therefore \begin{cases} z_1 = \frac{20 + 12}{2} = \frac{32}{2} = 16 \\ z_2 = \frac{20 - 12}{2} = \frac{8}{2} = 4 \end{cases}$$

Vamos substituir os valores de z em $\mathbf{y^2 = z}$ e encontrar os valores de y.

1º) Para z = 16, temos que:

$y^2 = z$

$y^2 = 16$

$y = \pm \sqrt{16}$

$y = \pm 4$

2º) Para z = 4, temos que:

$y^2 = z$

$y^2 = 4$

$y = \pm \sqrt{4}$

$y = \pm 2$

Para finalizar a resolução da questão, é necessário encontrar os valores de x. Para isso, basta substituir os valores de y na equação $x = \frac{8}{y}$

1º) y = 4 → $x = \frac{8}{y} = \frac{8}{4} = 2$

2º) y = – 4 → $x = \frac{8}{y} = \frac{8}{(-4)} = -2$

3º) y = 2 → $x = \frac{8}{y} = \frac{8}{2} = 4$

4º) y = – 2 → $x = \frac{8}{y} = \frac{8}{(-2)} = -4$

Assim, a solução do sistema é S = {(2, 4), (– 2, – 4), (4, 2), (– 4, – 2)}

<u>GABARITO</u>: S = {(2, 4), (– 2, – 4), (4, 2), (– 4, – 2)}

7) Resolva o sistema $\begin{cases} x^3 + y^3 = 9 \\ x + y = 3 \end{cases}$, sendo U = ℝ x ℝ.

<u>Resolução</u>:

No sistema abaixo temos as seguintes equações:

$$\begin{cases} x^3 + y^3 = 9 \ \ (I) \\ x + y = 3 \ \ (II) \end{cases}$$

Observe que temos uma soma de dois cubos (I). Assim, vamos escrever o sistema fatorando esta equação.

$$\begin{cases} x^3 + y^3 = 9 \ \ (I) \\ x + y = 3 \ \ (II) \end{cases}$$

$$\begin{cases} (x + y)(x^2 - xy + y^2) = 9 \ (I) \\ x + y = 3 \ \ (II) \end{cases}$$

Como x + y = 3, então é possível fazer a substituição na equação (I).

$$\begin{cases} (x + y)(x^2 - xy + y^2) = 9 \ (I) \\ x + y = 3 \ \ (II) \end{cases}$$

$$\begin{cases} 3.(x^2 - xy + y^2) = 9 \ \ (I) \\ x + y = 3 \ \ \ (II) \end{cases}$$

$$\begin{cases} x^2 - xy + y^2 = \frac{9}{3} \ \ \ (I) \\ x + y = 3 \ \ (II) \end{cases}$$

$$\begin{cases} x^2 - xy + y^2 = 3 \ \ \ (I) \\ x + y = 3 \ \ (II) \end{cases}$$

Vamos isolar o valor de x na equação (II).

x + y = 3

x = 3 – y

Na sequência, basta substituir x = 3 – y na equação (I) e encontrar os valores de y.

$x^2 - xy + y^2 = 3$

$(3 - y)^2 - (3 - y) \cdot y + y^2 = 3$

$3^2 - 2 \cdot 3 \cdot y + y^2 - 3y + y^2 = 3$

$9 - 6y + y^2 - 3y + y^2 + y^2 - 3 = 0$

$y^2 + y^2 + y^2 - 6y - 3y + 9 - 3 = 0$

$3y^2 - 9y + 6 = 0$ **: 3 (dividir a equação por 3)**

$y^2 - 3y + 2 = 0 \begin{cases} a = 1 \\ b = -3 \\ c = 2 \end{cases}$

$\boxed{\Delta = b^2 - 4 \cdot a \cdot c}$

$\Delta = (-3)^2 - 4 \cdot 1 \cdot 2$

$\Delta = 9 - 8$

$\Delta = 1$

$\boxed{Y = \frac{-b \pm \sqrt{\Delta}}{2 \cdot a}}$

$Y = \frac{-(-3) \pm \sqrt{1}}{2 \cdot 1}$

$Y = \frac{3 \pm 1}{2} \therefore \begin{cases} y_1 = \frac{3+1}{2} = \frac{4}{2} = 2 \\ y_2 = \frac{3-1}{2} = \frac{2}{2} = 1 \end{cases}$

Vamos substituir os valores de "y" na equação x = 3 – y e encontrar os valores de "x".

1º) Para y = 2, temos que:

x = 3 – y

x = 3 – 2

x = 1

2º) Para y = 1, temos que:

x = 3 – y

x = 3 – 1

x = 2

Assim, a solução do sistema é S = {(1, 2), (2, 1)}

<u>GABARITO</u>: S = {(1, 2), (2, 1)}

A seguir, faremos uma bateria de exercícios de todo conteúdo estudado neste capítulo.

EXERCÍCIOS

8) **(CFN)** Sendo **x . y** = 1 e **y** = 0,15, determine o valor de **x**.

a) 3,25 b) 2/5 c) 4,87 d) 3/9 e) 20/3

9) **(CM – FORTALEZA)** Se a = $\left(\frac{1}{3} + 2\right)^{-1}$ e ab = 1, então o valor de b é:

a) 7/3 b) 7 c) 1/7 d) 3/7 e) 5/3

10) **(EsSA)** O sistema $\begin{cases} x - y = 1 \\ x\,y = 6 \end{cases}$

a) é impossível

b) é indeterminado

c) tem como solução o par ordenado (x = 3, y = 2)

d) tem como solução o par ordenado (x = 2, y = 3)

11) A solução do sistema $\begin{cases} x - y = 7 \\ xy = 60 \end{cases}$ é:

a) {(1, 2), (7, 9)}

b) {(4, 7), (10, 4)}

c) {(12, 5), (– 5, – 12)}

d) {(7, 4), (4, 10)}

e) {(5, 12) e (– 12, – 5)}

12) Sabendo que A e B são números reais tais que A – B = 3 e A . B = 40, qual é o valor de A^2+B^2 ?

a) – 3 b) 9 c) 81 d) 89 e) 161

13) **(COTEC)** Considere x e y dois números reais. Se x – y = 8 e xy = 50, então o valor da expressão $x^2 + y^2$ é

a) 164 b) 146 c) 169 d) 196

14) Sendo S = {(a, b), (c, d)} a solução do sistema $\begin{cases} x + y = 9 \\ x\,.\,y = 100 \end{cases}$, determine o valor de b + d.

a) 25 b) 50 c) 4 d) 8 e) 29

15) O maior valor de y na solução do sistema $\begin{cases} x + y = 25 \\ x\,.\,y = 144 \end{cases}$ é:

a) 16 b) 9 c) 27 d) 32 e) 18

16) **(EEAR)** Resolvendo-se o sistema $\begin{cases} y = x^2 - 2x + 1 \\ y = \frac{x^2}{2} - x + 5 \end{cases}$, encontram-se duas soluções. A soma de todas as raízes é

a) – 2 b) 18 c) 20 d) 22

17) **(EPCAR)** Se $\begin{cases} x - 2y = 0 \\ 3xy + y^2 = 63 \end{cases}$, então xy é igual a

a) 18 b) 9 c) – 9 d) – 18

18) **(CM – FORTALEZA)** Sendo (x_1, y_1) e (x_2, y_2) as soluções do sistema $\begin{cases} x^2 + 3xy = 0 \\ x - y = 2 \end{cases}$, em $\mathbb{R} \times \mathbb{R}$, então $y_1 + y_2$ é igual a:

a) – 5/2 b) – 3/2 c) 3/2 d) 5/2 e) 3

19) **(FUNDATEC)** O conjunto solução do sistema de equações $\begin{cases} 2x + y = 3 \\ x^2 - x + y = 1 \end{cases}$, em $\mathbb{R}$, é

a) S = {(2, – 1), (0, 1)}
b) S = {(0, 3), (2, 1)}
c) S = {(3, 3), (– 1, 1)}
d) S = {(2, 1), (1, 3)}
e) S = {(1, 1), (2, – 1)}

20) **(FAUEL)** Sobre o sistema $\begin{cases} 2x + y^2 = 6 \\ x + 3y = -5 \end{cases}$ é CORRETO afirmar que:

a) Possui uma solução apenas
b) Possui duas soluções distintas
c) Pode possuir até duas soluções
d) Possui quatro soluções distintas

21) O sistema $\begin{cases} x^2 + 2y^2 = 18 \\ x = y - 3 \end{cases}$ tem duas soluções. Calcule a soma dos valores de y.

a) 1 b) 2 c) 3 d) 4 e) 5

22) **(CEFET – MG)** O par (x, y) de números reais é a solução do sistema $\begin{cases} x^2 + x - 2xy + y^2 = 4 \\ x - y = 1 \end{cases}$ e pertence ao gráfico da equação

a) $xy = -3$
b) $y = x + 1$
c) $3x - 2y - 5 = 0$
d) $y = x^2 - 4x + 1$

23) **(CM – JUIZ DE FORA)** Dado o sistema:

$$\begin{cases} a - b = -5 \\ a^2 + b^2 = 13 \end{cases}$$

A alternativa correta é:

a) $\sqrt{-(ab)}$ é impossível

b) $\frac{a}{b} = -\frac{5}{3}$

c) a . b = $\frac{15}{4}$

d) $a^2 - b^2 = \pm 5$

24) Assinale a alternativa que apresenta a solução do sistema $\begin{cases} a + b = 6 \\ a^2 + b^2 = 20 \end{cases}$.

a) {(1, 5), (5, 1)}

b) {(2, 4), (4, 2)}

c) {(3, 3)}

d) {(0, 6), (6, 0)}

e) {(3, 4), (4, 3)}

25) **(FGV)** Dois números x e y são tais que x + y = 11 e $x^2 - y^2 = 66$. O valor de x é:

a) 7
b) 7,5
c) 8
d) 8,5
e) 9

26) **(NCE – UFRJ)** Se a + b = 1 e $a^2 + b^2 = 1$, então o valor de $a^4 + 4ab + b^4$ é:

a) 1
b) 2
c) 3
d) 4
e) 6

27) **(ACAPLAM)** No Conjunto dos Números Inteiros, se $x^2 + y^2 = 29$ e 3x + y = 17, então x . y é igual a

a) 10
b) 12
c) 0
d) 15
e) 9

28) **(PUC – MG)** Os números naturais x e y são tais que $x^2 + y^2 = 20$ e $x^2 - y^2 = 12$. Então, o valor de x é:

a) 2
b) 4
c) 5
d) 6

29) O maior valor que y pode assumir no sistema de equações $\begin{cases} x^2 + y^2 = 10 \\ 2x^2 - y^2 = 17 \end{cases}$ é:

a) 1

b) – 1

c) 3

d) – 3

e) 0

30) **(CM – RECIFE)** Dado o sistema:

$$\begin{cases} x^2 + y^2 = 8 \\ \frac{1}{x} + \frac{1}{y} = 1 \end{cases} \quad (x \neq 0 \text{ e } y \neq 0)$$

Podemos afirmar que:

a) o sistema possui uma única solução com x e y números reais

b) x = y, sempre

c) existe uma solução (x, y) onde x + y = – 2

d) x . y > 0, sempre

e) x e y não podem ser irracionais

31) Determine o valor de $(a + b)^2$ no sistema $\begin{cases} a\,.\,b = -\frac{1}{6} \\ a^2 + b^2 = \frac{13}{36} \end{cases}$

a) 6 b) 1 c) 36 d) $\frac{1}{6}$ e) $\frac{1}{36}$

32) **(UFRRJ)** Resolvendo o sistema $\begin{cases} x^2 + y^2 = 13 \\ xy = 6 \end{cases}$, pode-se concluir que o valor de $(x + y)^2$ é:

a) 9 b) 16 c) 25 d) 36 e) 49

33) **(MOURA MELO)** Resolvendo em $\mathbb{R}$ o sistema $\begin{cases} x^2 - y^2 = 8 \\ x\,.\,y = 3 \end{cases}$, obtém-se:

a) {(– 9, 1)}

b) {(– 2, 1), (2, – 1)}

c) {(– 1, 1)}

d) {(3, 1), (– 3, – 1)}

34) **(EPCAR)** O ponto P do terceiro quadrante possui coordenadas (x,y) que verificam o sistema

$$\begin{cases} x^2 + y^2 = 18 \\ xy = 9 \end{cases}$$

Daí se conclui que x + 2y = ...

a) 9

b) 3

c) – 3

d) – 9

e) 0

35) **(FCC)** As soluções do sistema $\begin{cases} x^2 + y^2 = 25 \\ xy = 12 \end{cases}$ são:

a) um número finito de pares de números inteiros

b) inexistentes

c) dois pares de números irracionais negativos

d) infinitos pares de números racionais

e) um único par de números racionais

36) **(CM – RJ)** O valor da razão $\frac{x}{y}$ na solução do sistema $\begin{cases} x^2y + xy^2 = 70 \\ (x + y) \,.\, (x^2 + y^2) = 203 \end{cases}$, considerando x < y, é:

a) 0,20 b) 0,25 c) 0,30 d) 0,35 e) 0,40

37) **(CN)** O sistema $\begin{cases} \frac{1}{x} - \frac{1}{y} = \frac{3}{8} \\ xy = 16 \end{cases}$ admite para x e y valores positivos cuja soma é:

a) 6 b) 10 c) 12 d) 14 e) 16

38) Os pares ordenados (a, b) e (c, d) são soluções do sistema, com a > c. Determine o valor de a^2.

$\begin{cases} \frac{1}{x} + \frac{1}{y} = \frac{7}{12} \\ xy = 12 \end{cases}$

a) 9 b) 16 c) 25 d) 36 e) 47

39) **(EFOMM)** Sobre o sistema $\begin{cases} \frac{1}{x} + \frac{1}{y} = 5 \\ 6xy = 1 \end{cases}$, com x ≠ 0 e y ≠ 0, pode-se afirmar que:

a) tem uma única solução que é x = 2, y = 1/12

b) tem duas soluções uma das quais é x = 3, y = 1/16

c) não tem solução

d) admite a solução x = 0,5; y = 1/3

e) x = 2 e y = 3

40) **(EEAR)** O menor valor encontrado para 2x + y no sistema $\begin{cases} x^3 - y^3 = 61 \\ x - y = 1 \end{cases}$ é

a) – 17 b) – 14 c) – 13 d) – 10

41) **(UFRJ)** Resolva o sistema $\begin{cases} x - y = 8 \\ \sqrt{x} - \sqrt{y} = 2 \end{cases}$

42) Assinale a alternativa que apresenta a solução do sistema $\begin{cases} x^{1/4} + y^{1/5} = 3 \\ x^{1/2} + y^{2/5} = 5 \end{cases}$

a) {(–1, 32), (16, 1}}
b) {(2, 0), (16, 32)}
c) {(1, 1), (16, 16)}
d) {(1, 32), (16, 1)}
e) {(0, –1), (32, 32)}

43) **(CM – BELO HORIZONTE)** Os números x, y e z são reais. Sabe-se que xy = 1, xz = 2 e yz = 3. Nessas condições, o valor de $x^2 + y^2 + z^2$ é igual a:

a) $\frac{25}{3}$ b) $\frac{16}{9}$ c) $\frac{49}{6}$ d) $\frac{14}{3}$ e) $\frac{25}{6}$

44) **(CN)** Depois de transformarmos o sistema abaixo em um sistema do 1º grau, os valores de módulos diferentes de x e y têm para módulo da diferença:

$$\begin{cases} x^3 - xy^2 - yx^2 + y^3 = 16 \\ x^3 - xy^2 + yx^2 - y^3 = 32 \end{cases}$$

a) 1 b) 5 c) 4 d) 3 e) 2

45) **(CN)** No sistema $\begin{cases} x^3 - 3x^2y + 3xy^2 - y^3 = 8 \\ (x^2 - y^2) \, . \, (x^2 - 2xy + y^2) = 12 \end{cases}$, a soma dos valores de x e y é:

a) 1 b) $\frac{3}{4}$ c) $\frac{2}{3}$ d) $\frac{4}{3}$ e) $\frac{3}{2}$

46) Calcule o valor de x no sistema abaixo, sendo a, b, c ≠ 0.

$$\begin{cases} \dfrac{xy}{x + y} = a \\ \dfrac{xz}{x + z} = b \\ \dfrac{yz}{y + z} = c \end{cases}$$

a) $\frac{abc}{ab + bc + ca}$
b) $\frac{2abc}{ab + bc + ca}$
c) $\frac{2abc}{ab + ac - bc}$
d) $\frac{2abc}{ab + bc - ac}$
e) $\frac{2abc}{ac + bc - ab}$

47) **(CM – BELO HORIZONTE)** Sobre o sistema de equações $\begin{cases} \frac{xy}{x+y} = 10 \\ \frac{xz}{x+z} = 20 \\ \frac{yz}{y+z} = 10 \end{cases}$, pode-se afirmar que o valor de x é:

a) um número primo

b) o menor múltiplo comum entre 10 e 20

c) um número múltiplo de 8

d) um número divisor de 100

e) um número irracional

48) **(CN)** Sendo x e y números positivos e x > y, que satisfazem o sistema $\begin{cases} \sqrt{x+y} + \sqrt{x-y} = 5 \\ \sqrt{x^2 - y^2} = 6 \end{cases}$ vamos ter $x^2 + y^2$ igual a:

a) 48,5 b) 42 c) 40,5 d) 45 e) 45,5

49) **(CN)** No sistema $\begin{cases} x - y = 2 \\ \frac{x}{y} + \frac{y}{x} = \frac{13}{x} \end{cases}$, a soma de todos os valores de x e y que satisfazem ao sistema é:

a) 9 b) 20 c) 11 d) 14 e) 13

50) **(CN)** O maior valor de y, na solução do sistema $\begin{cases} \sqrt[4]{x} + \sqrt[5]{y} = 3 \\ \sqrt{x} + \sqrt[5]{y^2} = 5 \end{cases}$ é:

a) 1 b) 16 c) 32 d) 64 e) 128

51) **(CN)** O valor de x no sistema $\begin{cases} 16x - y = 1 \\ \sqrt{x+2} - \sqrt[4]{y+33} = 1 \end{cases}$ é:

a) $15 + 14\sqrt{2}$ b) $15 + 12\sqrt{2}$ c) $15 + 10\sqrt{2}$ d) $15 + 8\sqrt{2}$ e) $15 + 6\sqrt{2}$

52) **(CN)** O sistema $\begin{cases} x^2 - \sqrt{5}y = 8000 \\ 0{,}001x - y = 5000 \end{cases}$

a) tem apenas uma solução (x, y), x < 0 e y < 0

b) tem apenas uma solução (x, y), x > 0 e y < 0

c) tem apenas uma solução (x, y), x < 0 e y > 0

d) tem duas soluções

e) não tem solução

53) **(CN)** Sobre o sistema $\begin{cases} x^{-2} + \sqrt[4]{y} = \frac{7}{6} \\ x^{-4} - \sqrt{y} = \frac{7}{36} \end{cases}$, pode-se afirmar que:

a) é impossível

b) é indeterminado

c) $x = \frac{1}{2}$

d) $x = \frac{\sqrt{6}}{3}$

e) $y = \frac{1}{16}$

54) **(CN)** A soma dos valores de y que pertencem ao conjunto solução do sistema

$$\begin{cases} xy^2 - x^2 = 8x \\ y + 2x = 5 \end{cases}$$

a) $-\frac{1}{2}$ b) $\frac{13}{2}$ c) $\frac{23}{2}$ d) $\frac{9}{2}$ e) infinita

55) **(CN)** Resolvendo-se o sistema $\begin{cases} \sqrt{x}\,.\,y\,.\,z = \frac{8}{3} \\ x\,.\,\sqrt{y}\,.\,z = \frac{4\sqrt{2}}{3} \\ x\,.\,y\,.\sqrt{z} = \frac{16\sqrt{2}}{27} \end{cases}$, tem-se que $\frac{x+y+z}{x\,.\,y\,.\,z}$ é igual a

a) $\frac{21}{4}$ b) $\frac{35}{8}$ c) $\frac{35}{16}$ d) $\frac{105}{16}$ e) $\frac{105}{32}$

56) **(CN)** No sistema $\begin{cases} 3x - y\,.\sqrt{3} = 0 \\ x^2\,.\,y^{-2} = \frac{1}{3} \end{cases}$, a quantidade de soluções inteiras para “x” e “y” é:

a) 0 b) 1 c) 2 d) 3 e) infinita

57) **(CN)** Considere o sistema abaixo nas variáveis reais x e y, sendo **a** e **b** reais.

$$\begin{cases} 375y^2x - 125y^3 - 375yx^2 + 125x^3 = 125b \\ y^2 + x^2 + 2yx = a^2 \end{cases}$$

Nessas condições, qual será o valor de $(x^2 - y^2)^6$?

a) a^3b^6

b) a^8b^6

c) a^6b^2

d) a^3b^6

e) a^4b^6

58) **(CN)** Dado que **a** e **b** são números reais não nulos, com b ≠ 4a , e que $\begin{cases} 1 + \frac{2}{ab} = 5 \\ \frac{5-2b^2}{4a-b} = 4a + b \end{cases}$, qual é o valor de $16a^4b^2 - 8a^3b^3 + a^2b^4$?

a) 4

b) $\frac{1}{18}$

c) $\frac{1}{12}$

d) 18

e) $\frac{1}{4}$

59) **(CN)** Sobre o sistema $\begin{cases} \sqrt[5]{y} + x^{-3} = \frac{3}{5} \\ y^{2/5} - (x^{-2})^3 = \frac{4}{25} \end{cases}$ pode-se afirmar que o valor de

a) y^2 é $\frac{169}{900}$

b) x^4 é $\frac{13}{30}$

c) x é $\sqrt[3]{3}$

d) y é zero

e) x^3 é 6

60) **(CN)** O número a ≠ 0 tem inverso igual a b. Sabendo-se que a + b = 2, qual é o valor de $(a^3 + b^3)(a^4 - b^4)$?

a) 8

b) 6

c) 4

d) 2

e) 0

GABARITOS

1) S = {(7, 3), (– 3, – 7)}	2) b + d = 0	3) S = {(3, 1)}	4) S = {(3, 4), (4, 3)}	5) S = {(3, 1)}	6) S = {(2, 4), (– 2,– 4), (4, 2), (– 4, – 2)}
7) S = {(1, 2), (2, 1)}	8) E	9) A	10) C	11) C	12) D
13) A	14) E	15) A	16) C	17) A	18) A
19) E	20) B	21) B	22) C	23) D	24) B
25) D	26) A	27) A	28) B	29) A	30) C
31) E	32) C	33) D	34) D	35) A	36) E
37) B	38) B	39) D	40) C	41) S = {(9, 1)}	42) B
43) C	44) E	45) E	46) E	47) C	48) A
49) E	50) C	51) B	52) E	53) E	54) D
55) E	56) A	57) C	58) E	59) E	60) E

Capítulo 11

Bateria Extra de Questões

1) Em relação aos números reais **x**, **y**, **z**, **w** e **t**, temos as seguintes informações:

I. O simétrico de **x** é – 5;

II. O inverso de **y** é $\frac{2}{7}$;

III. O módulo de **z** é igual a zero;

IV. O consecutivo de **w** é 15;

V. O antecessor de **t** é – 17.

Assim, podemos afirmar que **x + y + z + w + t** vale:

a) 1,5 b) 3,5 c) 4,5 d) 5,5 e) 6,5

2) **(MS CONCURSOS)** Considere o número inteiro – 999 e assinale a alternativa que fornece na ordem o seu: sucessor, antecessor, simétrico e valor absoluto.

a) 998, 1000, 999 e 999

b) – 998, – 1000, 999 e 999

c) – 998, – 1000, – 999 e 999

d) – 1000, – 998, 999 e 999

3) **(FGV)** Dado um número racional N, diz-se que o seu inverso é o número racional M tal que N x M = 1. Considere a seguinte sequência de operações:

1º) Ao inverso de um número racional P, acrescenta-se 1.

2º) Ao inverso do resultado obtido na operação anterior, acrescenta-se 1.

3º) Ao inverso do resultado obtido na operação anterior, acrescenta-se 1.

Se o resultado obtido é 1,55, o valor de P está entre

a) 0 e 1 b) 1 e 2 c) 2 e 4 d) 4 e 8

4) **(VUNESP)** A solução da equação $\frac{x}{6} - \frac{2(x-3)}{3} + 1 = x$ é:

a) – 9/2 b) – 3/2 c) – 2/3 d) 2 e) 30/13

5) **(FAUEL)** Em relação às equações $\frac{x}{2} + \frac{x}{4} = \frac{x}{8} + 5$ e $3(y - 4) = 2(9 - y)$, assinale a alternativa **CORRETA**.

a) $2x = y$ b) $x = 2y$ c) $x = y - 2$ d) $y = x + 2$ e) $x = y + 2$

6) A raiz da equação $\frac{x}{2} - \frac{1}{6}(2x - 1) = \frac{1}{3}\left(\frac{3}{2} - \frac{x}{3}\right)$ é igual a:

a) $1\frac{1}{5}$ b) $1\frac{2}{5}$ c) $1\frac{3}{5}$ d) $1\frac{4}{5}$ e) 2

7) **(ETFQ)** Calcular o valor numérico do parâmetro "a" de modo que a raiz da equação $(x - 1) + a(x - 1) = a - 1$ seja $\left(+\frac{15}{10}\right)$.

8) A maior raiz da equação $(4x^2 - 9) - 2(2x - 3) + x(2x - 3) = 0$ é igual a:

a) ½ b) 2 c) 3/2 d) 1/3 e) 2/3

9) O valor de **x** na equação $2x - \frac{x - \frac{1}{2}}{2} = 2x - 3\left(x - \frac{x+3}{2}\right)$ é:

a) ¼ b) 5/4 c) 11/4 d) 17/4 e) 19/4

10) **(CM – PORTO ALEGRE)** Em um restaurante, uma garrafa e sua tampa custam juntas R$ 110,00. Considere que a garrafa custa R$ 100,00 a mais do que a tampa. Sendo assim, tem-se que a tampa sozinha, em R$, custa

a) 10 b) 8 c) 6 d) 5 e) 3

11) **(CM – MANAUS)** Uma rede de supermercados adquiriu desinfetantes nos aromas pinho e lavanda. A compra foi entregue em 25 caixas contendo 30 garrafas em cada uma delas. Sabendo-se que cada caixa continha seis garrafas de desinfetantes a mais no aroma pinho do que no aroma lavanda, o número de garrafas entregues a esta rede de supermercados, no aroma pinho, foi de:

a) 450 b) 230 c) 540 d) 200 e) 300

12) **(CM – JUIZ DE FORA)** Nove camisas custam o mesmo que quatro calças, e três camisas mais cinco calças custam R$ 570,00. A diferença, em reais, entre o preço da calça e da camisa é de:

a) 20 b) 30 c) 40 d) 50 e) 60

13) **(CM – BRASÍLIA)** Três amigos foram a uma loja de doces. Luís gastou R$ 2,90 e comprou um caramelo e dois pirulitos. Maria gastou R$ 4,30 e comprou um caramelo e dois chocolates. Quanto gastou Júlio se comprou um caramelo, um pirulito e um chocolate?

a) R$ 3,30 b) R$ 3,60 c) R$ 3,80 d) R$ 3,90 e) R$ 4,00

14) **(CM – JUIZ DE FORA)** Um casal tem filhos e filhas. Cada filho tem o número de irmãos igual ao número de irmãs. Cada filha tem o número de irmãos igual ao dobro do número de irmãs. Qual é o total de filhas e filhos do casal?

a) 3 b) 4 c) 5 d) 6 e) 7

15) **(CM – JUIZ DE FORA)** Há oito anos a idade de um pai era o triplo da do filho. Daqui a doze anos a idade do pai será o dobro da do filho. Qual a idade do pai?

a) 38 b) 48 c) 58 d) 68

16) **(CM – JUIZ DE FORA)** Na Grécia antiga, Policrates, senhor absoluto do poder na ilha de Samos, perguntando a Pitágoras quantos alunos ele tinha, obteve a seguinte resposta: "A metade só estuda matemática, a quarta parte estuda apenas os mistérios da mente humana, a sétima parte só medita em silêncio e ainda há três alunos que apenas estudam música". O número total de alunos de Pitágoras era:

a) 20

b) 24

c) 28

d) 32

17) **(CM – PORTO ALEGRE)** José, João, Pedro e Tiago são amigos. José não tem dinheiro, mas seus amigos têm. João deu a José um quinto de seu dinheiro; Pedro deu um quarto de seu dinheiro e Tiago deu um terço de seu dinheiro. Se João, Pedro e Tiago deram a José a mesma quantia de dinheiro, tendo ele recebido um total de R$ 300,00, podemos concluir que

a) João tinha R$ 500,00

b) João tinha R$ 400,00

c) Pedro tinha R$ 300,00

d) Pedro tinha R$ 600,00

e) Tiago tinha R$ 600,00

18) **(CM – BELO HORIZONTE)** Um estudante gastou todo o dinheiro que tinha em três viagens que fez. Em cada uma delas, ele gastou R$ 20,00 a mais do que a metade do dinheiro que possuía ao começar uma nova viagem. O estudante, ao iniciar sua primeira viagem, tinha em reais a quantia de:

a) R$ 240,00
b) R$ 260,00
c) R$ 280,00
d) R$ 300,00
e) R$ 320,00

19) **(CM – FORTALEZA)** Dois operários trabalharam, o primeiro durante 35 dias e o segundo durante 25 dias. O primeiro ganhou por dia R$ 5,00 a mais que o outro e, ao final dos 35 dias, o que ele recebeu totalizou R$ 575,00 a mais que o segundo recebeu pelos 25 dias. A soma dos valores que os dois operários receberam por dia é:

a) R$ 85,00
b) R$ 90,00
c) R$ 95,00
d) R$ 100,00
e) R$ 105,00

20) **(CM – BELO HORIZONTE)** Pedro tem (4q + 1) notas de 50 reais e Maria (q + 4) notas de 20 reais. A quantidade de notas de 10 reais, com valor equivalente ao valor absoluto da diferença das quantias de ambos é, em função de q:

a) 18q – 4 b) 18q – 3 c) 18q – 2 d) 180q – 1 e) 180q

21) **(CM – PORTO ALEGRE)** Um cavalo e um burro caminhavam juntos, carregando cada um pesados sacos. Como o cavalo reclamava muito de sua pesada carga, respondeu-lhe o burro:

De que te queixas? Se me desses um saco, minha carga seria o dobro da tua. Mas se te der um saco, tua carga será igual à minha.

Quantos sacos, respectivamente, o cavalo e o burro levavam?

a) 6 e 10 b) 5 e 7 c) 3 e 5 d) 7 e 9 e) 4 e 6

22) **(CM – JUIZ DE FORA)** Existem duas escalas que são utilizadas para medir temperaturas, a escala Celsius (ºC) e a escala Fahrenheit (ºF). A fórmula $T_C = \frac{5}{9}(T_f - 32)$ expressa T_C em função de T_f , onde T_C e T_f representam temperaturas medidas nas escalas Celsius e Fahrenheit, respectivamente. A temperatura, em graus Fahrenheit correspondente a 25ºC é:

a) 77 b) 78 c) 79 d) 80 e) 81

23) **(EPCAR)** Utilizando o fato de a água congelar a 0° Celsius ou 32° Fahrenheit e ferver a 100° Celsius ou 212° Fahrenheit, e sabendo que existe uma relação linear entre as duas escalas de temperaturas, conforme o gráfico abaixo, pode-se completar adequadamente a tabela abaixo com os seguintes valores aproximados ou exatos.

Celsius		-10°	
Fahrenheit	0°		68°

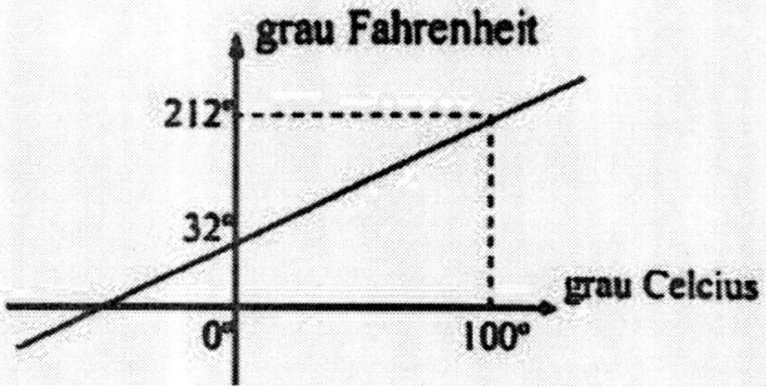

a) – 17,7° ; 14° ; 20°

b) – 32° ; 42° ; 168°

c) 32° ; 90° ; 100°

d) – 18,8° ; 50° ; 112°

24) **(CM – BRASÍLIA)** Durante uma visita a uma Indústria Farmacêutica, o farmacêutico responsável pela produção de remédios infantis explicou, a um grupo de alunos da 1ª Série do Ensino Médio do Colégio Militar de Brasília, que, à medida que as crianças crescem, as doses de medicação se aproximam gradualmente das de um adulto. Disse, ainda, aos alunos que se usa a fórmula abaixo para se determinar a dose correta para as crianças:

$$\textbf{\textit{Doses para crianças = (Doses de adulto) x}} \frac{Peso\ da\ criança}{68\ kg}$$

Considere que, para determinado medicamento, seja indicada uma dose de 1600 mg para um adulto e que 200 mg correspondam a 15 gotas desse medicamento. Então, para uma criança de 5 anos, cujo peso é de 17 kg, a dose indicada é:

a) 10 gotas

b) 12 gotas

c) 15 gotas

d) 20 gotas

e) 30 gotas

25) **(CM – BRASÍLIA)** Os médicos utilizam o **IMC (Índice da Massa Corporal)** para determinar se uma pessoa está com peso saudável ou se está obesa. Geralmente, consideram que a faixa de peso saudável está entre um IMC de 20 a 25.

Para calcular o IMC, utiliza-se a fórmula IMC = $\frac{peso}{(altura) \text{ x } (altura)}$

Dois alunos da 1ª Série do Ensino Médio, do Colégio Militar de Brasília, têm o mesmo IMC. Se eles têm pesos P_1 e P_2 , tais que $P_1 + P_2 = 110{,}5$kg e o primeiro tem estatura 10% maior que a do segundo, podemos afirmar, então, que a diferença entre P_2 e P_1 , em kg, é

a) maior que 15 e menor que 17

b) maior que 13 e menor que 15

c) maior que 10 e menor que 13

d) maior que 8 e menor que 10

e) menor que 8

26) **(CM – BELO HORIZONTE)** O índice **I** de massa corporal de uma pessoa adulta é dado pela fórmula: $I = \frac{M}{h^2}$ em que **M** é a massa do corpo, dada em quilogramas, e **h** é a altura da pessoa, em metros. A tabela seguinte mostra a classificação de um homem adulto, de acordo com o índice **I**.

Homem	Classificação
$20 \le I \le 25$	Normal
$25 < I \le 30$	Levemente obeso
$30 < I$	Obeso

Se um homem com índice **I** = 25 possui massa corporal de 81 kg, então ele é:

a) levemente obeso e sua altura é de 1,75 m

b) obeso e sua altura é de 1,70 m

c) normal e sua altura é de 1,85 m

d) normal e sua altura é de 1,82 m

e) normal e sua altura é de 1,80 m

27) **(CM – MANAUS)** Certa parte da rodovia ALFA deverá ser dividida em trechos iguais, em quilômetros (km), a certo número de empreiteiros, que executarão um trabalho de terraplanagem. Se houver 2 empreiteiros a mais, cada trecho terá uma diminuição de 20 km e se houver 3 empreiteiros a menos, cada trecho terá um aumento de 40 km. A extensão, em km, da citada parte da rodovia em questão será igual a:

a) 2000

b) 1800

c) 3600

d) 3200

e) 2400

28) **(CM – PORTO ALEGRE)** Durante o intervalo das suas aulas, entre 09 h 55 min e 10 h 15 min, o aluno *Sah Bidu*, do 9° ano do Ensino Fundamental, observou que alguns passarinhos brincavam nos galhos de uma árvore do pátio do seu colégio. Durante esse intervalo, ele percebeu que:

- quando pousavam dois passarinhos em cada galho, todos os galhos ficavam ocupados e cinco passarinhos permaneciam voando;
- quando pousavam todos os passarinhos, sendo três em cada galho, quatro galhos ficavam vazios.

Antes de ir para a próxima aula, *Sah Bidu* calculou o total de passarinhos envolvidos nessa situação e encontrou como resultado um número, cuja soma dos algarismos é igual a

a) 12 b) 18 c) 24 d) 36 e) 39

29) **(CM – PORTO ALEGRE)** Viajando em uma excursão, um grupo com certa quantidade de pessoas deseja hospedar-se em um hotel que possui alguns quartos disponíveis. Ao recebê-los, o gerente do hotel observou que, se cada um dos quartos disponíveis acomodasse exatamente 4 pessoas, então exatamente 6 pessoas deste grupo ficariam sem hospedagem. Por outro lado, se cada quarto disponível hospedasse exatamente 5 pessoas, sobrariam exatamente 4 quartos vazios. Nessas condições, a soma do número de pessoas do grupo com o número de quartos disponíveis no hotel é

a) 84

b) 108

c) 136

d) 148

e) 152

30) **(CM – JUIZ DE FORA)** Em uma prova de 25 questões, cada resposta certa vale + 0,4 e cada resposta errada vale – 0,1. Um aluno resolveu todas as questões e teve nota 0,5. Qual a porcentagem de acertos desse aluno?

a) 5%

b) 16%

c) 25%

d) 20%

e) 24%

31) **(CM – FORTALEZA)** "O **Quadrado Mágico** é uma tabela quadrada na qual os números contidos nas linhas, nas colunas ou nas diagonais, somados, apresentam sempre o mesmo valor, sendo que nenhum desses números se repete. Veja a seguir um exemplo de um quadrado mágico de 9 casas (3 x 3).

				15
			↗	
2	7	6	→	15
9	5	1	→	15
4	3	8	→	15
↓	↓	↓	↘	
15	15	15		15

Sua origem não é conhecida, mas há registros de sua existência em épocas anteriores à nossa era na China e na Índia. O quadrado de 9 casas (3 x 3) foi encontrado pela primeira vez num manuscrito árabe, no fim do século VIII, e atribuído a Apolônio de Tiana (Século I) por Marcellin Berthelot."

Disponível em: http://pt.wikipedia.org/wiki/Quadrado_magico

No quadrado mágico da figura abaixo, a soma de todos os números da tabela é igual a 36. Desse modo, o valor de **a** é

7		5
		a
3		

a) 1 b) 2 c) 4 d) 6 e) 8

32) **(CM – BRASÍLIA)** O problema do quadrado mágico consiste em posicionar números inteiros numa tabela, de forma que as somas, em cada linha, cada coluna e cada uma das duas diagonais principais sejam iguais. Essa soma é denominada soma mágica. Por exemplo, a tabela a seguir é um quadrado mágico em que a soma mágica é 9.

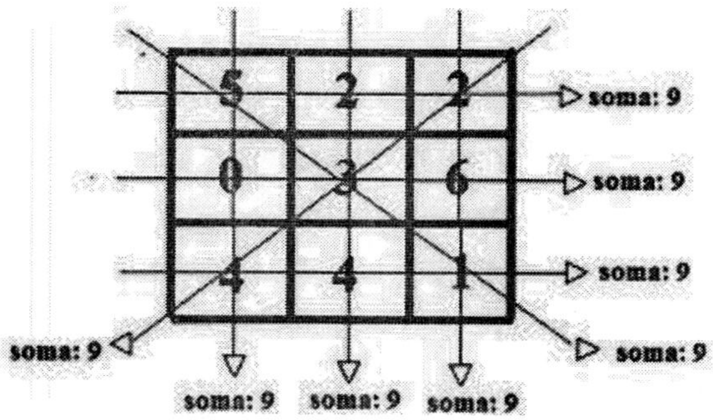

Dizemos que um quadrado mágico é de ordem n quando ele tem n linhas e n colunas. Um quadrado mágico de ordem n formado por todos os números inteiros de 1 até n^2 é denominado quadrado mágico normal. Nesse sentido, a tabela abaixo é um quadrado mágico normal de ordem 3 com soma mágica igual a 15.

2	**9**	**4**
7	**5**	**3**
6	**1**	**8**

Pode-se mostrar que, em todo quadrado mágico de ordem 3, o elemento que está na 2ª linha e na 2ª coluna é um terço da soma mágica.

O quadrado mágico normal de ordem 3 acima já era conhecido na China por volta do ano 3000 a.C. Diz uma lenda que ele foi visto pela primeira vez nas costas de uma tartaruga que emergia do rio Lo.

Um quadrado mágico de ordem 4 aparece, por exemplo, na gravura Melancholia I, feita pelo pintor alemão Albrecht Dürer em 1514.

http://mostramat.blogspot.com.br (acesso 27/08/2017)

Considere que a tabela abaixo é um quadrado mágico. Nela, alguns valores foram omitidos e, além disso, m e n são inteiros positivos.

*	*	$m^{\frac{3}{2}}$
*	*	*
$5n^{\frac{2}{5}}$	6	$n^{\frac{4}{5}}$

Se a soma mágica desse quadrado é igual a 42, então m + n é igual a

a) 52 b) 48 c) 44 d) 40 e) 36

33) **(CM – BRASÍLIA)** Considere que as tabelas abaixo são quadrados mágicos em que ***a**, **b**, **c**, **d**, **e**, **f**, **x*** e ***y*** são números inteiros.

$x^2 - 2$	a	8 – x
$y^2 - x$	b	$x^2 + 1$
$2y^2$	c	x^2

(Quadrado Mágico 1)

$y^2 - 1$	$x^2 - 1$	4y + 1
d	e	f
$y^2 + 2$	$25 - x^2$	x^2

(Quadrado Mágico 2)

Assinale a alternativa que corresponde ao valor da diferença x – y.

a) 1

b) – 1

c) 7

d) – 7

e) 0

34) **(CM – PORTO ALEGRE)** Um tanque vazio possui três torneiras: **T1**, **T2** e **T3**. A Torneira **T1**, funcionando sozinha, enche completamente esse tanque em 9 h. Também, funcionando sozinha, a torneira **T2** o faz em 12 h. Estando o tanque vazio, abrem-se essas três torneiras simultaneamente e, funcionando juntas, enchem esse tanque em 4 h. Sendo assim, pode-se afirmar que a torneira **T3**, funcionando sozinha, encheria esse tanque em uma quantidade de horas igual a

a) 10 b) 18 c) 12 d) 21 e) 15

35) **(CM – PORTO ALEGRE)** Uma caixa d'água de um condomínio possui, em sua parte superior, três entradas de água. Já em sua parte inferior, existem duas válvulas de saída de água.

A partir da caixa d'água vazia e com as duas válvulas de saída fechadas, observa-se que cada uma das entradas, se abertas individualmente, enche este reservatório em 3, 4 e 5 horas, respectivamente. Por outro lado, com a caixa d'água totalmente cheia e as entradas fechadas, observa-se que cada uma das válvulas de saída, se abertas individualmente, esvazia este reservatório em 6 e 8 horas, respectivamente.

Após uma limpeza, com a caixa d'água totalmente vazia, as três entradas de água e as duas válvulas de saída foram abertas simultaneamente.

Considerando que as vazões de entrada e saída de água se mantenham constantes, podemos afirmar que:

a) A caixa d'água estará completamente cheia em exatamente 1h 50 min

b) A caixa d'água estará completamente cheia em aproximadamente 1h 54 min

c) A caixa d'água estará completamente cheia em exatamente 1h 58 min

d) A caixa d'água estará completamente cheia em aproximadamente 2h 02 min

e) A caixa d'água estará completamente cheia em exatamente 2h 10 min

36) **(CM – BELO HORIZONTE)** Três máquinas **A**, **B** e **C** trabalhando juntas fazem um serviço em **X** horas. Operando sozinha, a máquina **A** necessita de **cinco** horas adicionais, a **B** necessita de **duas** horas adicionais e a **C** necessita de **X** horas adicionais. Em quanto tempo, em horas, a máquina **A** realiza sozinha o serviço?

a) 10

b) 9

c) 8

d) 7

e) 6

37) **(CM – SANTA MARIA)** Três laboratórios **A**, **B** e **C**, trabalhando juntos, produzem diariamente um determinado número de vacinas para combater a Covid-19 em "x" horas. Quando trabalhando sozinho, para produzir a mesma quantidade de vacinas que os três juntos fabricam diariamente:

I – o laboratório **A** necessita de um adicional de 6 horas;

II – o laboratório **B**, um adicional de 1 hora; e

III – o laboratório **C**, x horas adicionais.

Determine o valor de "x" em minutos.

a) 30 minutos
b) 40 minutos
c) 120 minutos
d) 180 minutos
e) 200 minutos

38) **(CM – FORTALEZA)** Um avião, voando a 600 km/h, faz o trajeto Belém – Itaretama em 90 minutos. Se a mesma aeronave voar a 900 km/h fará esse mesmo trajeto em:

a) 40 minutos
b) 50 minutos
c) 60 minutos
d) 70 minutos
e) 80 minutos

39) **(CM – RJ)** Caminhando a uma velocidade constante de 12 km/h, Paulo leva 40 minutos para ir de sua casa ao Colégio Militar. Determine o tempo que irá gastar, se fizer o mesmo percurso com uma velocidade constante e igual a $\frac{2}{3}$ da anterior.

a) 1 hora b) 1h 20 min c) 1h 30 min d) 1h 40 min e) 2 horas

40) **(CM – PORTO ALEGRE)** TRIATHLON é uma palavra grega que designa um evento atlético composto por três modalidades. Nesse evento, as provas de natação, de ciclismo e de corrida ocorrem de forma sequencial e sem interrupção. Suponha que, durante uma competição de TRIATHLON, um ciclista suba uma montanha com velocidade de 20 km / h e que desça pelo mesmo caminho à 60 km / h. Considere que, quando esse ciclista chega ao topo dessa montanha, ele não perde tempo algum invertendo o sentido para a sua descida. Sendo assim, tem-se que a sua velocidade média no percurso todo (subida e descida uma única vez), em km / h, foi igual a

a) 30
b) 10
c) 40
d) 20
e) 50

41) **(CM – BELO HORIZONTE)** Um carro realizou uma viagem de ida e volta. Na viagem de ida, ele fez o percurso com velocidade V_1 km/h. Na viagem de volta, ele fez o mesmo percurso com velocidade V_2 km/h. Sabendo que V_1 e V_2 são as raízes da equação $x^2 - 100x + 2400 = 0$, com qual velocidade média ele realizou a viagem de ida e volta?

a) 48 km/h b) 49 km/h c) 50 km/h d) 51 km/h e) 52 km/h

42) **(EPCAR)** Um candidato do CPCAR 2003, preparando-se para o teste de aptidão física, exercita-se numa esteira percorrendo 3,8 km por dia. Para um treinamento menos cansativo, ele inicia correndo a uma velocidade de 12 km/h e a cada 10 minutos ele reduz a velocidade pela metade. É correto afirmar que:

a) o candidato completa o percurso de 3,8 km em menos de 45 minutos.

b) para percorrer a metade do percurso de 3,8 km ele gasta mais de 10 minutos.

c) após 30 minutos, a velocidade atingida é de 6 km/h no mínimo.

d) aos 40 minutos ele percorreu 3,5 km exatamente.

43) **(AVANÇA – SP)**

$$\begin{cases} 4x + 10y = 46 \\ x + y = 10 \end{cases}$$

$$\begin{cases} x - y = 8 \\ 6x + zy = 10 \end{cases},$$

Dados os sistemas de equações, acima, o valor da incógnita z para que esses sistemas tenham soluções iguais é:

a) – 42 b) 40 c) – 44 d) 48 e) – 46

44) **(CETREDE)** Identifique as soluções do sistema a seguir.

$$\begin{cases} 2x + 4y - 3w = 12 \\ x - 2y + 2w = -11 \\ 3x - y + 3w = 2 \end{cases}$$

Assinale a alternativa **CORRETA**.

a) (x, y, w) = (– 5, 13, 10)

b) (x, y, w) = (–5, 12, 10)

c) (x, y, w) = (– 5, 13, 11)

d) (x, y, w) = (– 6, 13, 10)

e) (x, y, w) = (– 5, 11, 10)

45) **(INSTITUTO MAIS)** Considerando os símbolos Δ, o e □ como três números diferentes, e sabendo que $\Delta + \Delta + \Delta = 24$, $\Delta - o = 5$ e $□ + □ + o = 17$, assinale a alternativa que apresenta o valor de $\Delta + □ - o$.

a) 10 b) 12 c) 14 d) 16

46) **(FCC)** Sabe-se que objetos iguais têm o mesmo peso e que uma balança de pratos está em equilíbrio quando, nos dois pratos, há o mesmo peso. Objetos em forma de pentágono, estrela e triângulo foram colocados nas balanças de maneira que as duas estejam em equilíbrio, como na figura abaixo:

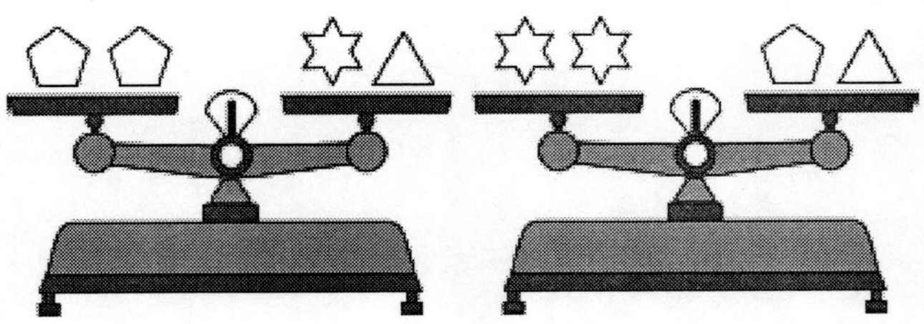

Nesse caso,

a) um pentágono pesa o mesmo que duas estrelas.

b) três estrelas pesam o mesmo que quatro triângulos.

c) os três objetos têm o mesmo peso.

d) dois triângulos pesam o mesmo que três pentágonos.

e) uma estrela pesa o mesmo que um triângulo, que, por sua vez, tem a metade do peso de um pentágono.

47) **(EPCAR)** Carlos, Paulo e José resolveram fazer um lanche na praça de alimentação de um *shopping center.*

Ao observarem o cardápio disponível, perceberam que teriam que pedir o que era denominado de "Combo", ou seja, um combinado de vários itens por um preço já especificado.

Assim, os Combos solicitados foram:

***Combo 1** = R$ 15,00: 2 hambúrgueres, 1 suco e 1 sobremesa

***Combo 2** = R$ 24,00: 4 hambúrgueres e 3 sucos

***Combo 3** = R$ 35,00: 5 sucos e 3 sobremesas

O valor individual dos hambúrgueres é o mesmo, bem como o valor individual dos sucos e o valor individual das sobremesas, não importando qual Combo foi escolhido.

O quadro a seguir mostra a quantidade de cada um dos itens dos Combos que Carlos, Paulo e José consumiram:

	Hambúrgueres	Sucos	Sobremesas
Carlos	2	4	2
Paulo	3	3	0
José	1	2	2

Se Carlos, Paulo e José se organizaram para descobrir o valor individual de cada item e pagaram individualmente apenas pelo que cada um consumiu, então é correto afirmar que

a) Carlos pagou R$ 9,00 a mais que Paulo.

b) A diferença entre o que Carlos e José pagaram foi de R$ 3,00.

c) Paulo e José pagaram o mesmo valor.

d) Carlos pagou mais que José, que pagou mais que Paulo.

48) **(CN)** Na organização de uma competição interna do Colégio Naval, ficou decidido que cada ano de escolaridade compraria suas bolas de treinamento. Essa compra ocorreu da seguinte forma:

	QUANTIDADE DE BOLAS DE FUTEBOL	QUANTIDADE DE BOLAS DE BASQUETE	QUANTIDADE DE BOLAS DE VÔLEI
1º ANO	4	2	2
2º ANO	6	8	3
3º ANO	2	3	1

Sabendo que as bolas de mesma categoria têm o mesmo valor, o total gasto pelo 1º ano foi de R$ 1.800,00 e que o total de gasto do 2º ano foi de R$ 3.000,00, podemos afirmar que:

a) é possível calcular o total gasto pelo 3º ano, mas nenhum dos preços unitários das três bolas.

b) não é possível calcular o preço de qualquer uma das bolas.

c) é possível calcular o total gasto pelo 3º ano e os preços unitários das três bolas.

d) é possível calcular o total gasto pelo 3º ano e apenas o preço unitário da bola de basquete.

e) não é possível calcular o total gasto pelo 3º ano.

49) **(CM – PORTO ALEGRE)** Em uma gincana escolar, uma das etapas tinha como objetivo a descoberta de uma senha, composta por 4 letras distintas, que permitiria a abertura de um arquivo fornecendo orientações para a etapa seguinte. Os caracteres desta senha estão relacionados com soluções de equações ou expressões envolvendo três diferentes operações que são definidas abaixo, para $a, b \in \mathbb{R}$.

$a \star b = \sqrt{(a-b)^2} + \frac{a+b-1}{3}$	$a \otimes b = a \cdot b - b^2 - 10$	$a \odot b = 2a + 3b - 2$

Sendo assim, analise as dicas fornecidas para determinar cada caractere:

1º Caractere: correspondente ao resultado da expressão $4 \odot 3$.

2º Caractere: correspondente à solução y da equação $2 \odot y = 17$.

3º Caractere: correspondente ao resultado da expressão $7 \star 9$.

4º Caractere: correspondente à solução x da equação $x \otimes 3 = 23$.

Cada caractere é uma letra que corresponde ao número encontrado nas dicas anteriores, conforme relação apresentada a seguir.

A	B	C	D	E	F	G	H	I	J	K	L	M
1	2	3	4	5	6	7	8	9	10	11	12	13

N	O	P	Q	R	S	T	U	V	W	X	Y	Z
14	15	16	17	18	19	20	21	22	23	24	25	26

Dentre as palavras abaixo, aquela que contém TODAS as letras da senha correta é

a) SARGENTO.

b) MARECHAL.

c) COMANDANTE.

d) SOLDADO.

e) BRIGADEIRO.

50) **(CM – BRASÍLIA)** A operação ▼x está definida como sendo o triplo do cubo de x, e a operação Ωx está definida como sendo o inverso de x. Assim, o valor da expressão $\blacktriangledown 3^{2/3} - (\sqrt{2})^{\Omega\frac{1}{2}}$ é igual a

a) 15 b) 20 c) 25 d) 45 e) 30

51) **(CM – MANAUS)** Um professor de matemática propõe aos seus alunos a resolução de exercícios por meio de códigos matemáticos através das operações Δ e π definidas no conjunto dos números reais, tais que x Δ y = x – 3^y e x π y = $2x^2$ – xy + 1. Dessa forma, podemos afirmar que o valor do número resultante da expressão $\left[(3\ \pi\ 1)^{10\ \Delta\ 2}\right]\ \Delta\ [(2\ \Delta\ 1)\ \pi\ (5\ \Delta\ 2)]$ é igual a:

a) $15\,\frac{2}{3}$ b) $5\,\frac{2}{5}$ c) $15\,\frac{3}{5}$ d) $12\,\frac{2}{3}$ e) $12\,\frac{1}{2}$

52) **(CM – JUIZ DE FORA)** Considere as sentenças dadas abaixo:

I. $5^{2^{-1}} = \sqrt{5}$

II. $-\ 2^4 = -\ 16$

III. $64^{1/2} = \pm\ 8$

IV. $2^3 = 6$

V. $(-3)^2 = 9$

Pode-se afirmar que o número de sentenças falsas é:

a) 5 b) 4 c) 3 d) 2

53) **(CM – BELÉM)** Em 2019, Paysandu e Remo disputaram a final do campeonato paraense de futsal. Terminada a partida, o Remo era bicampeão. Determine o resultado do jogo, de acordo com as expressões a seguir, sendo x um número natural.

Paysandu: $(-1)^{2x} + (-1)^{2x+1} + (-1)^{2x+2} + (-1)^{2x+3} + (-1)^{2x+4}$

Remo: $(-1)^{4x} - (-1)^{4x+1} - (-1)^{4x+2} - (-1)^{4x+3}$

a) Remo 2 x 0 Paysandu

b) Remo 3 x 1 Paysandu

c) Remo 2 x 1 Paysandu

d) Remo 3 x 2 Paysandu

e) Remo 1 x 0 Paysandu

54) **(EPCAR)** Um aluno, ao finalizar a etapa inicial da formação básica, mais conhecida como ensino fundamental, pode levar consigo para o ensino médio o entendimento equivocado de alguns conceitos matemáticos. Nas proposições abaixo, encontram-se algumas afirmações frequentemente enunciadas em sala de aula.

Analise e classifique corretamente cada uma quanto a ser (V) VERDADEIRA ou (F) FALSA, de acordo com os conceitos matemáticos válidos.

(   ) $\sqrt{16} = \pm 4$

(   ) Na teoria dos conjuntos, o símbolo {Ø} é usado para representar conjunto vazio

(   ) Escrever $\{x \in \mathbb{R} / 1 \leq x < 4\}$ é o mesmo que escrever {1, 2, 3}

(   ) $\sqrt{-25}$ é um número que não existe

(   ) Se $x^2 - 4 = 0$, então $x = \pm 2$

Sobre as proposições, tem-se que

a) uma é verdadeira e quatro são falsas

b) duas são verdadeiras e três são falsas

c) três são verdadeiras e duas são falsas

d) quatro são verdadeiras e uma é falsa

55) **(CN)** Considere as sentenças abaixo.

I. $4^{8^3} = 2^{1024}$

II. $\sqrt[4]{64} = \sqrt[6]{512} < \sqrt[3]{128}$

III. $\sqrt{25} + \sqrt{56} = 9$

IV. $\sqrt{A^4 + B^4} = A^2 + B^2$

Pode-se concluir que:

a) todas são verdadeiras

b) III é a única falsa

c) somente I e II são verdadeiras

d) IV é a única falsa

e) existe somente uma sentença verdadeira

56) **(EPCAR)** A diferença $8^{0,666...} - 9^{0,5}$ é igual a

a) – 2 b) $\sqrt{2} - 3$ c) $-2\sqrt{2}$ d) 1

57) **(CM – FORTALEZA)** A raiz quadrada do número expresso por $2^5 . 3^2 . 5^2$ é igual ao produto da expressão $\frac{(2^3)^2 . 8}{4^{5/2}}$ pelo quadrado do seguinte número:

a) $2^{-3/4} . 3^{1/2} . 5^{1/2}$

b) $2^{-3/4} . 3^{1/4} . 5^{1/2}$

c) $2^{-3/4} . 3^{1/4} . 5^{1/4}$

d) $2^{-3/2} . 3^{1/2} . 5^{1/2}$

e) $2^{-3/2} . 3^{1/4} . 5^{1/4}$

58) **(CM – SANTA MARIA)** Potenciação é uma forma simplificada de representar uma sequência de multiplicações com os mesmos fatores. Os primeiros registros de potências datam de aproximadamente 1000 a.C. em tabelas babilônicas. Também foram encontrados cálculos com potências em papiros egípcios, demonstrando o volume de uma pirâmide.

Fonte: adaptada de http://ubmatematica.blogspot.com.br/2015/04/uma-breve-historia-sobre-a-potenciacao-matematica-e-facil.html

A expressão numérica $27^{0,333...} - \left(\frac{4}{3}\right)^{-3}$ tem como resultado:

a) $\frac{81}{32}$ b) $\frac{23}{5}$ c) $\frac{7}{4}$ d) $\frac{165}{64}$ e) $\frac{131}{97}$

59) **(CM – BELO HORIZONTE)** As propriedades das operações com números racionais, envolvendo potências, servem para agilizar a resolução de exercícios e problemas. Assinale a operação realizada corretamente.

a) $\frac{4}{9} \cdot \frac{8}{27} = \left(\frac{2}{3}\right)^2 \cdot \left(\frac{2}{3}\right)^3 = \left(\frac{2}{3}\right)^6$

b) $\frac{8}{27} : \frac{4}{9} = \left(\frac{2}{3}\right)^3 : \left(\frac{2}{3}\right)^2 = \left(\frac{3}{2}\right)$

c) $\left(\frac{8}{27}\right)^2 = \left[\left(\frac{2}{3}\right)^3\right]^2 = \left(\frac{2}{3}\right)^5$

d) $\frac{8}{27} \cdot \frac{1}{125} = \left(\frac{2}{3}\right)^3 \cdot \left(\frac{1}{5}\right)^3 = \left(\frac{2}{3} \cdot \frac{1}{5}\right)^3 = \left(\frac{2}{15}\right)^3$

e) $\frac{125}{8} : \frac{1}{27} = \left(\frac{5}{2}\right)^3 : \left(\frac{1}{3}\right)^3 = \left(\frac{5}{2} \cdot \frac{1}{3}\right)^3 = \left(\frac{5}{6}\right)^3$

60) **(CM – SANTA MARIA)** Ao estudar potenciação, na preparação para 1ª fase da olimpíada em 2019, o professor de Matemática apresentou a seguinte questão:

Dadas as potências 17^{14}, 31^{11}, 2^{55} e 34^{14} , coloque-as em ordem crescente, ou seja, ordene-as do menor para o maior valor numérico.

a) $31^{11} < 17^{14} < 2^{55} < 34^{14}$

b) $2^{55} < 17^{14} < 31^{11} < 34^{14}$

c) $17^{14} < 31^{11} < 2^{55} < 34^{14}$

d) $2^{55} < 31^{11} < 17^{14} < 34^{14}$

e) $31^{11} < 2^{55} < 17^{14} < 34^{14}$

61) **(EPCAR)** A expressão numérica 0,2666 ... + $\frac{5^{-1}\left[\left(\frac{1}{3}\right)^{-3} + 3^2 \cdot (-2)^3\right]}{(0{,}333...)^{-2} \cdot (-5)}$ é igual a

a) $\frac{1}{15}$ b) $\frac{2}{45}$ c) $\frac{7}{15}$ d) $\frac{8}{45}$

62) **(EPCAR)** Sobre os números reais positivos **a**, **b**, **c**, **d**, **p** e **q**, considere as informações abaixo:

I. $(abc)^{-1/3} = \sqrt{0{,}25}$ e $(abcd)^{1/2} = 2\sqrt{10}$

II. $\sqrt[3]{p} = 32$ e $\sqrt{q} = 243$

O valor de $x = \frac{d}{(pq)^{1/5}}$ é um número

a) racional inteiro

b) decimal periódico

c) decimal exato menor que 1

d) decimal exato maior que 1

63) **(CM – JUIZ DE FORA)** A expressão $\frac{5^{10} + 5^{20} + 5^{30}}{5^{20} + 5^{30} + 5^{40}}$ é equivalente a:

a) $1 + 5^{10}$ b) 5^{-10} c) 5^{10} d) $1 + 5^{-10}$

64) **(CM – BELO HORIZONTE)** Simplificando a expressão abaixo obtemos:

$$8\left(\sqrt{0{,}25} + 16^{-\frac{3}{4}}\right) - 3\sqrt{2{,}\overline{7}}$$

a) 2 b) 0 c) – 2 d) – 1 e) 1

65) **(CM – SALVADOR)** Entre as opções apresentadas abaixo, a única que equivale a $\left(\sqrt[3]{5}\,.\,6^{-\frac{1}{3}} + \sqrt[3]{30}\,.\,6^{-\frac{2}{3}}\right)^{-1}$ é a fração

a) $\frac{\sqrt{180}}{3}$ b) $\frac{\sqrt[3]{150}}{10}$ c) $\frac{\sqrt{150}}{10}$ d) $\frac{\sqrt[3]{150}}{60}$ e) $\frac{\sqrt[3]{180}}{2}$

66) **(CM – JUIZ DE FORA)** Resolvendo-se a expressão $\frac{0{,}333... + \frac{2}{3} + \frac{5^0}{4}}{\frac{1}{2} + 2^{-1} + 2^3}$, obtemos:

a) $\frac{5}{28}$ b) $\frac{5}{13}$ c) $\frac{4}{21}$ d) $\frac{5}{36}$

67) **(CM – BELO HORIZONTE)** Seja $Z = \frac{0{,}3 - 2^{-2} + \frac{9}{5}}{0{,}05 + \left(\frac{500}{400}\right)^{-1}}$. Então, sobre Z, pode-se afirmar que é um número:

a) natural par

b) irracional

c) primo maior que 3

d) racional, maior que 1 e menor que 3

e) racional negativo

68) **(CM – JUIZ DE FORA)** A expressão abaixo é equivalente a:

$$\frac{\left(\frac{1}{2}\right)^0 . (-2)^2 . 2^{-3}}{\left(-\frac{1}{2}\right) . (2^2)^2 . \sqrt{2}}$$

a) $\sqrt{2}$ b) $\frac{\sqrt{2}}{128}$ c) $\frac{\sqrt{2}}{256}$ d) $\frac{\sqrt{2}}{512}$

69) **(CM – PORTO ALEGRE)** A forma mais simples da expressão $\sqrt[a]{\frac{16^{(a+2)} - 4^{(2a+2)}}{240}}$, sendo **a** um número natural maior ou igual a 2, é

a) 2 b) 4 c) 8 d) 16 e) 32

70) **(CM – FORTALEZA)** Simplificando a expressão $\sqrt[3]{\frac{2^{28} + 2^{30}}{10}}$, obtemos:

a) $\frac{2^8}{5}$ b) $\frac{2^9}{5}$ c) 2^8 d) 2^9 e) $\sqrt[3]{\frac{2^{57}}{5}}$

71) **(CM – MANAUS)** Calculando a expressão Matemática $\sqrt[3]{\frac{2^{32} + 2^{34}}{20}}$, podemos afirmar que o resultado:

a) é um número ímpar

b) é um número primo

c) é um número múltiplo de 2046

d) é um número que possui 11 divisores positivos

e) é um número maior que 2000

72) **(CN)** Simplificando a expressão $\sqrt[n]{\frac{600}{25^{n+2} - 5^{2n+2}}}$ para $n \in \mathbb{N} - \{0, 1\}$, temos:

a) 5

b) 5^{-1}

c) 5^{-2}

d) 5^2

e) 5^0

73) **(CM – MANAUS)** O professor de Matemática Pardal resolveu lançar um desafio aos alunos do 8º ano do CMM, a fim de verificar se eles tinham entendido a aula que acabou de ministrar sobre propriedades de potência. Para isso, os alunos tinham que simplificar o máximo possível a seguinte expressão:

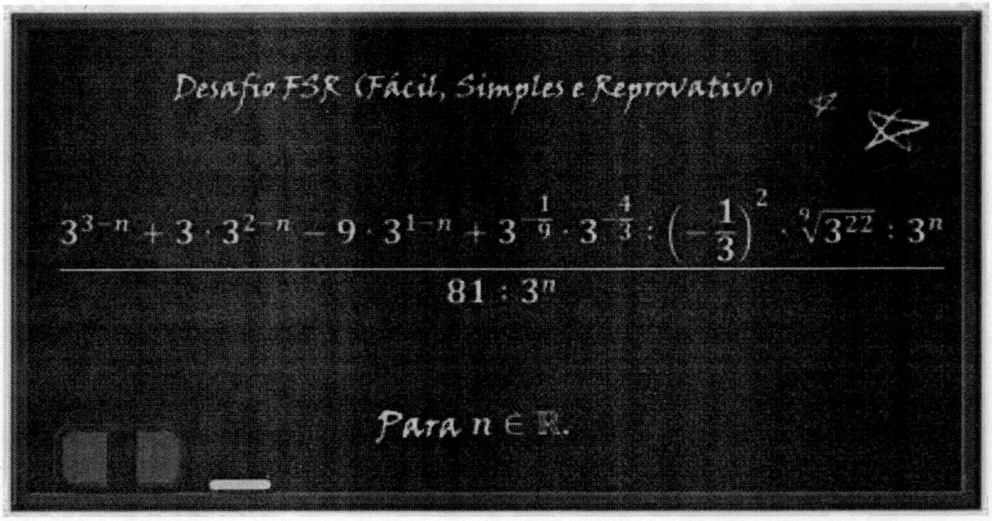

Observe, abaixo, alguns dos resultados que foram encontrados pelos alunos e assinale a única solução correta para tal problema:

a) 0

b) $\frac{2}{3}$

c) 3^{n-1}

d) 6 . 3^{n-1}

e) $3^{n-1} + 3^{\frac{27}{9} - n}$

74) **(CM – JUIZ DE FORA)** Efetuando os cálculos adequados para resolver a expressão numérica $2^{-3} - 2^{-2} - \left(\frac{1}{2}\right)^{-3} + \left(-\frac{1}{2}\right)^{-2}$, o inverso do resultado é:

a) $\frac{93}{8}$ b) $-\frac{33}{8}$ c) $-\frac{8}{93}$ d) $-\frac{8}{33}$

75) **(CM – JUIZ DE FORA)** Se $x = \frac{2^{-1} + 3^{-1}}{\sqrt{1 + 5 \, . \, 4^{-1}}}$ e $y = \frac{\left(2^{-1} + 3^{-1}\right)^{-1}}{\sqrt[3]{1 - 7 \, . \, 2^{-3}}}$, então:

a) x < y < 0

b) $x + y = \frac{21}{5}$

c) $x \, . \, y = \frac{4}{3}$

d) $x^{-1} \, . \, y^{-1} = \frac{29}{20}$

76) **(CM – PORTO ALEGRE)** Considerando que:

$C = \sqrt[3]{\frac{32^3 + 64^2}{4^6 + 8^3}}$

$M = \sqrt{2018} + 1$

$P = \left(\frac{2018 \, . \, 2019^2 - 2018^2 \, . \, 2019}{2018^2 - 2019^2}\right) . \left(\frac{2018 \, . \, 2019}{2018 + 2019}\right)^{-1}$

$A = M \, . \left(\sqrt{2018} - 1\right)$

O resultado da expressão $(A^2 + C \, . \, P \, . A + 1)^{1/4}$ será igual a

a) $12\sqrt{14}$ b) $\sqrt{2019}$ c) $\sqrt{2018}$ d) $\sqrt{2017}$ e) $14\sqrt{12}$

77) **(CM – BELO HORIZONTE)** Dada a expressão $E = \frac{4^{10} \, . \, 3^7 + 12^8 \, . \, 2^3}{8^3 \, . \, 9^4 + 12^5 \, . \, 3^2}$, o valor de $\sqrt[5]{E}$ é:

a) 32 b) 27 c) 9 d) 4 e) 2

78) **(CM – BELO HORIZONTE)** Sabendo que $x - \frac{13}{10} = \frac{1}{10^2} + \frac{1}{10^3} + \frac{1}{10^4} + \cdots$ e $y = \frac{2}{10^3} + \frac{2}{10^4} + \frac{2}{10^5} + \cdots$, o valor de x + y é igual a:

a) $\frac{4}{3}$ b) $\frac{197}{150}$ c) $\frac{23}{15}$ d) $\frac{553}{450}$ e) $\frac{1}{3}$

79) **(CM – JUIZ DE FORA)** Sendo r e s as raízes da equação $2x^2 - 5x + m = 3$ e considerando $\frac{1}{r} + \frac{1}{s} = \frac{4}{3}$, o valor de m é:

a) $\frac{27}{4}$ b) $-\frac{4}{3}$ c) $\frac{3}{4}$ d) 0

80) **(CM – PORTO ALEGRE)** Seja **S** a raiz da equação $x^2 - 6x + 7 = 0$. Sendo assim, tem-se que o valor do produto (S – 5)(S – 4)(S – 2)(S – 1) é igual a

a) 0 b) – 2 c) 1 d) – 1 e) 2

81) **(EFOMM)** Sejam **p** e **q** raízes da equação $5x^2 + 2x - 1 = 0$. O valor de $p^{-5} + q^{-5}$ é:

a) 480

b) 481

c) 482

d) 483

e) 484

82) **(EPCAR)** Considere que x_1 e x_2 são as raízes da equação do segundo grau $(m - 2)x^2 + (m - 10)x = - 16 + 2m$, na incógnita **x**, com $m \in \mathbb{R}$, $m \neq 2$ e $x_1 + x_2 = 7$

Seja B o valor da expressão $\dfrac{\left[m^2 - \left(\frac{m}{2}\right)^3\right] : \left[\frac{m \,.\, 5}{(2^2)^m}\right]}{\sqrt[m]{\left[\frac{20m + \sqrt{16}}{(m^7 - m)^0}\right]^{-1}}}$

O número B

a) é primo

b) é irracional

c) é quadrado perfeito

d) tem 12 divisores naturais

83) **(CM – BELO HORIZONTE)** Um número **x** mais o seu inverso é igual a 5. Então o valor de $y + \frac{1}{y}$, onde **y** é a terceira potência de **x**, é igual a:

a) 125 b) 110 c) 100 d) 80 e) 15

84) **(CM – SANTA MARIA)** Um grupo de alunos do CMSM, em um trabalho na disciplina de Matemática, fez um levantamento de dados sobre o tráfego médio de veículos que passam por hora na entrada desse colégio. O resultado foi exposto pelos mesmos alunos por meio de uma equação matemática, descrita da seguinte forma:

"A quantidade "x" de carros que passa, por minuto, pela entrada desse Estabelecimento de Ensino é igual a menos um quarto mais a raiz quadrada dessa mesma quantidade "x" de carros."

Pode-se afirmar que a média de carros que passa pela entrada do CMSM, por hora, é:

a) 15 b) 20 c) 25 d) 30 e) 35

85) **(EPCAR)** Numa doceria comprei dois tipos de doce. Do primeiro tipo, 6 unidades de determinado valor unitário. Do segundo tipo, cujo valor unitário é 3 reais mais caro que o primeiro tipo, comprei uma quantidade que equivale ao dobro do valor unitário do primeiro tipo. Entreguei seis notas de 50 reais para pagar tal compra e recebi 30 reais de troco.

Dos dois tipos de doce que comprei, gastei com o mais caro, em reais, um total de

a) 216 b) 198 c) 162 d) 146

86) **(CM – RJ)** Quando eu tinha o quadrado da sua idade, a sua idade era $\frac{1}{7}$ da minha idade atual. Daqui a d^2 anos, eu terei 70 anos de idade, e você, 64. O valor de **d** é

a) 3 b) 4 c) 5 d) 6 e) 7

87) **(CM – FORTALEZA)** Um grupo de pessoas participou de um passeio no qual foi gasto um valor total de R$ 1.056,00 para o pagamento do transporte. Esse valor seria dividido igualmente por todos os participantes. No dia do passeio, quatro pessoas faltaram, e desta forma os presentes pagaram R$ 2,00 a mais do que o programado. Assinale a opção que aponte o número de pessoas que realizou, efetivamente, o passeio.

a) 28 b) 44 c) 48 d) 64 e) 88

88) **(CM – PORTO ALEGRE)** Um grupo de amigos decidiu dividir, igualmente entre si, o custo para a organização de uma festa. Se eles conseguirem convencer mais 3 amigos a dividirem esse custo, cada um deles pagará R$ 100,00 a menos que o valor previsto inicialmente. Por outro lado, se 2 amigos desistirem, cada um dos restantes pagará R$ 100,00 a mais.

Sendo assim, tem-se que a quantidade de amigos que decidiu organizar essa festa é igual a um número, cujo produto dos algarismos, é igual a

a) 12 b) 10 c) 16 d) 2 e) 8

89) **(CM – JUIZ DE FORA)** Há algum tempo, uma loteria anunciou que alguns apostadores iriam dividir o prêmio de 60 milhões de reais. Entretanto, dias depois, anunciou-se que dois cartões foram impugnados, o que excluiu dois apostadores. Por esse motivo cada um dos ganhadores recebeu 5 milhões a mais. A quantidade de apostadores que de fato receberam o prêmio da loteria foi de:

a) 10 b) 4 c) 6 d) 12

90) **(CM – FORTALEZA)** Para a realização de uma festa, um grupo de estudantes precisava de R$ 520,00 para custear as despesas em partes iguais entre eles. Como sete desses estudantes não puderam comparecer, a parte de cada um dos presentes aumentou em R$ 14,00. Quantos estudantes compareceram à festa?

a) 10

b) 11

c) 12

d) 13

e) 14

91) **(CM – PORTO ALEGRE)** Um grupo de alunos do 1º Ano do Ensino Médio do Colégio Militar de Porto Alegre reuniu-se para comprar um presente para a professora de Matemática, em comemoração ao Dia do Professor. Eles decidiram gastar R$ 300,00 com o presente. Uma semana depois, 5 desses alunos decidiram não participar da compra, pois haviam gastado toda a mesada que possuíam. Com isto, verificou-se que cada aluno terá de pagar R$ 10,00 a mais do que inicialmente estava programado. Assim, o valor que cada aluno pagante irá desembolsar para o presente, é de

a) R$ 25,00

b) R$ 20,00

c) R$ 15,00

d) R$ 10,00

e) R$ 30,00

92) **(CM – JUIZ DE FORA)** O professor Ludovico de Matemática comprou vários exemplares de um livro de álgebra para presentear seus alunos, gastando 240 reais. Ganhou três livros a mais de brinde e com isso cada livro ficou quatro reais mais barato. O total de livros que o professor Ludovico levou para seus alunos foi:

a) 9 b) 12 c) 15 d) 18

93) **(CM – BRASÍLIA)** A internet promoveu uma grande reviravolta no mundo das viagens. Hoje em dia, devido à grande quantidade de opções de serviços online destinados ao planejamento de viagens, ficou bem mais fácil comprar um pacote promocional e desfrutar do prazer de uma viagem inesquecível.

Um grupo de pessoas comprou um pacote promocional por R$ 12.000,00 reais em uma agência online de turismo, dividindo o valor igualmente entre todos os participantes. Quando o grupo foi pagar, duas pessoas desistiram da viagem e, por conseguinte, as outras pessoas do grupo tiveram que pagar R$ 500,00 reais a mais do que pagariam se o valor do pacote fosse dividido igualmente entre todas as pessoas do grupo inicial. O número de pessoas que pagou pela compra do pacote de viagem é igual a

a) 4

b) 6

c) 8

d) 9

e) 12

94) **(CM – SANTA MARIA)** Para resolver o próximo desafio, a turma foi dividida em 5 grupos com a mesma quantidade de alunos. Eles receberam o seguinte problema matemático: "Em uma atividade em conjunto somente entre alunos concludentes do 9º ano do Ensino Fundamental, foi distribuído em partes iguais, no evento, um prêmio de R$ 24.000,00. Como faltaram cinco alunos, cada um dos presentes recebeu um acréscimo de R$ 400,00 no seu prêmio. Quantos foram os alunos presentes nessa confraternização? "Na resolução do problema sugerido pelo professor, cada grupo do mathema obteve resultados diferentes, como demonstrados na tabela:

Resultados	
Grupo I	15 participantes
Grupo II	18 participantes
Grupo III	20 participantes
Grupo IV	22 participantes
Grupo V	25 participantes

Qual grupo obteve solução correta em relação ao problema proposto?

a) Grupo I b) Grupo II c) Grupo III d) Grupo IV e) Grupo V

95) **(CM – FORTALEZA)** A quantidade de filas de cadeira de uma sala é igual à metade da quantidade de cadeiras em cada fila. Se a quantidade de filas for triplicada, e se forem removidas 40 cadeiras de cada fila, a quantidade total de cadeiras na sala terá um aumento de 256 unidades. Qual a quantidade de filas, inicialmente?

a) 16 b) 22 c) 32 d) 64 e) 96

96) **(CM – RJ)** Num auditório, o número de filas de poltronas era igual ao número de poltronas em cada fila. Após sofrer uma reforma, o número de filas foi dobrado e foram removidas 10 poltronas de cada fila. Assim, o número de poltronas no auditório aumentou de 300. Quantas poltronas passou a ter o auditório após a referida obra?

a) 900

b) 1200

c) 1500

d) 2500

e) 3200

97) **(CM – SANTA MARIA)** Considere que numa segunda apresentação, x alunos dançaram a quadrilha. No final da festa, um prêmio de R$ 1.200,00 seria dividido entre os integrantes da quadrilha. No entanto, cinco alunos foram embora e, com isso, o valor do rateio do prêmio aumentou em R$ 8,00. De posse das informações apresentadas, calcule quantos alunos receberam o prêmio e qual o valor do prêmio.

a) 25 e R$ 40,00
b) 30 e R$ 48,00
c) 25 e R$ 48,00
d) 32 e R$ 40,00
e) 32 e R$ 48,00

98) **(EPCAR)** Para homenagear os aniversariantes do mês de junho, um grupo de alunos das turmas FOX e GOLF do esquadrão SABRE decidem fazer um churrasco comemorativo e dividir a despesa total.

Na véspera do churrasco, 6 desses alunos foram convocados pelo seu Comandante para uma atividade que os impediu do comparecerem ao evento comemorativo, sendo esses 6 alunos excluídos do rateio da despesa total.

Com a ausência desses 6 alunos, foi cobrado de cada um dos demais, certo valor a mais.

Ao fazerem o rateio, os alunos perceberam que a despesa total era igual ao valor cobrado a mais de cada um dos alunos que contribuíram, multiplicado por 180.

Se o número de alunos que foram ao churrasco é **k**, então, a soma dos algarismos de **k** é

a) 3
b) 5
c) 7
d) 9

99) **(EPCAR)** Gabriel, depois de uma longa temporada de dedicação aos estudos, foi descansar na casa de seus avós, no interior. Lá chegando, percebeu que muitas coisas de sua infância ainda permaneciam intocáveis. Exemplo disso foi a “venda” de seu avô... uma verdadeira bagunça!

Para ajudar na organização da “venda”, Gabriel aplicou conhecimentos de matemática básica. Assim, ele pegou os quatro sacos de café que ficavam à frente do balcão, pesou-os e etiquetou-os conforme ilustra a Figura (1), em kg.

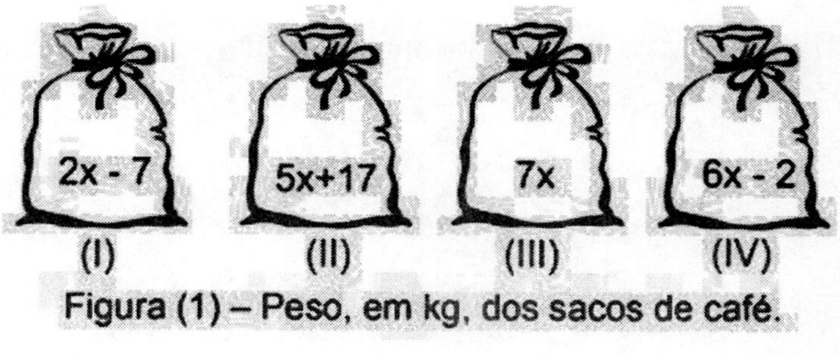

Figura (1) – Peso, em kg, dos sacos de café.

Em seguida, com o total de peso que obteve, retirou ou colocou, em kg, café em cada saco, e anotou numa folha de papel como mostra a Figura (2).

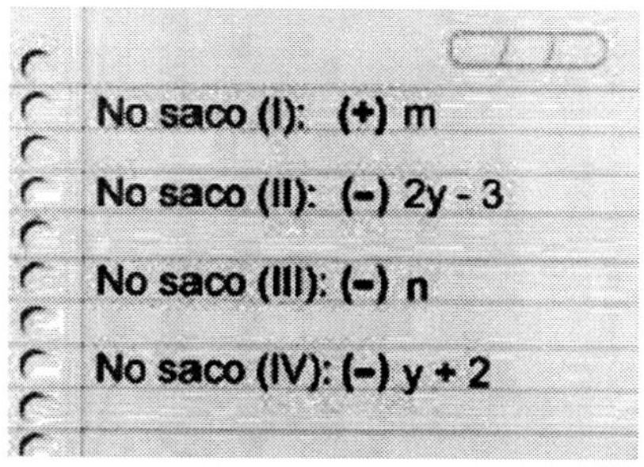

Figura (2) – Anotação de troca de peso, em kg, entre os sacos de café.

Na Figura (2), o símbolo de (+) indica que aquele saco recebeu alguns quilogramas de café, descrito logo à frente do símbolo, bem como o de (–) indica que dele foram retirados alguns quilogramas de café, também descrito logo à frente do símbolo.

Para não perder as contas, Gabriel anotou, também, que:

• o produto da quantidade retirada do saco (II) pela quantidade retirada do saco (IV), em kg, é igual a 165.

• depois de acrescentar ou retirar café nos sacos, todos passaram a ter a mesma quantidade, em kg.

Dessa forma, sendo $\{x, y, m, n\} \subset \mathbb{N}^*$, é correto afirmar que

a) a maior quantidade que foi retirada de um dos sacos de café foi superior a 30 kg

b) na Figura (1), a diferença de peso entre os sacos (III) e (I) era de 82 kg

c) $x + y = m$

d) $\frac{m}{n} > 2$

100) **(CM – MANAUS)** O quadrado do produto de dois números positivos é 12, e a diferença entre os quadrados desses dois números é 4. O maior desses dois números pertence ao conjunto:

a) $\{x \in \mathbb{R} / 2 \leq x < 3\}$

b) $\{x \in \mathbb{R} / 3 \leq x < 4\}$

c) $\{x \in \mathbb{R} / 4 \leq x < 5\}$

d) $\{x \in \mathbb{R} / 5 \leq x < 6\}$

e) $\{x \in \mathbb{R} / 6 \leq x < 7\}$

101) **(CM – RJ)** Paulo é mais velho que Rebecca. Ele observou que quando trocava a ordem dos dois algarismos de sua idade (um número inteiro), obtinha a idade de Rebecca. Além disso, a diferença entre os quadrados de suas idades é o quadrado de um número inteiro. Assim, a soma das idades de Paulo e Rebecca é igual a:

a) 55 b) 77 c) 121 d) 99 e) 187

102) **(CM – BRASÍLIA)** A delegação do CMB para os Jogos da Amizade foi composta por **x** alunos. No dia da partida para a AMAN, os alunos entraram em forma para apresentação ao Comandante do Colégio. Este observou que os alunos estavam enfileirados em **a** colunas, cada coluna com exatamente **b** alunos. Ao chegar à AMAN, os alunos entraram em forma novamente para as instruções gerais. Nesse momento, o Comandante observou que havia uma coluna a menos, porém em cada coluna havia exatamente 2 alunos a mais do que na partida. Pode-se concluir que a relação correta entre **b** e **x** é igual a

a) $b = -1 + \sqrt{1 + 2x}$

b) $b = 1 + \sqrt{1 + 2x}$

c) $b = -1 + \sqrt{1 + x}$

d) $b = -1 + \sqrt{-1 + 2x}$

e) $b = 1 + \sqrt{1 + x}$

103) **(CM – BELO HORIZONTE)** Seja ***ab*** um número de **dois** algarismos tais que $a^2 + b^2 = 61$. Trocando a posição desses algarismos, o número resultante excederá em **9** unidades o número inicial. Determine a soma desses algarismos.

a) 11 b) 12 c) 13 d) 14 e) 15

104) **(CM – FORTALEZA)** Ao se multiplicar um número **x** por oito, e somá-lo pelo dobro de um número **y**, obtém-se 64. Se multiplicarmos quatro pelo quadrado do número **x** e somarmos com o dobro do produto do número **x** pelo número **y**, obtém-se 192. Qual o maior valor de **y** encontrado?

a) 0 b) 4 c) 8 d) 12 e) 16

105) **(CN)** Um relógio indica dois minutos menos do que a hora certa e adianta t minutos por dia. Se tivesse atrasado três minutos e adiantasse $\left(t + \frac{1}{2}\right)$ minutos por dia, então marcaria a hora certa exatamente um dia antes do que vai marcar. O tempo t, em minutos, que esse relógio adianta por dia está compreendido entre:

a) 1/9 e 2/9 b) 2/9 e 3/9 c) 4/9 e 5/9 d) 6/9 e 7/9 e) 8/9 e 9/9

106) **(CM – BELO HORIZONTE)** Se Y = $\frac{x^3 + x^2}{x^4 + 1} - 1$, então o valor de Y para x = $-\frac{2}{3}$ é:

a) $-\frac{81}{97}$ b) $-\frac{85}{97}$ c) $-\frac{87}{97}$ d) $-\frac{38}{97}$ e) $-\frac{3}{97}$

107) **(CM – MANAUS)** Para que se tenha a igualdade:

$\frac{A}{x} + \frac{B}{x-2} + \frac{C}{x+2} = \frac{x^2+5x-8}{x(x^2-4)}$

Os valores numéricos reais de A, B e C devem ser iguais a:

a) A = – 2, B = 4, C = – 1

b) A = 2, B = – 4, C = 1

c) A = 2, B = $-\frac{7}{4}$, C = $\frac{3}{4}$

d) A = 2, B = $\frac{3}{4}$, C = $-\frac{7}{4}$

e) A = – 2, B = $-\frac{3}{4}$, C = $\frac{7}{4}$

108) **(CM – FORTALEZA)** Ao se dividir uma expressão algébrica E por $x^3 + x^2$, obtém-se quociente $x^2 - x$ e resto x + 3. Considerando-se o quociente (Q) e o resto (R) da divisão de E por $x^2 + 3x + 2$, qual o valor da soma Q + R para x = 0?

a) 15

b) 3

c) 0

d) – 3

e) – 15

109) **(EPCAR)** Considere o polinômio P(x) = $x^8 + x^7 - 64x^2 - 64x$ e os polinômios abaixo relacionados:

A(x) = $x^2 - 4$

C(x) = $x^3 + 8$

F(x) = $x^3 + 2x^2 + 4x$

W(x) = $x^2 - 2x + 4$

Dos polinômios relacionados, pode-se afirmar que

a) todos dividem P(x).

b) nenhum divide P(x).

c) apenas A(x) e F(x) dividem P(x).

d) apenas C(x) e W(x) dividem P(x).

110) **(CM – BRASÍLIA)** Na sala Pandemia K13, há **M** jogador(es) imune(s) e $\mathbf{N^2}$ jogador(es) susceptível(is) ao vírus. Suponha que:

- O par (M, N) é solução do sistema de equações $\begin{cases} 2M + 3N = 5 \\ 5M - 7N = 27 \end{cases}$
- O valor numérico da expressão $N^2 + 4MN - \frac{M}{2}$ é o código que você precisa descobrir para sair da sala.

Qual é o código para sair da sala Pandemia K13?

a) 17 b) ½ c) – ½ d) – 17 e) – 19

111) **(CM – BELO HORIZONTE)** Se (2x – 1) é um quadrado perfeito, a expressão do quadrado perfeito imediatamente inferior a (2x – 1) será:

a) $2x - \sqrt{2x-1}$
b) $2x - 2\sqrt{2x-1}$
c) $2x - \sqrt{2x-1} + 1$
d) $2x - \sqrt{2x-1} - 1$
e) $2x - 2$

112) **(CM – BELO HORIZONTE)** Considere as seguintes afirmativas, no universo do conjunto dos números reais:

I – $\left(\frac{x^a}{x^b} - \frac{a^x}{a^b}\right)^2 = x^{a^2-2ab+b^2} - a^{x^2-2xb+b^2}$, com a > 0, b > 0 e x > 0.

II – $\left(x^2 + \frac{1}{x}\right)^3 = \frac{x^9 + 3x^6 + 3x^3 + 1}{x^3}$, com x > 0.

III – $\sqrt{a^{2x}.\ (b^2)^x.\ (c^x)^2} = (abc)^x$, com x > 0.

É correto afirmar que:

a) Somente III está correta
b) Somente I está correta
c) Somente II está correta
d) I e II estão corretas
e) II e III estão corretas

113) **(CM – BELO HORIZONTE)** O desenvolvimento da expressão $\left(\sqrt{3} + 1 + \sqrt{27}\right)^2$ resulta numa expressão do tipo $\mathbf{m + n\sqrt{3}}$, com **m** e **n** racionais. O valor de $\sqrt{\mathbf{m}}\ .\ \sqrt{\mathbf{n}}$ é:

a) $7\sqrt{2}$ b) $2\sqrt{7}$ c) $14\sqrt{2}$ d) $7\sqrt{3}$ e) $14\sqrt{3}$

114) **(CM – RJ)** O valor da expressão $\frac{(a+b)^3 - (a-b)^3}{3b^{-2} + a^{-2}}$ para $b = \sqrt[3]{0,3}$ e $a = \sqrt{0,2}$ é

a) 0,12 b) 0,18 c) 0,24 d) 1,2 e) 1,8

115) **(CM – BELO HORIZONTE)** Seja N o número que se deve somar a 86115^2 para se obter 86116^2. A soma dos algarismos que compõem N é igual a:

a) 20 b) 18 c) 16 d) 14 e) 13

116) **(CM – PORTO ALEGRE)** Jorjão estava fazendo cálculos com uma calculadora eletrônica, quando observou que algumas operações tinham como resultado números nos quais todos os seus algarismos eram iguais a 5. Abaixo, estão os resultados observados por ele.

8 – 3 = 5

78 – 23 = 55

778 – 223 = 555

7.778 – 2.223 = 5.555

77.778 – 22.223 = 55.555

777.778 – 222.223 = 555.555

7.777.778 – 2.222.223 = 5.555.555

77.777.778 – 22.222.223 = 55.555.555

Como essa calculadora faz operações com até 8 dígitos, quando Jorjão tentou calcular $7.777.778^2$, que é um número com 14 dígitos, a palavra *ERROR* apareceu no visor, indicando que o resultado dessa operação não pode ser obtido naquela calculadora. Entretanto, caso sigamos o padrão das operações observadas anteriormente, mesmo sem utilizar a calculadora, qual é o valor de $7.777.778^2 - 2.222.223^2$?

a) 55.555.555.555.555

b) 5.555.555.555.555

c) 555.555.555.555

d) 55.555.555.555

e) 5.555.555.555

117) **(CM – MANAUS)** Qual o valor da expressão abaixo?

$$[500^2 + 600^2 + 700^2 + 800^2 + 900^2] - [499^2 + 599^2 + 699^2 + 799^2 + 899^2]$$

a) 6995 b) 7995 c) 8995 d) 9995 e) 10995

118) **(CM – JUIZ DE FORA)** A expressão $(365)^2 + (366)^2 - (366) . (364) - (364)^2$ é equivalente a:

a) 731 b) 733 c) 1463 d) 1461

119) **(CM – JUIZ DE FORA)** A expressão $\frac{8^{88} - 4^{44}}{8^{44} - 4^{22}}$ é equivalente a:

a) $1 - 2^{88}$ b) $2^{44}.(2^{88} + 1)$ c) $9 . 2^{44}$ d) $3 . (1 - 2^{88})$

120) **(CM – JUIZ DE FORA)** Às vezes, efetuar cálculos sem usar calculadora é bem trabalhoso, mas, em certos casos, pode ficar mais fácil se soubermos usar algumas propriedades, como, por exemplo, os produtos notáveis. O resultado da expressão $\frac{528}{517^2 - 1} + \frac{5}{518}$ na forma irredutível é:

a) $\frac{1}{86}$ b) $\frac{2}{129}$ c) $\frac{7}{516}$ d) $\frac{5}{208}$

121) **(CM – FORTALEZA)** O valor de $\left[\frac{8\,(2^{-1} + 2^{-2} + 2^{-3}}{(\sqrt{5} - \sqrt{3}) . (\sqrt{5} + \sqrt{3})}\right]\frac{10}{7}$, é:

a) um número negativo
b) um número irracional
c) um número não real
d) um número primo
e) uma dízima periódica composta

122) **(CM – JUIZ DE FORA)** Sendo m > 0, efetue e simplifique, ao máximo, as operações na expressão abaixo:

$$\left[m^{1/2} + m^{-1/2}\right]^2 + \left[1 + \frac{1}{\sqrt{m}}\right]\left[1 - m^{-1/2}\right]$$

Assinale a alternativa que apresenta a expressão simplificada.

a) 3m + 1 b) $m^{1/2}$ c) m + 3 d) $m + \frac{1}{m}$

123) **(CM – FORTALEZA)** Simplificando a expressão algébrica

$\left(\frac{5x}{7} - 3\right)^3 + 9 . \left(\frac{5x}{7} - 3\right)^2 + 27 . \left(\frac{5x}{7} - 3\right) - \frac{125x^3}{343} + 2 . (x - 2) + 35$, vamos obter o resultado

a) 2x + 1 b) 2x + 2 c) 2x + 3 d) 2x + 4 e) 2x + 5

124) **(EPCAR)** Se x for inteiro positivo, então $x^3 - x = x(x^2 - 1) = x(x - 1)(x + 1)$ será o produto de três números inteiros consecutivos. Daí se conclui que $x^3 - x$ será sempre

a) número primo

b) múltiplo de 5

c) divisível por 4

d) múltiplo de 6

125) **(CN)** Se m + n + p = 6, m.n.p = 2 e m.n + m.p + n.p = 11, podemos dizer que o valor de $\frac{m}{n.p} + \frac{n}{m.p} + \frac{p}{m.n}$ é:

a) 1 b) 3 c) 7 d) 18 e) 22

126) **(EPCAR)** Se $\left(n + \frac{1}{n}\right)^2 = 3$, então $n^3 + \frac{1}{n^3}$ vale

a) 0 b) $3\sqrt{3}$ c) $6\sqrt{3}$ d) $\frac{10\sqrt{3}}{3}$

127) **(CM – JUIZ DE FORA)** O valor numérico da expressão $\frac{6xy}{x-3y} - \frac{x^2}{x-3y} - \frac{9y^2}{x-3y}$ quando x = 2006 e y = 2007 é:

a) 4013 b) 4014 c) 4015 d) 4016 e) 4017

128) **(CM – PORTO ALEGRE)** Considere que **a** e **b** são dois números reais tais que **0 < a < b** e $\mathbf{a^2 + b^2 = 4ab}$. O valor de $\frac{a-b}{a+b}$ é igual a:

a) $\frac{\sqrt{3}}{3}$ b) $\sqrt{3}$ c) 1 d) $-\sqrt{3}$ e) $-\frac{\sqrt{3}}{3}$

129) **(CN)** O valor de $\frac{(3 + 2\sqrt{2})^{2008}}{(5\sqrt{2} + 7)^{1338}} + 3 - 2\sqrt{2}$ é um número

a) múltiplo de onze

b) múltiplo de sete

c) múltiplo de cinco

d) múltiplo de três

e) primo

130) **(CM – PORTO ALEGRE)** O valor numérico da expressão $\frac{a^2 + b^2 - ab}{a^3 - b^3 - 2a^2b + 2ab^2} \cdot \frac{b^2 - a^2}{a - b}$, para a = 2022 e b = 2023, é igual a

a) 4045 b) 1 c) – 1 d) – 4045 e) 2023

131) **(CM – MANAUS)** Simplificando a expressão $\frac{\left[1-\left(\frac{x}{y}\right)^{-2}\right].\ x^2}{(\sqrt{x}-\sqrt{y})^2+2\sqrt{xy}}$, com x > y, obtemos:

a) x – y   b) x + y   c) y – x   d) $x^2 + y^2$ e) $x^2 - y^2$

132) **(CM – BRASÍLIA)** Quando colocada na sua forma irredutível, a fração F = $\frac{x-2}{x^3-3x^2+3x-2}$ apresenta um denominador Q(x), tal que Q(2) é igual a

a) 2   b) 3   c) 4   d) 5   e) 6

133) **(CM – BELO HORIZONTE)** A sigla **pH** significa **potencial de Hidrogênio** e indica o teor de íons hidrogênio (H_3O^+) em uma solução. Veja a escala de valores de **pH**.

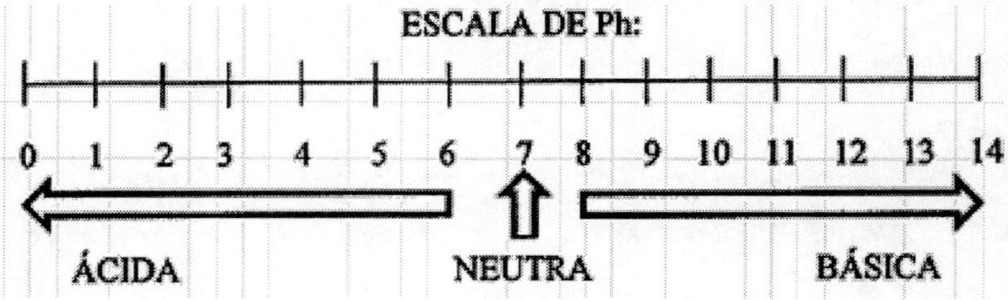

Se a solução tem **pH = 7**, então ela é chamada **NEUTRA**, se o valor for **acima de 7**, ela é **BÁSICA** e **abaixo de 7, ÁCIDA.**

O **pH** de determinada solução **A** que contém uma certa substância **X** pode ser medida pela relação **pH =** $\sqrt{2X^2-5}$ **+** $\frac{\sqrt{X}-3}{2-\sqrt{X}}$ – $\sqrt[3]{\frac{X}{5}}$, com **X** em gramas.

A solução **A** com 5 gramas da substância **X** tem **pH** de valor e tipo:

a) $4\sqrt{5}$ – BÁSICO

b) $4\sqrt{5}$ – ÁCIDO

c) $8\sqrt{5}$ – BÁSICO

d) $8\sqrt{5}$ – ÁCIDO

e) $2\sqrt{5}$ – ÁCIDO

134) **(CM – MANAUS)** Sejam x, y ∈ $\mathbb{R}_+^*$ tais que $\frac{x+2y}{y} = \frac{x+y}{x}$. O valor de $\frac{(x+y)^2}{xy}$ é:

a) 4   b) 2 + $\sqrt{5}$ c) 3 + $\sqrt{3}$ d) 2 + $\sqrt{2}$ e) 5

135) **(CM – BELO HORIZONTE)** Se x + $\frac{1}{x}$ = $\sqrt{2}$, então $x^3 + \frac{1}{x^3}$ é igual a:

a) $2\sqrt{2}$ b) $\sqrt{2}$ c) – $\sqrt{2}$ d) – $2\sqrt{2}$ e) – 2

136) **(CM – MANAUS) Maratona** é o nome de uma corrida realizada na distância oficial de 42.195 km, normalmente em ruas e estradas. Única modalidade esportiva que se originou de uma lenda, seu nome foi instituído como uma homenagem à antiga lenda grega do soldado ateniense Fidípides, um mensageiro do exército de Atenas, que teria corrido cerca de 40km entre o campo de batalha de Maratona até Atenas para anunciar aos cidadãos da cidade a vitória dos exércitos atenienses contra os persas e morreu de exaustão, após cumprir a missão. Sabendo-se que em certa maratona o tempo gasto pelo 1º lugar foi de x horas, onde x é dado pela expressão $x = -\frac{3}{4} + \left[\frac{\left((-2)^{(3\sqrt{2}-4)}\right)^{(3\sqrt{2}+4)}}{11}\right]^{-1}$, então podemos afirmar que:

a) $x^2 - 1$ é par

b) $x^x + x$ é um número composto

c) $3^x - 2$ é um quadrado perfeito

d) x é um número irracional

e) x – 5 é um número natural divisível por 2017

137) **(CM – JUIZ DE FORA)** Respeitada a condição de existência ($x \neq 3$) e simplificando a expressão

$\frac{2\,.\,(x-2)\,.\,(x-3)^3 - 3\,.\,(x-2)^2\,.\,(x-3)^2}{(x-3)^3}$, obteremos:

a) $\frac{x(x-2)}{(x-3)^3}$ b) $\frac{x(2-x)}{(x-3)}$ c) $\frac{x(x-2)}{(x-3)^2}$ d) $\frac{x(2-x)}{(x-3)^4}$

138) **(EPCAR)** Analise cada afirmativa abaixo e classifique-a em (V) verdadeira ou (F) falsa.

( ) Se x, y e z são números reais distintos entre si, o valor de $\frac{1}{(x-y)(x-z)} + \frac{1}{(y-x)(y-z)} + \frac{1}{(z-x)(z-y)}$ é zero.

( ) Se $p \in \mathbb{R}^*$, $q \in \mathbb{R}^*$ e $p \neq \pm q$, então, ao simplificar $\left[\frac{p^2+pq}{p^2-q^2}\,.\,\left(\frac{1}{q} - \frac{1}{p}\right)\right]^{-1}$, obtém-se q .

( ) Se $x \in \mathbb{R}_+^*$, $y \in \mathbb{R}_-^*$, $z \in \mathbb{R}^*$, então $\frac{x^7y^5}{z^{30}} < 0$.

A sequência correta é

a) V – V – V b) V – F – V c) F – F – V d) V – V – F

139) **(EPCAR)** Sejam **x** e **y** dois números reais tais que $0 < x < y < 1$. Se $A = \frac{\frac{x^2-x}{x^2-2x+1} : \frac{2x+2}{x^2-1}}{\left(x + \frac{5-x}{1+5x}\right) : \left(1 - \frac{5x-x^2}{1+5x}\right)}$ e $B = \frac{1+y^2}{1+\frac{1}{y^2}}$, então é correto afirmar, necessariamente, que

a) $10A\,.\,B > 1$ b) $10A + \sqrt{B} > 1$ c) $\frac{\sqrt{B}}{10A} > 1$ d) $\sqrt{B} - 10A > 1$

140) **(CM – MANAUS)** A resolução de equações é um dos temas estudados no ensino básico. Em geral, essas equações são do tipo f(x) = 0, onde f(x) é uma função. Resolver uma equação equivale a encontrar suas raízes. Na resolução de problemas matemáticos é possível encontrar várias outras maneiras de resolução do mesmo problema. Essa busca de raízes normalmente é tratada de forma analítica, ou seja, são usados métodos algébricos de forma a encontrar a solução exata das equações. Para a equação do 1º grau ax + b = 0, com a ≠ 0, a raiz é dada por $x = -\frac{b}{a}$. Já a equação geral do 2º grau $ax^2 + bx + c = 0$, com a ≠ 0, é resolvida pela fórmula comumente chamada de *Fórmula de Bhaskara*. Sabendo que a equação geral do 2º grau é equivalente a $\mathbf{a(x + k)^2 + h = 0}$. Pode-se afirmar que:

a) $k = \frac{b}{2a}$ e $h = -\frac{\Delta}{4a}$

b) $k = -\frac{b}{2a}$ e $h = -\frac{\Delta}{4a}$

c) $k = \frac{b}{2a}$ e $h = \frac{\Delta}{4a}$

d) $k = -\frac{\Delta}{4a}$ e $h = \frac{b}{2a}$

e) $k = -\frac{b}{4a}$ e $h = -\frac{\Delta}{2a}$

141) **(CM – JUIZ DE FORA)** No conjunto dos números reais, a solução da equação abaixo é um número

$$\frac{2}{x^2 - 1} - \frac{x + 3}{x + 1} = -1$$

a) par b) ímpar c) negativo d) quadrado perfeito

142) **(CM – JUIZ DE FORA)** O conjunto verdade da equação $\frac{2}{x} - \frac{x}{1-x} = \frac{x^2}{x^2 - x}$ no conjunto dos números reais é:

a) { } b) {1} c) {1, 2} d) {2}

143) **(EPCAR)** O produto das raízes da equação $\frac{3a - 4}{a^2 - 16} = \frac{1}{a - 4} - \frac{2 - a}{a^2 - 8a + 16}$, na incógnita **a**, com a ≠ ± 4, é igual a

a) $\frac{40}{3}$ b) 40 c) $\frac{10}{3}$ d) 18

144) **(CM – JUIZ DE FORA)** A expressão $\sqrt{13 + \sqrt{7 + \sqrt{2 + \sqrt{4}}}}$ é igual a:

a) 4 b) 5 c) 6 d) 7 e) 8

145) **(CM – SALVADOR)** O valor de $\left(\sqrt{1+\sqrt{1+\sqrt{1}}}\right)^4$ é:

a) $\sqrt{2}+\sqrt{3}$

b) $\frac{1}{2}\left(7+3\sqrt{5}\right)$

c) $1+2\sqrt{3}$

d) 3

e) $3+2\sqrt{2}$

146) **(CM – BELO HORIZONTE)** Considere as afirmativas:

I. $\sqrt{a^2} = a$

II. $\sqrt{a^2+b^2} = a + b$

III. $a^{m/n} = \sqrt[n]{a^m}$, com mdc (m, n) = 1

Pode-se concluir que:

a) somente III é verdadeira

b) somente I e III são verdadeiras

c) somente II é verdadeira

d) todas são verdadeiras

e) todas são falsas

147) **(CM – BELO HORIZONTE)** Seja m = $-\sqrt{(-3)^2}+\left(\frac{1}{0{,}444...}-\frac{7}{5}\right)\cdot\frac{1}{\sqrt[6]{2^{12}}}$. O valor de **m** é:

a) $-\frac{223}{80}$ b) $\frac{80}{223}$ c) $-\frac{80}{223}$ d) $\frac{257}{80}$ e) $\frac{223}{86}$

148) **(CM – MANAUS)** Simplificando a expressão $\sqrt{a\sqrt{a\sqrt{a\sqrt{a}}}}$, o resultado é:

a) a^{16} b) a^{-15} c) a^{-16} d) $a^{-16/15}$ e) $a^{15/16}$

149) **(EPCAR)** O **inverso** de $\sqrt{\frac{x}{y}\sqrt[3]{\frac{y}{x}}}$, com x > 0 e y > 0, é igual a

a) $\frac{\sqrt[6]{xy^5}}{y}$

b) $\frac{\sqrt[3]{x^2y}}{x}$

c) $\frac{\sqrt[6]{yx^5}}{x}$

d) $\frac{\sqrt[3]{xy^2}}{y}$

150) **(EPCAR)** Considerando o conjunto dos números reais, analise as proposições abaixo, classificando-as em **(V)** verdadeiras ou **(F)** falsas.

( ) $\dfrac{a\sqrt[3]{a^2\sqrt{a^3}}}{\sqrt[3]{a\sqrt{a\sqrt{a}}}} = a\sqrt[12]{a^5}$, (a > 0)

( ) Se $\dfrac{a^5c^9}{b^{20}} < 0$, b < 0 e a – c < 0, então a < 0 e c > 0

( ) $\dfrac{a^{-1/3}\left(a^{-1/3}\right)^2}{(-a)^{-1/3}} = a^{1/6}$, (a > 0)

( ) Se $a^2 = 99^6$ e $b^3 = 33^9$, então $\left(\frac{a}{b}\right)^{-12} = (0{,}111\ldots)^{18}$

Sequência correta é

a) F – V – F – V

b) F – V – V – V

c) V – F – V – V

d) V – V – V – F

151) **(EPCAR)** Considere os números reais

$x = \sqrt{2{,}\overline{7}}$

$y = \left(\sqrt{0{,}25} + 16^{-3/4}\right)^{-1}$

$$z = \frac{(-2^2)^{2^3} - \sqrt[3]{\sqrt[5]{2^{3^2}\cdot\left(\frac{1}{5}\right)^{-2}}}}{-\left[\left(\frac{1}{2}\right)^{-7}\right]^2}$$

É **FALSO** afirmar que

a) $\frac{z}{y} < -\frac{3}{2}$

b) $x - y < \frac{1}{5}$

c) x + z < 0

d) $x + y + z \notin (\mathbb{R} - \mathbb{Q})$

152) **(EPCAR)** Considere os números A e B tais que:

$A = 2^{1001} + 4^{501} - 256^{125}$

$$B = \frac{8^{0{,}666\ldots} + (0{,}25)^{-3/2} - (0{,}5)^{-\sqrt{9}} + 9^{0{,}5}}{\left[\dfrac{1}{2\,.\,(0{,}2)^{-2} - \left(\sqrt{\sqrt[3]{10}}\right)^{0}}\right]^{-0{,}5}}$$

Se $C = (5AB)^{1/2}$, então C é igual a

a) $20\,.\,2^{496}$

b) $10\,.\,2^{499}$

c) $25\,.\,2^{500}$

d) $40\,.\,2^{492}$

153) **(CM – MANAUS)** Sendo $x \geq 0$, o valor da expressão $\sqrt{\frac{3x}{20}} + \sqrt{\frac{x}{15}} - \sqrt{\frac{5x}{12}}$ é:

a) 10 b) 8 c) 0 d) 5 e) 4

154) **(CM – BRASÍLIA)** A alternativa correta é:

a) $\frac{\sqrt{2}+\sqrt[3]{5}}{2} < \frac{\sqrt[3]{5}+\sqrt{5}}{2} < \frac{\sqrt[3]{2}+\sqrt{2}}{2}$

b) $\frac{\sqrt[3]{5}+\sqrt{5}}{2} < \frac{\sqrt[3]{2}+\sqrt{2}}{2} < \frac{\sqrt{2}+\sqrt[3]{5}}{2}$

c) $\frac{\sqrt{2}+\sqrt[3]{5}}{2} < \frac{\sqrt[3]{2}+\sqrt{2}}{2} < \frac{\sqrt[3]{5}+\sqrt{5}}{2}$

d) $\frac{\sqrt[3]{2}+\sqrt{2}}{2} < \frac{\sqrt{2}+\sqrt[3]{5}}{2} < \frac{\sqrt[3]{5}+\sqrt{5}}{2}$

e) $\frac{\sqrt[3]{2}+\sqrt{2}}{2} < \frac{\sqrt[3]{5}+\sqrt{5}}{2} < \frac{\sqrt{2}+\sqrt[3]{5}}{2}$

155) **(CM – FORTALEZA)** O valor da expressão $\sqrt{\frac{2}{5}} \cdot \sqrt{1 + \frac{1}{2} + \frac{1}{4} + \frac{1}{8}}$ é igual a:

a) $\frac{3}{\sqrt{5}}$ b) $\frac{3\sqrt{5}}{2}$ c) $\frac{\sqrt{3}}{2}$ d) $\frac{3\sqrt{2}}{5}$ e) $\frac{3}{\sqrt{10}}$

156) **(CM – FORTALEZA)** A expressão $\sqrt[8]{3}$ x $\sqrt{3}$ x $\sqrt[5]{3}$ x $\sqrt[4]{3}$ x $\sqrt[20]{3}$ é igual a:

a) $3^2.\sqrt[8]{3}$ b) $3 . \sqrt[8]{3}$ c) $\sqrt[8]{3}$ d) $3 . \sqrt[20]{3}$ e) $\sqrt[20]{3}$

157) **(CM – SANTA MARIA)** O próximo desafio, proposto pelo professor aos alunos, foi encontrar o valor de: $A^2 + B^{-1}$

$A = (10\sqrt{27} + 10\sqrt{3}) : 10\sqrt{3}$ e $B = (4^0 : 4^{-1}) : (4^{-1} : 4^{-2})$

Assim, para auxiliar na correção dessa atividade, podemos afirmar que o resultado correto do desafio foi:

a) $10\sqrt{3} + 1$ b) 12 c) $40\sqrt{3}$ d) 5 e) 17

158) **(CM – SANTA MARIA)** O Colégio Militar se Santa Maria (CMSM), na última edição do IDEB realizado em 2017, alcançou a média 7,5 (sete vírgula cinco). Dessa forma, superou a média nacional dos estudantes, 4,7 (quatro vírgula sete), e a própria meta estabelecida pelo governo, média 5,0 (cinco). Com isso, obteve o 3º melhor resultado do estado do Rio Grande do Sul, o que demonstra o nível de excelência do ensino do CMSM.

Durante a preparação para o IDEB em 2017, o professor de matemática propôs uma questão de potenciação e radiciação para os estudantes do 9º ano, conforme descrito a seguir.

Considere que:

$\frac{16^x}{4^{x+y}} = 256$ e $\frac{81^{x+y}}{9^{2y}} = 6561$

Com os valores de "x" e "y" obtidos acima, calcule o valor de "S" na expressão abaixo:

$$S = \sqrt[3]{\frac{2^{15x} + 2^{-14y}}{10}} \cdot \sqrt[4]{4x - 3y + \sqrt{\frac{2y + x^6}{15}}}$$

a) 2048 b) 6561 c) 512 d) 2187 e) 1024

159) **(EPCAR)** Assinale a alternativa **FALSA**.

a) $\frac{1}{\sqrt[3]{4+2\sqrt{2}} \cdot \sqrt[3]{4-2\sqrt{2}}} = 2^{-1}$

b) $\frac{0{,}333\ldots \cdot \left(\sqrt[3]{\sqrt{3\sqrt{9}}}\right)^3}{3^{1/2}} = 3^{-1/2}$

c) $\frac{0{,}03 \cdot 10^{-30} + 0{,}3 \cdot 10^{-31}}{30 \cdot 10^{-32}} = \frac{1}{5}$

d) $\left(2^{-1} + 2^{-1/2}\right)^{-2} = 12\sqrt{2} - 8$

160) **(CM – BELO HORIZONTE)** Quatro finalistas olímpicos A, B, C e D disputaram as finais do Taek Won Do de maneira sensacional. No final, a classificação do 1º ao 4º colocado, ficou, respectivamente, na ordem decrescente dos valores abaixo dado a cada um:

$A = \frac{1}{\sqrt{3}}$ $B = \frac{2}{\sqrt{3}+1}$ $C = \frac{\sqrt{3}}{\sqrt{3}-1}$ $D = \frac{\sqrt{2}}{\sqrt{3}}$

Sendo assim, podemos afirmar que a classificação dos três primeiros colocados ficou:

a) C, A e D b) C, D e A c) C, D e B d) C, B e D e) B, D e C

161) **(CM – FORTALEZA)** A expressão $\frac{a\sqrt{b}}{b\sqrt{a}}$, com a e b reais e a . b ≠ 0, é equivalente a:

a) $\sqrt{\frac{a}{b}}$ b) $\sqrt{\frac{b}{a}}$ c) $\frac{a}{\sqrt{b}}$ d) $\frac{b}{\sqrt{a}}$ e) $\sqrt{ab}$

162) **(CM – BELO HORIZONTE)** Ao resolvermos uma expressão envolvendo radicais, devemos ficar atentos quanto à possível aplicação das propriedades e à racionalização de denominadores. Assinale a alternativa que corresponde à solução da expressão abaixo.

$\frac{4}{\sqrt{8}} + \frac{6}{\sqrt{18}} + \sqrt{50} - 7\sqrt{2}$

a) $\sqrt{2}$ b) 0 c) $-\sqrt{2}$ d) $2\sqrt{2}$ e) $-2\sqrt{2}$

163) **(CM – RJ)** Assinale a única FALSA, dentre as alternativas abaixo.

a) $(3^{-4})^5 = \left(\frac{1}{3}\right)^{20}$

b) $2^{-3} : 2^{-8} = 2^5$

c) $\frac{16^2 \cdot 8^3}{2^9} = 2^8$

d) $\sqrt[3]{8} : \sqrt{2} = 1$

e) $\sqrt{2} \cdot \sqrt{\frac{1}{2}} = 1$

164) **(CM – SANTA MARIA)** A ginástica olímpica é um esporte que exige uma ampla gama de habilidades, como força, agilidade, coordenação e técnica. Representando por **A**, **B** e **C** as equipes masculinas dos três países que ganharam medalhas nessa competição, nos Jogos Olímpicos de 2012; e considerando que as pontuações obtidas por cada uma delas sejam dadas pelos resultados das operações abaixo:

- Pontuação da equipe do país **A**: $27^{0,333...} + 27^{2/3}$

- Pontuação da equipe do país **B**: $2\left[(\sqrt{2})^4 + (\sqrt{3})^2\right]$

- Pontuação da equipe do país **C**: $\frac{3\sqrt{10}\,.\,2\sqrt{5}}{\sqrt{8}}$

Qual país ficou com o 1º lugar, 2º lugar e 3º lugar, respectivamente, na competição de ginástica olímpica masculina?

a) **A**, **B** e **C** b) **B**, **A** e **C** c) **C**, **A** e **B** d) **A**, **C** e **B** e) **C**, **B** e **A**

165) **(CM – RJ)** A expressão $\sqrt{\frac{5}{2}} - \sqrt{\frac{2}{5}}$, é igual a:

a) – 1 b) $\sqrt{\frac{10}{3}}$ c) $\frac{3}{\sqrt{11}}$ d) $\frac{10}{\sqrt{3}}$ e) $\frac{3\sqrt{10}}{10}$

166) **(CM – FORTALEZA)** A expressão $\sqrt{\frac{7}{2}} - \sqrt{\frac{2}{7}}$ é igual a:

a) – 1 b) $\frac{\sqrt{14}}{5}$ c) $\frac{5}{\sqrt{15}}$ d) $\frac{14}{\sqrt{5}}$ e) $\frac{5}{\sqrt{14}}$

167) **(EPCAR)** Analise as afirmativas seguintes e classifique cada uma em (V) verdadeira ou (F) falsa.

I. Se A = $\frac{5 - 5\,.\,5^{1/2}}{5 - 5^{1/2}}$, então A $\in \{(\mathbb{R} - \mathbb{Q}) \cap (\mathbb{R} - \mathbb{Z})\}$

II. O valor da expressão $\left[\frac{(0,001)^4\,.\,100^7}{10^5}\right]\,.\,(0,1)^{-4}$ é $100^{1/2}$

III. Sendo a $\in \mathbb{R}_+^*$, uma forma simplificada para a expressão $\sqrt{\frac{a}{\sqrt{a}}}$ é a^{-4}

A sequência correta é

a) V – V – V b) V – V – F c) V – F – V d) F – V – F

168) **(CM – BELO HORIZONTE)** Seja A = $\sqrt[4]{27}$ – B, onde B = $\frac{1}{\sqrt[4]{3}}$. Então, o valor de **A** é:

a) $\frac{2\sqrt[4]{27}}{3}$ b) $\frac{\sqrt[4]{27}}{3}$ c) $\sqrt[4]{27}$ d) $-\frac{\sqrt[4]{27}}{3}$ e) $-\frac{2\sqrt[4]{27}}{3}$

169) **(CM – SANTA MARIA)** A expressão $\frac{2-\sqrt{2}}{\sqrt{2}-1}$ é igual a:

a) 2 b) $\sqrt{2}$ c) $\frac{1}{2}$ d) $\frac{\sqrt{2}}{2}$ e) 3

170) **(CM – SANTA MARIA)** Um número real não pode ser escrito com um número irracional no denominador, devemos, portanto, racionalizar o denominador.
Simplifique a fração abaixo, racionalizando o denominador.

$$\frac{4+\sqrt{5}}{\sqrt{5}+2}$$

a) 2 b) 7 c) $2\sqrt{5}+3$ d) $3-2\sqrt{5}$ e) $2\sqrt{5}-3$

171) **(CM – RJ)** Seja A = $\frac{1}{\sqrt{3}+\sqrt{2}}$ e B = $\frac{1}{\sqrt{3}-\sqrt{2}}$, então A – B é igual a

a) $-2\sqrt{2}$ b) $2\sqrt{2}$ c) $-2\sqrt{3}$ d) $2\sqrt{3}$ e) $3\sqrt{2}$

172) **(CM – JUIZ DE FORA)** Simplificando-se a expressão $\frac{A\sqrt{A}-3\sqrt{3}}{\sqrt{A}-\sqrt{3}}$, obtemos:

a) $A-9+A\sqrt{3}$ b) $A+3+\sqrt{3A}$ c) $A-3+\sqrt{A}$ d) $3-A+\sqrt{3}$ e) $9+\sqrt{A}$

173) **(CM – BELO HORIZONTE)** Seja P = $\frac{\frac{\sqrt{100\%}}{\sqrt{3}+1}}{\frac{\sqrt{3}}{1{,}333\ldots}}$. Então, P^{-1} é igual a:

a) $\frac{3-\sqrt{3}}{2}$ b) $\frac{3(3+\sqrt{3})}{4}$ c) $5-\sqrt{3}$ d) $5+\sqrt{3}$ e) $\frac{3(3-\sqrt{3})}{4}$

174) **(CM – FORTALEZA)** O valor de $\sqrt{16^{-1/2}+0{,}75+\sqrt[4]{4 \text{ x } \sqrt[3]{64}}}+\frac{1}{\sqrt{3}}$ é

a) $\frac{4\sqrt{3}}{3}$ b) $\frac{2\sqrt{3}}{3}$ c) $\frac{\sqrt{3}+1}{3}$ d) $\sqrt{3}+1$ e) 1

175) **(CM – SANTA MARIA)** A expressão a seguir representa o número de pessoas contaminadas pela Covid-19 em uma cidade do interior do estado do Rio Grande do Sul em agosto 2020. Determine o número de pessoas contaminadas na referida cidade, na data em questão.

$$\sqrt[4]{\frac{5^{19}-5^{17}}{120}}+\frac{6}{\sqrt{2}}-\sqrt{18}+(0{,}36)^{\frac{1}{2}} \,.\, (0{,}2)^{-2}$$

a) 620 b) 625 c) 630 d) 635 e) 640

176) **(CM – JUIZ DE FORA)** A expressão $\frac{5}{\sqrt{x+5}-\sqrt{x}}$, sendo x um número real positivo, equivale a:

a) 5 b) $\sqrt{5}$ c) $\frac{\sqrt{7}}{7}$ d) $\sqrt{x+5}+\sqrt{x}$

177) **(CM – BELO HORIZONTE)** Sendo a, b ∈ $\mathbb{R}_+^*$ tais que a sua soma é 9, o valor de b que torna a expressão $\left[\frac{\sqrt{a+b}-\sqrt{a}}{b}\right]^{-1}$ equivalente a 5 é:

a) 3 b) 4 c) 5 d) 6 e) 7

178) **(CM – BRASÍLIA)** Simplifique a seguinte expressão $\frac{\sqrt{5}-\sqrt{3}}{\sqrt{5}+\sqrt{3}}+2\sqrt{15}$. O resultado é um número:

a) Irracional
b) Irracional e menor que 1
c) Inteiro e menor que 1
d) Múltiplo de 5
e) Racional compreendido entre 0 e 5

179) **(CM – JUIZ DE FORA)** Simplificando a expressão $\frac{\sqrt{x}}{\sqrt{x}+\sqrt{y}}+\frac{\sqrt{y}}{\sqrt{x}-\sqrt{y}}$ obtemos:

a) $\frac{x-y}{x+y}$ b) $\frac{\sqrt{x}+\sqrt{y}}{x-y}$ c) $\frac{x+y}{x-y}$ d) $\frac{\sqrt{x}-\sqrt{y}}{x-y}$ e) $\frac{\sqrt{x}+\sqrt{y}}{x+y}$

180) **(CM – FORTALEZA)** Se X = $\frac{\sqrt{2}+1}{\sqrt{2}-1}-\frac{\sqrt{2}-1}{\sqrt{2}+1}$ e Y = $\frac{\sqrt{2}-1}{\sqrt{2}+1}-\frac{\sqrt{2}+1}{\sqrt{2}-1}$, então o valor da expressão (X^2-Y^2) é igual ao valor da expressão:

a) X . Y b) X + Y c) X – Y d) X : Y e) Y : X

181) **(CM – SANTA MARIA)** O enunciado de um desafio de radiciação apresentava a expressão numérica a seguir: $\frac{2\sqrt{2}-\sqrt{3}}{\sqrt{3}+2\sqrt{2}}-\frac{\sqrt{3}+2\sqrt{2}}{\sqrt{3}-2\sqrt{2}}$

Da análise dos dados, simplifique a expressão e marque a alternativa correta.

a) $\frac{22}{5}$ b) $-\frac{\sqrt{3}}{8}$ c) $\sqrt{3}-2\sqrt{2}$ d) $-\frac{22}{5}$ e) $\frac{\sqrt{3}}{8}$

182) **(CM – JUIZ DE FORA)** A expressão abaixo representa o número real:

$$\frac{\sqrt{\sqrt[4]{8}+\sqrt{2^{3/2}-2}}\ .\ \sqrt{\sqrt[4]{8}-\sqrt{2^{3/2}-2}}}{\sqrt{2}-\sqrt{8}}$$

a) – 1 b) $-\frac{\sqrt{2}}{4}$ c) $\sqrt{8}$ d) $-\sqrt{2}$

183) **(CM – PORTO ALEGRE)** Sabendo que as letras C, M, P e A representam números reais positivos não nulos e que além disso, $\sqrt{M} \neq \sqrt{P}$, afirma-se que:

C = $\frac{M\sqrt{M} - P\sqrt{P}}{\sqrt{M} - \sqrt{P}}$ A = $\sqrt{MP}$ + 1 M + P = 9

Nestas condições, o valor numérico de $(C - A)^{0,666\ldots}$ é igual a

a) 2 b) 4 c) 8 d) 16 e) 32

184) **(CM – JUIZ DE FORA)** A expressão $\frac{1}{2-\sqrt{2}} - \frac{1}{2+\sqrt{2}} - 1$ é equivalente a:

a) – 1 b) $\sqrt{2}$ + 1 c) $\sqrt{2}$ – 1 d) 1

185) **(CM – BRASÍLIA)** Racionalizando a expressão $\frac{x^2}{\sqrt{2x^2+\sqrt{3x^4}}}$, com x > 0, obtém-se:

a) $\sqrt{2x^2 + \sqrt{3x^4}}$ b) $\sqrt{2x^2 - \sqrt{3x^3}}$ c) $x\sqrt{2+\sqrt{3}}$ d) $x\sqrt{2-\sqrt{3}}$ e) $\sqrt{2} + \sqrt{3}x$

186) **(CM – PORTO ALEGRE)** Considere que $\mathbf{a}^2 = \mathbf{b}^2$ **+ (a + b)(a – b)** e o número **R** abaixo.

$$\mathbf{R} = 1 + 2\sqrt{1 + 3\sqrt{1 + \cdots + 2013\sqrt{1 + (2014)(2016)}}}$$

Sendo assim, tem-se que **R** é igual a

a) 15 b) 13 c) 11 d) 9 e) 7

187) **(CM – RECIFE)** Durante uma atividade de recreação dos alunos da 5ª série do Colégio Militar, os alunos Roni, Portela, Amaral, Luciano, Azevedo e Alberto jogavam uma partida de bolinha de gude. Ao término da partida, o aluno Roni conseguiu ganhar todas as bolinhas de seus amigos. Por curiosidade, um professor da seção de matemática, que estava observando a partida, perguntou ao aluno Roni:

- Quantas bolinhas de gude você ganhou?

Como Roni é um excelente aluno de matemática, respondeu:

- Quando comecei o jogo, eu tinha 8 bolinhas de gude e a quantidade que ganhei é igual ao resultado desta expressão $\sqrt{600 + \sqrt{600 + \sqrt{600 + \cdots}}}$.

Considerando-se os dados do enunciado, pode-se afirmar que o número total de bolinhas de gude que Roni passou a ter depois do jogo é:

a) 30 b) 25 c) 29 d) 27 e) 33

188) **(CM – PORTO ALEGRE)** Considere as seguintes proposições envolvendo operações com números reais, produtos notáveis e fatoração de expressões algébricas.

I) Sendo x e y números reais não nulos, a expressão $2 + \sqrt{\frac{x^2}{y^2} + \frac{y^2}{x^2} + 2}$ é equivalente a $\left(\frac{x+y}{xy}\right)^2$.

II) A diferença entre o cubo da soma de dois números inteiros e a soma dos cubos desses mesmos números é sempre um múltiplo de 3.

III) O valor da expressão $\frac{22032011^2-1}{22032010}$ é 22032012.

IV) $4^{10} + 4^{10} + 4^{10} + 4^{10} = 2^{22}$

Podemos afirmar que a **quantidade** de proposições **falsas** é igual a

a) 1 b) 2 c) 3 d) 4 e) zero

189) **(CM – PORTO ALEGRE)** Analise as sentenças abaixo, marcando V para as verdadeiras e F para as falsas.

( ) O quociente entre 40^{40} e 20^{20} é igual a 80^{20}

( ) O resultado da multiplicação $20^{2019} . 19^{2020}$ é um número que termina em exatamente 2019.

( ) O número $\sqrt[4]{\sqrt[5]{20}}$ é maior que o número $20^{1/19}$

( ) O resultado da soma $20\sqrt{20} + 5\sqrt{5}$ é igual a $45\sqrt{5}$

Assinale a alternativa que apresenta a sequência correta, de cima para baixo.

a) V – V – F – V

b) F – F – F – V

c) V – V – F – F

d) F – F – V – F

e) V – F – F – V

190) **(EPCAR)** Considere as expressões abaixo e simplifique-as.

$$A = \frac{(x^{2n+1} + x)(x^{2n+1} - x) - (x^4)^{n+\frac{1}{2}}}{(x^n + x)^2 - x^{2n} - 2x^{n+1}}, x \neq 0$$

$C = 4z^2 - 3y^2$ dado que $z = \frac{a+b}{2}$, $y = \frac{a-b}{\sqrt{3}}$

$a = (2+\sqrt{3})^{2012}$ e $b = (2-\sqrt{3})^{2012}$

Marque a alternativa verdadeira.

a) É possível determinar o valor de $\frac{C}{4A + C}$

b) $\sqrt{C}$ é um número irracional

c) $[-(A - C)]^{-0,5} = \frac{\sqrt{3}}{3}$

d) $(A + C)^{-0,\overline{3}} = \frac{\sqrt[3]{9}}{3}$

191) **(CM – BELO HORIZONTE)** A racionalização de denominadores consiste na obtenção de uma expressão com denominador racional, equivalente a uma anterior, cujo denominador possuía um ou mais radicais.

Assim, o valor da soma $\frac{1}{1+\sqrt{2}} + \frac{1}{\sqrt{2}+\sqrt{3}} + \frac{1}{\sqrt{3}+\sqrt{4}} + \ldots + \frac{1}{\sqrt{15}+\sqrt{16}}$ é:

a) 3 b) 4 c) 5 d) 6 e) 7

192) **(CM – RJ)** A expressão numérica $\frac{1}{\sqrt{6}+\sqrt{5}} + \frac{1}{\sqrt{5}+2} + \frac{1}{2-\sqrt{3}} + \frac{1}{\sqrt{3}+\sqrt{2}} + \frac{1}{\sqrt{2}-1}$ equivale a

a) $\sqrt{6} + 2\sqrt{3} + 1$
b) $\sqrt{6} + 2\sqrt{2} + 1$
c) $\sqrt{6} + 5$
d) $\sqrt{6} + 1$
e) $\sqrt{6} - 1$

193) **(CM – MANAUS)** Seja K = $\sqrt{\frac{\sqrt{6}+\sqrt{2}}{\sqrt{6}-\sqrt{2}}}$, então $\sqrt{12}\,(\mathrm{k}^2 - 2)$ é igual a:

a) 4 b) $4\sqrt{2}$ c) 6 d) $6\sqrt{2}$ e) 2

194) **(CM – BELO HORIZONTE)** O número irracional $\frac{\sqrt[3]{2}+\sqrt[3]{3}}{\sqrt[3]{2}-\sqrt[3]{3}}$ é igual a x. Assim, x também pode ser escrito como:

a) – 5
b) $5 - \sqrt[3]{6}\,.\,(\sqrt[3]{2} + \sqrt[3]{3})$
c) $-5 + \sqrt[3]{6}\,.\,(\sqrt[3]{2} + \sqrt[3]{3})$
d) $-5 - 2\sqrt[3]{6}\,.\,(\sqrt[3]{2} + \sqrt[3]{3})$
e) $-5 + \sqrt[3]{2} + \sqrt[3]{3}$

195) **(CM – BELO HORIZONTE)** O valor da expressão $\sqrt{3+2\sqrt{2}} - \sqrt{3-2\sqrt{2}}$ é:

a) um múltiplo de 3
b) um número irracional
c) um múltiplo de 5
d) um quadrado perfeito
e) um número primo

196) **(CM – SANTA MARIA)** Na semana que antecedeu o exame da 2ª fase em 2018, buscando um aprimoramento contínuo, o professor apresentou aos alunos a expressão:

$$Y = \frac{\left(\sqrt{3+\sqrt{5}}\right).\left(\sqrt{\frac{5}{2}}-\sqrt{\frac{1}{2}}\right)}{\sqrt{6}+2}$$

Assim, podemos afirmar que a forma simplificada encontrada foi:

a) $\sqrt{3}+5$ b) $\sqrt{5}+4$ c) $\sqrt{6}+2$ d) $\sqrt{6}-2$ e) $\sqrt{11}+3$

197) **(CM – BELO HORIZONTE)** O valor da expressão abaixo é:

$$\frac{\sqrt{25^{0,5}\,.\,0,\overline{3}+\frac{2}{3}\sqrt[3]{4\sqrt{4}}}}{\left(\sqrt{2+\sqrt{3}}\,.\,\sqrt{2-\sqrt{3}}\right)^{2022}}-\sqrt{4-2\sqrt{3}}$$

a) $\sqrt{2}$ b) $\sqrt{3}$ c) 0 d) $\frac{\sqrt{3}}{2}$ e) 1

198) **(EPCAR)** Analise as proposições, classificando-as em **(V)** verdadeiras ou **(F)** falsas.

( ) $\frac{\sqrt{9 \times 10^{-6}}}{\sqrt{0,0049}} \cdot \sqrt{2,5 \times 10^{3}} \cdot \sqrt[3]{-0,001} \cdot 0,1555\ldots = -0,0333\ldots$

( ) Sendo $n \in \mathbb{N}^*$, $\frac{(-1)^{n+1}}{(-1)^{2n}-(-1)^{2n+1}} = -0,5$

( ) $\frac{3\left(\sqrt[3]{3}\right)^{1/3}}{\sqrt[9]{3}} \cdot \frac{3^0}{\sqrt[3]{3^2}} \cdot \frac{1}{\frac{1}{\left(\sqrt{2}-1\right)^{-1}}} = \sqrt{2}+1$

A sequência correta é

a) F, V, F b) V, F, V c) V, F, F d) F, V, V

199) **(EPCAR)** Classifique em **(V)** verdadeiro ou **(F)** falso cada alternativa abaixo.

( ) $\frac{\frac{m-1}{(m+1)^3}+\frac{1}{m^2-1}}{\frac{1}{(m-1)^2}+\frac{1}{(m+1)^2}} = (m-1)(m+1)^{-1}$, $\forall$ m ≠ 1 e m ≠ – 1

( ) $\left[\frac{\left(a^{4^2}\right)^{0,01}}{(a^{0,3})^{-0,3}} \cdot \sqrt[4]{\frac{1}{a^{-1}}}\right]^{-2} = \frac{1}{a}$, $\forall$ a ≠ 0

( ) $\frac{3+\sqrt{6}}{5\sqrt{3}-2\sqrt{12}-\sqrt{32}+\sqrt{50}} = \sqrt{3}$

Tem-se então a sequência

a) V, V, V b) V, F, V c) F, V, F d) F, F, F

200) **(CM – MANAUS)** A primeira descoberta de um número irracional é geralmente atribuída a Hipaso de Metaponto, um seguidor de Pitágoras. Ele teria produzido uma demonstração (provavelmente geométrica) de que a raiz de 2 (ou talvez que o número de ouro) é irracional. No entanto, Pitágoras considerava que a raiz de 2 "maculava" a perfeição dos números e, portanto não poderia existir. Mas ele não conseguiu refutar os argumentos de Hipaso com a lógica, e a lenda diz que Pitágoras condenou seu seguidor ao afogamento. A partir daí os números irracionais entraram na obscuridade, e foi só com Eudoxo de Cnido que eles voltaram a ser estudados pelos gregos.

O décimo livro da série "Os elementos de Euclides" é dedicado à classificação de números irracionais. Foi só em 1872 que o matemático alemão Dedekind (de 1831 a 1916) fez entrar na Aritmética, em termos rigorosos, os números irracionais que a geometria sugerira há mais de vinte séculos.

Dessa forma, sobre o número x = $\sqrt{14 - 6\sqrt{5}} + \sqrt{5}$ é correto afirmar que:

a) $\sqrt{3x}$ é um número irracional

b) 0 < x < 3

c) $x^3 - 1$ é irracional

d) 2x – 3 é racional

e) 0 < x < 2

201) **(CM – BRASÍLIA)** A expressão $\sqrt{\left(\sqrt[3]{63} + 4\right)^2} + \sqrt{\left(\sqrt[3]{63} - 4\right)^2}$ é igual a

a) 0 b) $2\sqrt[3]{63}$ c) 8 d) $\sqrt[3]{63}$ e) 4

202) **(EPCAR)** Se **p** é a raiz da equação irracional $\sqrt{x^2 + 5x} = 14 - 2x$, então **p** pode ser o lado de um triângulo cujos outros lados medem

a) 3,5 e 4 b) 5 e 9 c) 7 e 2,5 d) 13 e 8,5

203) **(CN)** Resolva a equação $\sqrt{x} + \sqrt{13 - x} = 5$

204) **(CEFET)** Sabendo-se que x + y = 1 e xy = – ½, qual é o resultado da adição $\frac{y}{x} + \frac{x}{y}$?

205) **(CN)** Resolva o sistema $\begin{cases} x^2 - y^2 = 16 \\ x + y = 8 \end{cases}$

206) **(EAM)** Resolvendo-se o sistema $\begin{cases} x^2 + y^2 = 61 \\ xy = 30 \end{cases}$, temos que $(x + y)^2$ é igual a:

a) 113 b) 115 c) 117 d) 119 e) 121

207) **(CN)** Resolver $\begin{cases} \frac{1}{x} + \frac{1}{y} = \frac{3}{4} \\ \frac{1}{x^2} + \frac{1}{y^2} = \frac{5}{16} \end{cases}$

208) **(CM – BELO HORIZONTE)** Se **X** e **Y** são números reais positivos tais que $(x^2 + Y - 5)^2 + (Y - 2X + 3)^2 = 0$, então podemos afirmar que $\mathbf{X}^2 + \mathbf{Y}^2$ é igual a:

a) 10 b) 13 c) 26 d) 5 e) 8

209) **(CN)** Os números **a**, **b** e **c** são inteiros não nulos, tais que $\begin{cases} 144a + 12b + c = 0 \\ 256a + 16b + c = 0 \end{cases}$, logo $\sqrt{b^2 - 4 \, . \, a \, . \, c}$ pode ser

a) 151

b) 152

c) 153

d) 154

e) 155

210) **(EPCAR)** Uma empresa produz quantidades **x** e **y** de dois modelos de camisas por hora, utilizando o mesmo processo de produção. A relação entre **x** e **y** é dada por $(y - 2)(x - 3) = 48$. As quantidades **x** e **y** que devem ser produzidas por hora de modo a se ter $y = 2x$ são tais que

a) $x > 10$ e $y < 20$

b) $x > 20$ e $y < 10$

c) $x < 20$ e $y < 10$

d) $x < 10$ e $y < 20$

GABARITOS

1) E	2) B	3) D	4) D	5) E	6) A	7) a = 3
8) C	9) D	10) D	11) A	12) D	13) B	14) E
15) D	16) C	17) A	18) C	19) A	20) B	21) B
22) A	23) A	24) E	25) C	26) E	27) C	28) A
29) C	30) D	31) D	32) E	33) D	34) B	35) D
36) E	37) B	38) C	39) A	40) A	41) A	42) A
43) C	44) A	45) B	46) C	47) C	48) D	49) A
50) C	51) A	52) D	53) C	54) A	55) C	56) D
57) A	58) D	59) D	60) E	61) C	62) B	63) B
64) B	65) B	66) D	67) D	68) C	69) D	70) D
71) D	72) C	73) B	74) D	75) C	76) A	77) D
78) B	79) A	80) B	81) C	82) D	83) B	84) A
85) A	86) E	87) B	88) D	89) B	90) D	91) E
92) C	93) B	94) A	95) C	96) B	97) C	98) A
99) B	100) A	101) C	102) A	103) A	104) E	105) C
106) B	107) D	108) A	109) A	110) D	111) B	112) C
113) C	114) A	115) C	116) A	117) A	118) D	119) B
120) A	121) D	122) C	123) D	124) D	125) C	126) A
127) C	128) A	129) D	130) A	131) A	132) B	133) A
134) B	135) C	136) B	137) B	138) A	139) C	140) A
141) A	142) A	143) B	144) A	145) E	146) A	147) A
148) E	149) B	150) A	151) A	152) B	153) C	154) D
155) C	156) B	157) E	158) E	159) D	160) C	161) A
162) B	163) D	164) E	165) E	166) E	167) B	168) A
169) B	170) E	171) A	172) B	173) B	174) A	175) E
176) D	177) C	178) A	179) C	180) B	181) A	182) A
183) B	184) C	185) D	186) D	187) E	188) A	189) A
190) D	191) A	192) A	193) C	194) D	195) E	196) D
197) E	198) C	199) B	200) D	201) C	202) A	203) S = {4,9}
204) – 4	205) S = {(5, 3)}	206) E	207) S = {(4,2), (2,4)}	208) D	209) B	210) D

Impressão e acabamento
Gráfica da Editora Ciência Moderna Ltda.
Tel: (21) 2201-6662